高等职业院校土建专业创新系列教材

# 土力学与地基基础
# (第3版)(微课版)

刘 欣 主 编
张兴平 赵运方 副主编

清华大学出版社
北京

## 内 容 简 介

本书根据《建筑地基基础设计规范》(GB 50007—2011)、《岩土工程勘察规范(2009 年版)》(GB 50021—2001)、《建筑基桩检测技术规范》(JGJ 106—2014)、《建筑抗震设计规范(2024 年版)》(GB 50011—2010)等现行规范的要求,系统地阐述了土的性质及工程分类、土的压缩性与地基沉降计算、土的抗剪强度与地基承载力、土压力与土坡稳定分析;重点讨论了浅基础设计与施工、桩基础设计与施工,给出了常用土工试验指导;简要介绍了沉井基础与地下连续墙、基坑工程、软弱地基处理和岩土工程勘察的常用方法;简要讨论了地震区的地基基础。

本书的特点是理论讲述尽量简化,主要介绍了土力学中的基本理论和地基基础工程设计和施工中常见的技术问题,阐述了一些典型的基础工程、岩土工程经验,工程案例。为便于学生复习与练习,各章都附有思考题与习题及参考答案。

本书可作为高等职业院校的建筑工程技术、道路桥梁工程技术、城市轨道交通工程技术等土木工程类专业学生的教材,也可供建筑设计院、工程勘察院和建筑公司的相关人员学习参考。

本书封面贴有清华大学出版社防伪标签,无标签者不得销售。
版权所有,侵权必究。举报: 010-62782989,beiqinquan@tup.tsinghua.edu.cn。

**图书在版编目(CIP)数据**

土力学与地基基础: 微课版 / 刘欣主编. -- 3 版.
北京: 清华大学出版社,2024.7. -- (高等职业院校土建专业创新系列教材). -- ISBN 978-7-302-66440-6
Ⅰ. TU4
中国国家版本馆 CIP 数据核字第 2024MQ2680 号

责任编辑: 石　伟
装帧设计: 刘孝琼
责任校对: 陈立静
责任印制: 丛怀宇

出版发行: 清华大学出版社
　　　　网　　址: https://www.tup.com.cn, https://www.wqxuetang.com
　　　　地　　址: 北京清华大学学研大厦 A 座　　邮　　编: 100084
　　　　社　总　机: 010-83470000　　　　　　　　邮　　购: 010-62786544
　　　　投稿与读者服务: 010-62776969, c-service@tup.tsinghua.edu.cn
　　　　质量反馈: 010-62772015, zhiliang@tup.tsinghua.edu.cn
　　　　课件下载: https://www.tup.com.cn, 010-62791865
印 装 者: 三河市君旺印务有限公司
经　　销: 全国新华书店
开　　本: 185mm×260mm　　　　印　张: 19.5　　　　字　数: 472 千字
版　　次: 2006 年 9 月第 1 版　　2024 年 7 月第 3 版　　印　次: 2024 年 7 月第 1 次印刷
定　　价: 56.00 元

产品编号: 104406-01

# 前　言

"土力学与地基基础"是建筑工程技术、道路桥梁工程技术、城市轨道交通工程技术等土木工程类专业的主干课程，包括土力学、地基基础两部分。考虑到高等职业教育具有高等性和职业性的双重特点，特别是考虑到高等职业教育土木工程类专业是面向生产一线进而培养工程应用型的技术人才，因此，我们在土力学和地基基础方面由教学经验丰富的教师编写出了以建筑工程技术专业、道路桥梁工程技术专业、城市轨道交通工程技术专业为主体，兼顾其他土木工程类专业方向的《土力学与地基基础》。

本书始终依据地基基础、工程勘察等方面的现行国家或地方规范、标准的要求，兼顾我国土地辽阔、各地土质各异的特点，力求反映地基基础工程、岩土工程、地基处理的新技术、新工艺。本书在编写过程中始终遵循一个原则，即对土力学原理做简要阐述后，侧重说明其相关的工程应用。因此在多数章节中都给出了一些工程应用实例，并涉及简单的设计计算方法和建筑施工方面的内容，着重阐述应用方面的内容，以满足高等职业教育高等性和职业性的双重特点，适应土木工程类专业技术技能人才培养的需要。党的二十大指出：要实施"科教兴国""人才强国""创新驱动发展"战略，本书的编写将党的二十大精神有机地融入课程思政教学当中。

本书的第 3 版反映了我国近年来地基基础理论研究和工程实践的先进水平，并参考了我国颁布的下列新规范：《土的工程分类标准》(GB/T 50145—2007)、《建筑边坡工程技术规范》(GB 50330—2013)、《混凝土结构设计规范(2024 年版)》(GB/T 50010—2010)、《建筑基桩检测技术规范》(JGJ 106—2014)、《公路桥涵施工技术规范》(JTG/T 3650—2020)、《岩土工程勘察规范(2009 年版)》(GB 50021—2001)、《水利水电工程地质勘察规范(2022 年版)》(GB 50487—2008)、《建筑地基基础设计规范》(GB 50007—2011)、《建筑基坑支护技术规程》(JGJ 120—2012)、《建筑结构荷载规范》(GB 50009—2012)、《建筑桩基技术规范》(JGJ 94—2008)、《公路桥涵地基与基础设计规范》(JTG 3363—2019)、《建筑地基处理技术规范》(JGJ 79—2012)、《建筑抗震设计规范(2024 年版)》(GB 50011—2010)。

为了能更好地丰富学生的学习内容并激发学生的学习兴趣，本书每章开篇分别设置了学习目标、教学要求、课程思政、案例导入、思维导图。全书采用思维导图进行串联，每个小节开始之前插入"带着问题学知识"引入问题，这样带着问题有目的地去学习，高效且针对性强。书中配有思考题与习题，使学生能够学以致用。

本书与同类书相比，具有以下显著特点。

(1) 形式新颖，思维导图串联，对应案例分析，结构清晰，层次分明。
(2) 知识点全，知识点分门别类，内容全面，由浅入深，便于学习。
(3) 系统性强，知识讲解遵循土力学与地基基础的规律，前呼后应。
(4) 实用性强，理论和实际相结合，举一反三，学以致用。
(5) 本书准备了丰富的配套资源，主要包含有 PPT 电子课件、电子教案、文中穿插案例答案解析、每章习题答案及模拟测试 AB 试卷外，还相应的配套有大量的讲解音频、动画视频、三维模型、扩展图片、扩展资源等以扫描二维码的形式再次拓展土力学与地基基础的相关知识点，力求让学生在学习时最大化地接受新知识，更快、更高效地达到学习目的。

  本书由刘欣主编，张兴平和赵运方副主编。其中第 1、3、5、6、7 章由刘欣老师编写；绪论和第 2、4、8 章由张兴平老师编写，第 9、10、11 章由赵运方老师编写。

  由于编者水平有限，书中不妥之处在所难免，恳请读者批评指正。

编 者

# 目 录

习题案例答案及
课件获取方式

绪论 ...................................................... 1
    0.1 土力学与地基基础的研究对象 ............. 1
    0.2 本课程的内容及学习目标 ..................... 2

第1章 土的性质及工程分类 ............... 4
    1.1 土的三相组成与结构 ............................. 5
        1.1.1 土的固体颗粒 ............................. 5
        1.1.2 土中水 ....................................... 8
        1.1.3 土中气体 ................................... 9
        1.1.4 土的结构 ................................... 9
    1.2 土的物理性质指标与测定 ..................... 10
        1.2.1 三个基本试验指标 ..................... 11
        1.2.2 其他指标 ................................... 12
        1.2.3 指标之间的换算关系 ................. 14
    1.3 土的物理状态指标 ................................. 16
        1.3.1 黏性土的物理状态指标 ............. 17
        1.3.2 无黏性土的密实度 ..................... 19
    1.4 土的渗透性 ............................................. 21
        1.4.1 土的渗透定律 ............................. 22
        1.4.2 渗透系数的测定与取值 ............. 23
        1.4.3 渗流力和渗透破坏 ..................... 25
    1.5 地基岩土的工程分类 ............................. 26
        1.5.1 岩石 ........................................... 27
        1.5.2 碎石土 ....................................... 27
        1.5.3 砂土 ........................................... 28
        1.5.4 粉土 ........................................... 28
        1.5.5 黏性土 ....................................... 28
        1.5.6 人工填土 ................................... 29
    思考题与习题 ................................................ 29

第2章 土的压缩性与地基沉降计算 ... 31
    2.1 地基沉降与土的压缩性概述 ................. 32
        2.1.1 地基沉降的工程意义 ................. 32
        2.1.2 土的压缩性 ............................... 32
    2.2 侧限条件下土的压缩性 ......................... 33
        2.2.1 室内侧限压缩试验与
            压缩曲线 ................................... 33
        2.2.2 侧限压缩性指标 ......................... 35
    2.3 土的压缩性现场试验 ............................. 37
        2.3.1 现场荷载试验 ............................. 37
        2.3.2 土体变形模量与压缩模量的
            关系 ........................................... 39
    2.4 地基中的应力计算 ................................. 40
        2.4.1 土的自重应力 ............................. 41
        2.4.2 基底压力和附加压力 ................. 42
        2.4.3 土中应力计算 ............................. 44
    2.5 地基最终沉降量的计算 ......................... 46
        2.5.1 分层总和法 ............................... 47
        2.5.2 规范推荐方法 ............................. 48
        2.5.3 由实测沉降推算最终沉降量 ... 51
    2.6 饱和土单向固结沉降 ............................. 53
        2.6.1 有效应力原理 ............................. 53
        2.6.2 饱和土单向渗透固结 ................. 54
        2.6.3 沉降与时间关系计算 ................. 56
        2.6.4 饱和土固结理论在软黏土
            地基处理中的应用 ..................... 57
    思考题与习题 ................................................ 58

第3章 土的抗剪强度与地基承载力 ... 60
    3.1 土的抗剪强度与地基承载力概述 ......... 61
        3.1.1 库仑公式与莫尔-库仑破坏
            理论 ........................................... 61
        3.1.2 土的极限平衡条件 ..................... 63
    3.2 抗剪强度指标的测定 ............................. 64
        3.2.1 室内直接剪切试验 ..................... 65

3.2.2 现场十字板剪切试验..................68
3.2.3 其他试验方法简介......................69
3.3 抗剪强度指标..........................................71
3.3.1 两类土的抗剪强度指标...............71
3.3.2 黏性土在不同排水固结
条件下的抗剪强度指标...............72
3.3.3 抗剪强度指标的选择...................73
3.4 地基承载力..............................................74
3.4.1 地基破坏形式...............................75
3.4.2 地基承载力的理论计算...............76
3.4.3 按规范确定地基承载力...............80
思考题与习题....................................................80

## 第4章 土压力与土坡稳定分析..................82

4.1 挡土墙与土坡稳定性概述......................83
4.2 土压力的类型和土压力的比较..............84
4.2.1 土压力的类型...............................84
4.2.2 几类土压力的比较.......................85
4.3 土压力的计算..........................................85
4.3.1 经验法计算静止土压力...............86
4.3.2 朗肯土压力理论...........................87
4.3.3 库仑土压力理论...........................91
4.4 挡土墙的设计..........................................94
4.4.1 挡土墙的类型...............................95
4.4.2 重力式挡土墙的计算与构造......96
4.5 土坡稳定分析..........................................99
4.5.1 影响土坡稳定的因素...................99
4.5.2 土坡开挖规定.............................100
4.5.3 简单土坡稳定分析.....................100
思考题与习题..................................................102

## 第5章 浅基础设计与施工........................104

5.1 地基与基础设计概述............................105
5.1.1 地基与基础设计原则.................105
5.1.2 浅基础的分类.............................107
5.2 基础埋置深度选择................................112
5.2.1 基础埋置深度的考虑因素.........112
5.2.2 地基土的冻胀性分类.................114
5.2.3 季节性冻土区基础最小埋深的
确定.............................................115

5.2.4 地基防冻害的措施.....................117
5.3 地基计算................................................117
5.3.1 地基承载力的计算.....................118
5.3.2 地基变形的计算.........................121
5.3.3 地基稳定性的计算.....................122
5.4 基础底面尺寸设计................................123
5.4.1 中心荷载作用下的基底
尺寸.............................................123
5.4.2 偏心荷载作用下的基底
尺寸.............................................124
5.5 无筋扩展基础设计................................125
5.5.1 无筋扩展基础的适用范围.........126
5.5.2 无筋扩展基础的设计及
构造要求.....................................126
5.6 扩展基础设计........................................127
5.6.1 扩展基础的适用范围.................128
5.6.2 扩展基础的构造要求.................128
5.6.3 扩展基础的计算.........................131
5.7 天然地基上浅基础的施工....................135
5.7.1 钢筋混凝土扩展基础的
施工要点.....................................135
5.7.2 毛石基础的施工要点.................136
思考题与习题..................................................136

## 第6章 桩基础设计与施工........................138

6.1 桩基础设计与施工概述........................140
6.1.1 桩基础的适用性与特点.............140
6.1.2 桩与桩基础的分类.....................141
6.1.3 桩基设计原则.............................144
6.2 基桩的质量检测....................................145
6.2.1 低应变法.....................................146
6.2.2 声波透射法.................................147
6.2.3 钻芯法.........................................148
6.3 竖向承载力............................................149
6.3.1 竖向荷载下单桩的
工作性能.....................................149
6.3.2 单桩竖向极限承载力
标准值.........................................151
6.3.3 单桩竖向承载力特征值.............156

|   |   | 6.3.4 | 轴心受压桩身承载力的计算 ............ 157 |
|---|---|---|---|

- 6.3.4 轴心受压桩身承载力的计算 ............ 157
- 6.3.5 考虑承台效应的复合基桩竖向承载力特征值 ............ 158
- 6.4 桩基础设计 ............ 159
  - 6.4.1 选择桩型与尺寸 ............ 160
  - 6.4.2 桩的数量和平面布置 ............ 160
  - 6.4.3 桩基计算(验算) ............ 162
  - 6.4.4 桩基承台设计 ............ 164
- 6.5 桩基础施工 ............ 167
  - 6.5.1 灌注桩施工 ............ 168
  - 6.5.2 人工挖孔桩施工 ............ 169
  - 6.5.3 预制桩沉桩施工 ............ 170
- 思考题与习题 ............ 171

## 第7章 沉井基础与地下连续墙 ............ 173

- 7.1 沉井概述 ............ 174
- 7.2 沉井的类型和构造 ............ 175
  - 7.2.1 沉井的分类 ............ 176
  - 7.2.2 沉井的基本构造 ............ 178
- 7.3 沉井的施工 ............ 180
  - 7.3.1 旱地沉井施工 ............ 181
  - 7.3.2 水中沉井施工 ............ 183
  - 7.3.3 沉井施工过程中的结构强度计算 ............ 184
- 7.4 沉井设计简介 ............ 191
  - 7.4.1 沉井尺寸 ............ 192
  - 7.4.2 承载力与自重验算 ............ 192
- 7.5 地下连续墙简介 ............ 198
- 思考题与习题 ............ 200

## 第8章 基坑工程 ............ 202

- 8.1 基坑工程概述 ............ 203
  - 8.1.1 基坑工程的主要特点 ............ 204
  - 8.1.2 基坑支护结构的类型与适用条件 ............ 204
  - 8.1.3 基坑的破坏类型 ............ 207
  - 8.1.4 基坑支护设计的原则 ............ 207
- 8.2 排桩支护结构设计 ............ 209
  - 8.2.1 土压力的计算 ............ 209
  - 8.2.2 悬臂式排桩 ............ 211
  - 8.2.3 单层支锚排桩 ............ 212
- 8.3 基坑稳定性分析 ............ 216
  - 8.3.1 稳定性分析的作用 ............ 217
  - 8.3.2 稳定性理论分析 ............ 217
  - 8.3.3 渗流稳定分析 ............ 220
- 8.4 施工与监测 ............ 221
  - 8.4.1 地下水控制 ............ 222
  - 8.4.2 现场监测 ............ 225
  - 8.4.3 土方开挖 ............ 227
  - 8.4.4 逆作业施工技术简介 ............ 228
- 思考题与习题 ............ 230

## 第9章 软弱地基处理 ............ 231

- 9.1 软弱地基处理概述 ............ 232
  - 9.1.1 软弱地基的特点 ............ 232
  - 9.1.2 地基处理的目的 ............ 233
  - 9.1.3 地基处理方法的分类和适用情况 ............ 233
- 9.2 换填垫层法 ............ 234
  - 9.2.1 垫层设计 ............ 235
  - 9.2.2 垫层施工 ............ 236
  - 9.2.3 质量检验 ............ 237
- 9.3 夯实地基 ............ 237
  - 9.3.1 夯实地基概述 ............ 238
  - 9.3.2 强夯地基设计与施工 ............ 238
  - 9.3.3 质量检验 ............ 241
- 9.4 预压地基 ............ 241
  - 9.4.1 预压地基概述 ............ 241
  - 9.4.2 堆载预压 ............ 242
  - 9.4.3 真空预压 ............ 243
- 9.5 复合地基理论 ............ 244
  - 9.5.1 复合地基的概念与分类 ............ 244
  - 9.5.2 复合地基承载力与变形计算 ............ 245
- 9.6 竖向增强体复合地基 ............ 247
  - 9.6.1 振冲碎石桩复合地基 ............ 248
  - 9.6.2 水泥土搅拌桩复合地基 ............ 248
  - 9.6.3 旋喷桩复合地基 ............ 249

思考题与习题 ..................................................... 250

# 第10章 岩土工程勘察及地震区地基基础 ..................................................... 251

## 10.1 岩土工程勘察概述 ..................................................... 252
### 10.1.1 工程重要性等级 ..................................................... 253
### 10.1.2 场地等级 ..................................................... 253
### 10.1.3 地基等级 ..................................................... 253
### 10.1.4 岩土工程勘察等级 ..................................................... 254

## 10.2 房屋建筑工程的勘察内容 ..................................................... 254
### 10.2.1 工作内容 ..................................................... 255
### 10.2.2 各阶段勘察的内容 ..................................................... 255

## 10.3 野外勘察方法 ..................................................... 257
### 10.3.1 钻探与取土样 ..................................................... 257
### 10.3.2 触探试验 ..................................................... 260
### 10.3.3 标准贯入试验 ..................................................... 262

## 10.4 室内土工试验内容 ..................................................... 263

## 10.5 勘察报告书的编写 ..................................................... 264
### 10.5.1 勘察报告书的一般内容 ..................................................... 265
### 10.5.2 勘察报告书编写实例 ..................................................... 266

## 10.6 地震区地基基础 ..................................................... 267
### 10.6.1 地震简述 ..................................................... 268
### 10.6.2 土的液化 ..................................................... 268
### 10.6.3 地基基础抗震措施 ..................................................... 271

思考题与习题 ..................................................... 272

# 第11章 土工试验指导 ..................................................... 274

## 11.1 土的密度及含水率试验 ..................................................... 275
### 11.1.1 土的密度试验 ..................................................... 276
### 11.1.2 土的含水率试验 ..................................................... 278

## 11.2 土的颗粒分析试验 ..................................................... 279

## 11.3 液限、塑限联合测定试验 ..................................................... 282

## 11.4 土的击实试验 ..................................................... 288

## 11.5 土的侧限压缩试验 ..................................................... 293

## 11.6 直接剪切试验 ..................................................... 297

# 参考文献 ..................................................... 301

# 绪　　论

## 0.1　土力学与地基基础的研究对象

土力学与地基基础是以土为研究对象，以解决工程建设中遇到的土工问题为目的的一门学科或课程。

### 1．土

土是地壳表层岩石经受风化、剥蚀、搬运、沉积等过程，所形成的松散堆积物。《岩土工程勘察规范(2009年版)》(GB 50021—2001)将土分为碎石土、砂土、粉土、黏性土等几大类。我国地域辽阔，土的性质区域性极强，比如沿海地区的软土、高寒地区的多年冻土、西北地区的湿陷性黄土，广泛分布的红黏土、膨胀土等特殊土除具有土的共性外，都具有自己的特点。在进行工程建设时，一定要充分了解建筑场地土的工程性质。

在工程建设中，土往往是作为不同的研究对象。如在土层上修建房物、桥梁、道路、堤坝时，土用来支撑上部建筑物传来的荷载，这时的土被用作地基；在修筑土质堤坝、路基时，土又被用作建筑材料；在修建隧道、涵洞及地下建筑等时，土作为建筑物周围的介质环境。所以，土的性质对于工程建设的质量、性状等具有直接而重大的影响。

### 2．土力学

土力学是用力学的基本原理和土工试验技术，研究土的物理性质以及所受外力发生变化时土的应力、变形、强度和渗透等特性及其规律的一门学科，即研究土的工程性质和在力系作用下土体性状的学科。一般认为，土力学是工程力学的一个分支，但由于土具有复杂的工程特性，目前在解决土工问题时，尚不能像其他力学学科一样具备系统的理论和严密的数学公式，而必须借助经验、现场试验以及室内试验辅以理论计算。所以，土力学是一门实践性很强的学科。

### 3．地基、基础

1) 地基

地基是承受建(构)筑物全部荷载的地层，地层可以是天然土层或经过地基处理的人工土层，也可以是岩层。地基可分为以下两类。

(1) 天然地基：不经过人工处理就可满足设计要求的地基。

(2) 人工地基：经过人工处理加固后才能满足设计要求的地基。

2) 基础

基础是将建(构)筑物的自重荷载和所承受的其他荷载传递到地基上的建(构)筑物组成部

分，是建(构)筑物最底下的一部分(见图 0.1)，其可由砖、石、混凝土或钢筋混凝土等建筑材料建造。基础底面一般在地面以下一定的深度。基础按基础底面在地面以下的深度分为两类。

(1) 浅基础：基础埋置深度不超过 5 m 时，称为浅基础。

(2) 深基础：基础埋置深度超过 5m，称为深基础，一般是由于浅层土层较软弱，须把基础埋置于深处的好土层，桩基、地下连续墙均属于深基础。

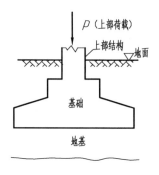

图 0.1　地基与基础

### 4．地基基础设计原则

1) 承载力要求

通过基础传递给地基的荷载不得超过地基容许承载力，并要有足够的安全余量，以免地基承载力不足而发生地基失稳，使建筑物的正常使用受到影响。

2) 变形要求

地基变形不得超过地基变形允许值，保证建筑物不因地基变形而损坏或影响其正常使用。比如由于地基沉降过大，地面上一层住房楼面将低于地面标高，从而影响居民生活；公路路基沉降过大将影响公路的平滑性与美观，也影响交通。

## 0.2　本课程的内容及学习目标

土力学与地基基础课程介绍

### 1．课程定位与特点

土力学与地基基础课程是土木工程类专业，如高职高专教育的建筑工程技术、城市轨道交通工程技术等专业的一门核心课程，包括土力学、地基基础两部分。土力学属于专业基础范畴，地基基础属于专业范畴。本课程与材料力学、结构力学、建筑材料、工程地质以及建筑结构(包括钢筋混凝土结构、砌体结构)等课程紧密相关。

### 2．本书内容介绍

第 1 章介绍土的性质及工程分类，这些是本课程的基本知识；第 2 章至第 3 章涉及土力学基本理论，也是本课程学习的重点内容之一，介绍土的压缩性、土中应力分布计算、土的抗剪强度和地基沉降计算、地基承载力计算等；第 4 章介绍土压力、挡土墙的设计计算及简单土坡稳定分析；第 5 章至第 9 章属于基础工程内容，主要介绍浅基础设计与施工、桩基础设计与施工，简要介绍了沉井基础与地下连续墙、基坑工程和软弱地基处理常用方法；第 10 章介绍岩土工程勘察的常用方法，勘察报告的编写要点，以及土的液化判别；第 11 章给出六类常用土工试验指导。

### 3. 学习目标

通过学习本课程，应达到以下目标。

(1) 熟练掌握土的主要物理性质指标的测定与换算，以及如何使用物理指标对土进行工程分类；计算简单情况下的土中应力、地基沉降、挡土墙上的土压力，会进行简单土坡稳定分析、地基承载力确定；学会应用《建筑地基基础设计规范》(GB 50007—2011)及相关规范，熟练设计与验算简单的浅基础。

(2) 了解桩基础的计算原理、沉井基础与地下连续墙的工作原理，掌握桩基础的一般施工与检测方法；掌握基坑支挡和软弱地基处理的基本方法；掌握常用岩土工程勘察方法的要点，会进行简单情况下土的液化判别。

(3) 能使用和校验一般的土工试验仪器及设备。

(4) 能较好地完成土的颗粒分析试验、土的侧限压缩试验、土的直接剪切试验、土的液塑限联合测定试验、土的密度及含水率试验以及土的击实试验等一些基本的室内土工试验，并能写出试验报告。

(5) 会编写简单的岩土工程勘察试验报告。

(6) 结合土力学基本理论，能初步正确、灵活地使用各类地基基础、岩土工程技术规范，如《建筑地基基础设计规范》(GB 50007—2011)、《岩土工程勘察规范(2009 年版)》(GB 50021—2001)、《建筑桩基技术规范》(JGJ 94—2008)、《建筑边坡工程技术规范》(GB 50330—2013)、《建筑基坑支护技术规程》(JGJ 120—2012)、《建筑基桩检测技术规范》(JGJ 106—2014)、《建筑地基处理技术规范》(JGJ 79—2012)等。

# 第 1 章　土的性质及工程分类

土的性质及工程分类

**学习目标**

(1) 了解土的三相组成和结构对土工程性质的影响。
(2) 了解土的渗透性。
(3) 掌握土的物理性质指标和状态指标,能进行土的工程分类。

扩展图片

**教学要求**

| 章节知识 | 掌握程度 | 相关知识点 |
| --- | --- | --- |
| 土的三相组成与结构 | 掌握土的三相组成与结构 | 土中水和土的结构的组成分类 |
| 土的物理性质指标与测定 | 了解土的物理性质指标与测定 | 土的三项基本物理性质指标 |
| 土的物理状态指标 | 了解土的物理状态指标 | 黏性土与无黏性土的区别 |
| 土的渗透性 | 熟悉土的渗透性 | 土渗透性的影响指标 |
| 地基岩土的工程分类 | 了解地基岩土的工程分类 | 粉土与黏性土之间的区别 |

**课程思政**

岩土工程研究是一项非常重要的研究,希望通过结合我国近年来岩土工程领域取得的伟大成就,激发同学们的民族自豪感,鼓励大家努力奋斗,成为具有家国情怀、坚持职业操守、具备工程思维和创新意识的合格社会主义建设者。

**案例导入**

我国岩土工程学科起步较晚,但经过几代人的共同努力,已经取得了令世人瞩目的成就,如基于深大基坑工程、复杂隧道工程以及大型地基处理等的理论研究成果,建设了一大批超级工程。但同时也应该清醒地认识到,在关键领域中与发达国家之间还存在差距,更需要需要年轻一代持续不断地努力。基于岩土工程领域在国际和国内发展的历史和现状,结合代表性人物的科研和工作经历,在课堂上引导学生树立追求真理的远大理想,培养学生探索、创新以及求真务实的科学精神。

# 第 1 章 土的性质及工程分类

【本章思维导图(概要)】

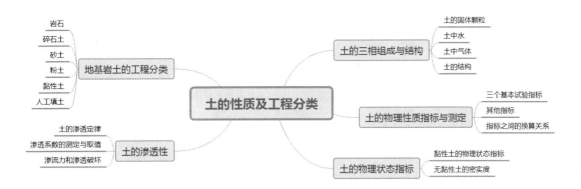

## 1.1 土的三相组成与结构

【本节思维导图】

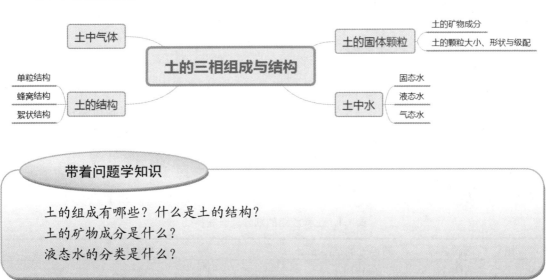

**带着问题学知识**

土的组成有哪些？什么是土的结构？
土的矿物成分是什么？
液态水的分类是什么？

通常，土是固体颗粒、水和气体三部分组成的松散颗粒集合体，这三部分常被称为土的三相组成。固体颗粒即土颗粒，由矿物颗粒组成，有时也含有有机质构成土的骨架。水和气体充填在土颗粒间相互贯通的孔隙中。当土中孔隙为水和气体共同充填时，土为三相的，称为湿土或非饱和土。特殊情况时，土为两相的，这时称为饱和土或干土。由于土颗粒的矿物成分与颗粒大小的变化、土的三相组成本身的性质与它们之间数量的变化等决定土的物理力学性质，因此，要研究土的性质，必须首先研究土的三相本身的性质。

### 1.1.1 土的固体颗粒

土的固体颗粒是土的三相组成中的骨架，是决定土的工程性质的主要成分。它的矿物成分和颗粒大小、形状与级配是影响土的物理性质的重要因素。

扩展资源 1.
土的形成

1. 土的矿物成分

土中的固体颗粒的矿物成分绝大部分是矿物质，或多或少含有有机质。按其成因可分为原生矿物、次生矿物和有机质等。

1) 原生矿物

由岩石经物理风化而成，其矿物成分与母岩相同，这种矿物称为原生矿物。常见的有石英、长石、云母等，它们的性质比较稳定。碎石土和砂土主要由原生矿物组成。

2) 次生矿物

在水溶液、大气及有机物的化学作用或生物化学作用下，不仅破坏了岩石的结构，而且使其生成一种很细小的新的矿物，这种矿物称为次生矿物，主要为黏土矿物，常见的黏土矿物有蒙脱石、伊利石和高岭石三种。由于黏土矿物颗粒很细(粒径 $d<0.005$ mm)，颗粒的比表面积(单位体积或单位质量的颗粒的总表面积)很大，所以颗粒表面具有很强的与水作用的能力。土中含有的黏土矿物越多，则土的黏性、塑性和膨胀性也越大。

3) 有机质

有机质是由土层中的动植物分解而形成的。一种是分解不完全的植物残骸，可以形成泥炭，疏松多孔；另一种则是完全分解的腐殖质。由于有机质易于分解变质，亲水性强，使土具有较强的可塑性、膨胀性和黏性，故对土的工程性质有很大的不利影响。

2. 土的颗粒大小、形状与级配

1) 粒组划分

土颗粒的大小与土的性质有密切关系。土粒的大小称为粒度，通常以粒径表示。土粒径发生变化，其主要性质也相应发生变化。例如，土的粒径从大到小，则可塑性从无到有，黏性从无到有，透水性从大到小。工程上常把大小、性质相近(介于一定粒度范围内)的土料合并为一组，称为粒组。我国的粒组划分原则上是将土粒分为六大粒组，即漂石或块石、卵石或碎石、砾粒和砂粒、粉粒和黏粒，几种粒组的划分按照《土的工程分类标准》(GB/T 50145—2007)，粒组划分及一般特征见表 1.1。

表 1.1 土粒粒组的划分及一般特征

| 粒 组 | 颗粒名称 | | 粒径 $d$ 的范围/mm | 一般特征 |
|---|---|---|---|---|
| 巨粒 | 漂石(块石) | | $d>200$ | 透水性大，无黏性，无毛细水 |
| | 卵石(碎石) | | $60<d\leqslant 200$ | 透水性大，无黏性，无毛细水 |
| 粗粒 | 砾粒 | 粗砾 | $20<d\leqslant 60$ | 透水性大，无黏性，毛细水上升高度不超过粒径 |
| | | 中砾 | $5<d\leqslant 20$ | |
| | | 细砾 | $2<d\leqslant 5$ | |
| | 砂粒 | 粗砂 | $0.5<d\leqslant 2$ | 易透水，当混入云母等杂物时透水性减小，而压缩性增加；无黏性，遇水不膨胀，干燥时松散；毛细水上升高度不大，随粒径变小而增大 |
| | | 中砂 | $0.25<d\leqslant 0.5$ | |
| | | 细砂 | $0.075<d\leqslant 0.25$ | |
| 细粒 | 粉粒 | | $0.005<d\leqslant 0.075$ | 透水性小；湿时稍有黏性，遇水膨胀小，干时稍收缩；毛细水上升高度较大较快，极易出现冻胀现象 |
| | 黏粒 | | $d<0.005$ | 透水性很小；湿时有黏性、可塑性，遇水膨胀大，干时收缩显著；毛细水上升高度大，且速度较慢 |

2) 颗粒级配

自然界里的天然土，往往由多个粒组组成。土的颗粒有粗有细，土粒的大小及组成情况通常以各个粒组的相对含量(各粒组占土粒总质量的百分数)来表示，称为土的颗粒级配。颗粒级配的分析方法，可通过颗粒分析试验得到。工程上常采用筛析法和密度计法两种试验。筛析法适用于粒径 $d$ 满足 $0.075 \text{ mm} \leqslant d \leqslant 60 \text{ mm}$ 的土。试验时将风干、分散的试样，放入一套从上到下，筛孔由粗到细排列的标准分析筛(筛孔直径分别为 60 mm、40 mm、20 mm、10 mm、5 mm、2.0 mm、1 mm、0.5 mm、0.25 mm、0.075 mm)进行筛分，称出留在各个筛孔上的颗粒重量，便可计得相应的各粒组的相对含量。密度计法适用于粒径 $d < 0.075$ mm 的土，该分析方法根据土粒直径不同、在水中沉降速度也不同的关系测得(详见有关土木试验操作规程)。

根据土的颗粒分析试验结果，绘制土的颗粒级配曲线，如图 1.1 所示，纵坐标表示小于(或大于)某粒径的土重含量百分比，横坐标表示粒径(宜用对数坐标)。

如曲线平缓，表示粒径相差悬殊，粒径不均匀，较大颗粒间的孔隙被较小的颗粒所填充，土的密实度较好，称为级配良好的土；反之，曲线很陡，表示粒径均匀，即级配不好。

音频 1.细粒土的击实

工程上为了定量反映土的级配特征，常采用两个指标。

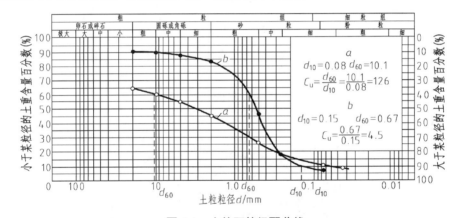

图 1.1 土的颗粒级配曲线

不均匀系数 $C_u$，其计算公式如下：

$$C_\text{u} = \frac{d_{60}}{d_{10}} \tag{1-1}$$

曲率系数 $C_c$，其计算公式如下：

$$C_\text{c} = \frac{d_{30}^2}{d_{10} \cdot d_{60}} \tag{1-2}$$

式中：$d_{10}$——有效粒径(mm)，表示土的粒径分布曲线上的某粒径，小于该粒径的土粒质量为总土粒质量的 10%；

$d_{60}$——限制粒径(mm)，表示土的粒径分布曲线上的某粒径，小于该粒径的土粒质量为总土粒质量的 60%；

$d_{30}$——中值粒径(mm)，表示土的粒径分布曲线上的某粒径，小于该粒径的土粒质量为总土粒质量的 30%。

不均匀系数 $C_u$ 反映了大小不同粒组的分布情况，$C_u$ 越大，表示粒径分布范围越大、越不均匀，土的级配良好。曲率系数 $C_c$ 则描述了级配曲线的整体形状。对于级配连续的土，$C_u>10$ 时视为级配良好，$C_u<5$ 时视为级配不良；对于级配不连续的土，采用单一指标 $C_u$ 难以全面有效地判断土的级配好坏，则需同时满足 $C_u>5$ 且 $1<C_c<3$ 时视为级配良好，反之则级配不良。

### 1.1.2 土中水

土中水按其存在的形态，可分为固态水、液态水和气态水三种。

#### 1. 固态水

第一种固态水是指土中自由水在温度降至 0℃ 以下时结成的冰。水结冰后体积会增大，使土体产生冻胀，破坏土的结构。但冻土融化后，强度急剧降低，对地基不利，因此，寒冷地区基础的埋置深度要考虑冻胀问题。

第二种固态水是指存在于土粒矿物的晶体格架内部或是参与矿物构造的水，也称为矿物内部结晶水。这种水只有在比较高的温度下才能转化为气态水而与土粒分离。从土的工程性质来看，可以把结晶水看作土的矿物颗粒的一部分。

#### 2. 液态水

液态水包括紧紧吸附于固体颗粒表面的结合水及土孔隙中的自由水两类。

1) 结合水

结合水是指受分子吸引力吸附于土粒表面而形成的一定厚度的水膜，分为强结合水和弱结合水两类。土颗粒吸附水示意图，如图 1.2 所示。

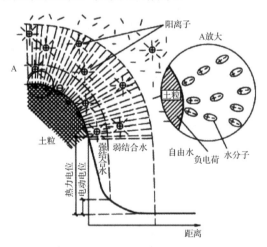

图 1.2　土颗粒吸附水示意图

(1) 强结合水：是紧靠土粒表面的结合水，所受电场的作用力很大，丧失液体的特性而接近于固体，它没有溶解能力，不能传递静水压力，冰点为零下几十摄氏度(最低可达-78℃)，密度为 1.2～2.4 g/cm³，在 105℃ 才能变成水蒸气，具有极大的黏滞度、弹性和抗剪强度。

(2) 弱结合水：是强结合水外围的结合水膜，它也不能传递静水压力，呈黏滞状态，对黏性土的性质影响最大。当黏性土含有一定的弱结合水时，土具有一定的可塑性。由于受到的引力较小，弱结合水的密度在 $1\sim 1.7\ g/cm^3$ 之间，靠近强结合水部分密度较大，越远则密度越小，其性质由固态渐变为半固态、黏滞状态以及普通的液体状态。

2) 自由水

自由水是指土中在结合水膜以外的液态水，其性质与普通水一样，能传递静水压力，冰点为 0℃，有溶解盐类的能力。按其所受作用力的不同，可分为重力水和毛细水两种。重力水是指受重力或压力差作用而移动的自由水，存在于地下水位以下，当存在水头差时，它将产生流动，对土颗粒有浮力作用。毛细水是指受到水与空气交界面处表面张力作用的自由水，一般存在于地下水位以上。由于受表面张力作用，地下水沿着不规则的毛细孔上升，形成毛细水上升带。毛细水上升高度视孔隙大小而定，粒径大于 2mm 的土颗粒，其孔隙较大，一般无毛细现象。毛细水上升，则导致地基湿润，强度降低，变形增加，在寒冷地区还会加剧地基的冻胀作用，故在建筑工程中要注意防潮。

3. 气态水

土中气态水赋存于近地表土层，对土的力学性质影响不大。

## 1.1.3 土中气体

土中气体存在于土固体矿物孔隙中未被水所占据的部位。土中气体可分为自由气体和封闭气泡两类，在粗粒土(粒径>0.075 mm)中经常见到与大气相连通的空气(即自由气体)，它对土的力学性质影响不大。在细粒土(粒径<0.075 mm)中则经常存在与大气隔绝的封闭气泡，当土受到外力作用时，封闭气泡被压缩或溶解于水中，颗粒之间的毛细孔也会遭到破坏，水分不易渗透和散发，透水性降低；压力减小时封闭气泡恢复原状或游离于水，增加土的弹性，这样土具有"橡皮土"特征，土的压实变得困难。可见封闭气体对土的工程性质影响较大。

## 1.1.4 土的结构

土的结构(soil fabrie)是指土粒或土粒集合体的大小、形状、相互排列及其联结关系等因素形成的综合特征。土的结构直接与土的强度和稳定性、土的物理性质、力学性质相关，是决定土的性质的重要因素。土的结构是在其沉积和存在的整个历史过程中逐渐形成的。土由于其颗粒组成、沉积环境和沉积年代不同而形成各种各样的复杂结构，土的结构一般可归纳为三种基本类型，分别为单粒结构、蜂窝结构和絮状结构。

音频 2.
土的结构

1. 单粒结构

单粒结构是由于由砂粒或较粗的颗粒在水和空气中沉积而形成。因其颗粒较大，土粒间的分子引力相对很小，所以颗粒之间几乎没有联结。单粒结构土的紧密程度随其沉积的条件不同而有差异。如果土粒沉积速度较快，例如洪水冲积而成的砂层和砾石层，往往形成松散的单粒结构，如图 1.3 所示。当土粒沉积缓慢，则形成密实的单粒结构，如图 1.4 所示。由于土粒排列紧密，强度较高，压缩性小，故密实的单粒结构的土是较好的天然地基。

对松散的单粒结构的土，土的孔隙大，骨架不稳定，当受到振动及其他外力作用时，土粒容易发生相对移动，土中孔隙剧烈减少，引起土体很大的变形。所以这种松散的单粒结构土层，如未经处理，一般不宜作为建筑物的地基。

### 2. 蜂窝结构

当较细的土粒(如粉粒，粒径为 0.005～0.075 mm)在水中下沉时，遇到已沉积的土粒，由于土粒之间的分子引力大于土粒自重，而造成下沉的土粒被吸引不再下沉，停留在接触点，形成链环单位，很多链环联结起来，形成具有很大孔隙的蜂窝状结构，如图 1.5 所示。当其承受较高水平荷载或动力荷载时，结构将破坏，导致严重的地基沉降。

### 3. 絮状结构

絮状结构是由微小黏粒(粒径≤0.005 mm)集合体组成的结构形式。黏粒在水中处于悬浮状态，不会因单个颗粒的自重而下沉。这种土粒在水中运动，相互碰撞吸引逐渐凝聚成絮状物下沉，形成孔隙较大的絮状结构，如图 1.6 所示。

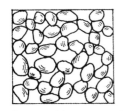
图1.3 松散的单粒结构
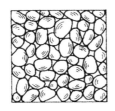
图1.4 密实的单粒结构
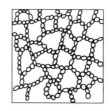
图1.5 蜂窝状结构

图1.6 絮状结构

具有蜂窝结构和絮状结构的土，颗粒间存在大量微细孔隙，导致其压缩性大，强度低，透水性弱。又因为土粒之间的联结较弱且不稳定，在扰动力作用下(如施工扰动影响)，土的天然结构受到破坏，从而使土的强度迅速降低；但土粒之间的联结力(结构强度)会随着长期的压密作用和胶结作用而得到加强。

## 1.2 土的物理性质指标与测定

【本节思维导图】

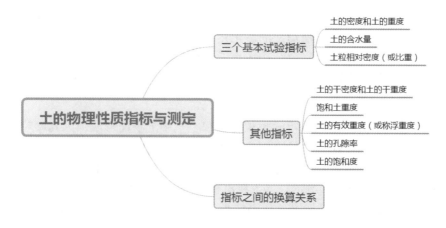

> **带着问题学知识**
>
> 土的含水量如何计算?
> 土的孔隙率计算方式是什么?
> 土的孔隙比如何进行计算?

土的三相(固相、液相、气相)组成及其各自特性对土的性质有影响。三相组成比例不同,土的松密、软硬程度也不同,土的工程性质自然不同。因此需要定量研究土的三相之间的比例关系,即物理性质指标。土的三相组成关系如图 1.7 表示。

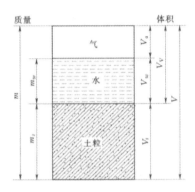

图 1.7　土的三相组成关系

在图 1-7 中,$m_w$ 为水的质量;$m_s$ 为土颗粒质量;$m_a$ 为气体的质量,可以忽略不计;$m$ 为土的总质量,$m=m_s+m_w$;$V_s$ 为土颗粒的体积;$V_w$ 为水的体积;$V_a$ 为气体的体积;$V_v$ 为土的孔隙体积,$V_v=V_w+V_a$;$V$ 为土的总体积,$V=V_s+V_v=V_s+V_w+V_a$。

## 1.2.1　三个基本试验指标

土的密度(或容重)、含水率(或含水量)和土粒相对密度(或土粒比重)称为土的三项基本物理性质指标,由于它们可以在实验室内直接测定,有时也称为三个实测物理性质指标,其具体试验方法可参见《土工试验方法标准》(GB/T 50123—2019)。

**1. 土的密度 $\rho$ 和土的重度 $\gamma$**

单位体积土的质量,称为土的质量密度,简称密度(g/cm³),用 $\rho$ 表示,即

$$\rho = \frac{m}{V} \tag{1-3}$$

式中:$m$——土的质量,g;
　　　$V$——土的体积,cm³。

单位体积土的重力称为土的重力密度,简称重度(kN/m³),用 $\gamma$ 表示,即

$$\gamma = \frac{w}{V} \tag{1-4}$$

ρ 与 γ 的关系为

$$\gamma = \rho \cdot g \tag{1-5}$$

式中：$V$——土的体积，cm³；

$g$——重力加速度，$g \approx 10$ m/s²；

$w$——土的重量，N；

$\gamma$——土的重度，通常为 16～22 kN/m³。

土的密度 ρ 的测定一般使用环刀法，环刀法适用于室内测定黏性土和粉土等细粒土。即用一个圆刀(质量恒定，刀刃向下)放置在削平的原状土样表面上，慢慢地削去环刀外围上的土，边压环刀边削到土样伸出环刀口为止，然后削去两端余土，使与环刀口面平齐，称出环刀和土的质量，减去环刀的质量，就是土的质量，再与环刀体积之比值即为土的密度。天然状态下土的密度变化范围在 1.6～2.2 g/cm³ 之间。

#### 2. 土的含水量 ω

土中水的质量与干土粒质量之比，称为含水量，以百分数表示。

$$\omega = \frac{m_w}{m_s} \times 100\% \tag{1-6}$$

式中：$m_w$——土中水的质量，g；

$m_s$——土粒的质量，g。

通常，砂土的 $\omega$ =10%～40%；黏性土的 $\omega$ = 20%～60%。

ω 的测定方法一般采用烘干法。

含水量是反映土的湿度的一个重要物理指标。天然土层的含水量变化范围很大，它与土的种类、埋藏条件及其所处的自然地理环境等有关。同一类土中含水量越高，土越湿，一般来说也就越软。

#### 3. 土粒相对密度(或比重)$d_s$

土粒密度(单位体积干土粒的质量)与 4℃时纯水的密度之比，称为土粒相对密度(或比重)，用 $d_s$ 表示：

$$d_s = \frac{m_s}{V_s \rho_w} = \frac{\rho_s}{\rho_w} \tag{1-7}$$

式中：$m_s$——土粒的质量，g；

$V_s$——土粒的体积，cm³；

$\rho_w$——4℃纯水的密度，g/cm³；

$\rho_s$——土粒的密度，g/cm³。

通常，砂土的 $d_s$ = 2.65～2.69；粉土的 $d_s$ = 2.70～2.71；黏性土的 $d_s$ = 2.72～2.75。

$d_s$ 的测定方法采用比重瓶法。

### 1.2.2 其他指标

#### 1. 土的干密度 $\rho_d$ 和土的干重度 $\gamma_d$

单位体积土体中土粒的质量称为土的干密度(g/cm³)，用 $\rho_d$ 表示：

$$\rho_\mathrm{d} = \frac{m_\mathrm{s}}{V} \tag{1-8}$$

式中：$m_s$——土粒的质量，g；

$V$——土的体积，$cm^3$；

单位体积土体中土粒所受的重力称为土的干重度($N/cm^3$)，用 $\gamma_\mathrm{d}$ 表示：

$$\gamma_\mathrm{d} = \rho_\mathrm{d} g \tag{1-9}$$

土的干密度一般为 $1.3\sim1.8$ $g/cm^3$，工程上常以土的干密度来评价土的密实程度。通常用作填方工程，包括土坝、路基和人工压实地基等土体压实质量控制的标准。

### 2. 饱和重度 $\gamma_\mathrm{sat}$

土中孔隙完全被水充满时土的重度称为饱和重度($N/cm^3$)，用 $\gamma_\mathrm{sat}$ 表示：

$$\gamma_\mathrm{sat} = \frac{w_\mathrm{s} + \gamma_\mathrm{w} V_\mathrm{v}}{V} \tag{1-10}$$

式中：$\gamma_\mathrm{w}$——水的重度，计算时可近似取 4℃纯水的重度，即 $\gamma_\mathrm{w} \approx 0.01$ $N/cm^3$(或 $10kN/m^3$)；

$\gamma_\mathrm{sat}$——饱和重度，一般为 $0.018\sim0.023kN/cm^3$(或 $18\sim23kN/m^3$)；

$w_s$——土粒的重量，N；

$V_\mathrm{v}$——土中孔隙的体积，$cm^3$；

$V$——土的体积，$cm^3$。

### 3. 土的有效重度(或称浮重度)$\gamma'$

地下水位以下的土受到水的浮力作用，扣除浮力后单位体积土所受的重力称为土的有效重度(或浮重度)，用 $\gamma'$ 表示：

$$\gamma' = \frac{w_\mathrm{s} - \gamma_\mathrm{w} \cdot V_\mathrm{s}}{V} \tag{1-11}$$

或

$$\gamma' = \gamma_\mathrm{sat} - \gamma_\mathrm{w} \tag{1-12}$$

土的有效重度通常为 $0.008\sim0.013N/cm^3$(或 $8\sim13kN/m^3$)。

### 4. 土的孔隙率 $n$

土的孔隙率 $n$ 是指土中孔隙体积与总体积之比，以百分数表示：

$$n = \frac{V_\mathrm{v}}{V} \times 100\% \tag{1-13}$$

通常 $n=30\%\sim50\%$。

### 5. 土的孔隙比 $e$

土的孔隙比 $e$ 是指土中孔隙体积与固体颗粒体积之比，一般用小数表示：

$$e = \frac{V_\mathrm{v}}{V_\mathrm{s}} \tag{1-14}$$

孔隙比是反映土的密实程度的重要指标。一般来说，$e<0.6$ 的土是密实的；$e>1.0$ 的土是疏松的，压缩性较大。

#### 6. 土的饱和度 $S_r$

土的饱和度 $S_r$ 是指土中孔隙水的体积与孔隙总体积之比，以百分数表示：

$$S_r = \frac{V_w}{V_v} \times 100\% \tag{1-15}$$

式中：$V_w$——土中水的体积，$cm^3$。

通常 $S_r = 0 \sim 1$。工程上通常根据饱和度 $S_r$ 的数值，将土分为：干燥的土、稍湿的土、很湿的土、饱和的土和完全饱和土五种湿度状态，见表1.2所示。

表1.2 土的湿度状态的划分

| 湿度 | 干燥 | 稍湿 | 很湿 | 饱和 | 完全饱和 |
|---|---|---|---|---|---|
| 饱和度 $S_r$ | $S_r = 0$ | $0 < S_r \leqslant 0.5$ | $0.5 < S_r \leqslant 0.8$ | $S_r > 0.8$ | $S_r = 1$ |

### 1.2.3 指标之间的换算关系

上述物理性质指标中，三个基本试验指标可通过试验测得，其他指标可由三个基本试验指标换算得到。换算的方法是：先绘制三相图，然后根据三个已知指标计算出三相图左侧三相的重力和右侧三相的体积，再根据其他指标的定义即可得出物理性质指标之间的关系公式。因三相之间是相对的比例关系，计算时可令 $V = 1$ 或 $V_s = 1$ 或 $w_s = 1\text{kN}$，可使计算简化：例如令 $w_s = 1$，三相图如图1.8所示，则由 $\omega = \dfrac{w_w}{w_s}$，得 $w_w = \omega$， $w = w_s + w_w = 1 + \omega$。

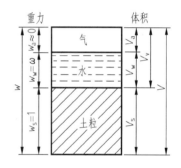

图1.8 土的三相图

由 $\gamma_w = \dfrac{w_w}{V_w}$，得 $\quad V_w = \dfrac{w_w}{\gamma_w} = \dfrac{\omega}{\gamma_w}$

由 $\gamma = \dfrac{w}{V}$，得 $\quad V = \dfrac{w}{\gamma} = \dfrac{1+\omega}{\gamma}$

由 $d_s = \dfrac{w_s}{V_s \cdot \gamma_w}$，得 $V_s = \dfrac{w_s}{d_s \cdot \gamma_w} = \dfrac{1}{d_s \cdot \gamma_w}$，则 $V_v = V - V_s = \dfrac{1+\omega}{\gamma} - \dfrac{1}{d_s \cdot \gamma_w}$

按其他指标的定义可得：

$$n = \frac{V_v}{V} = \frac{V - V_s}{V} = 1 - \frac{\gamma}{d_s \cdot \gamma_w (1+\omega)}$$

$$e = \frac{V_v}{V_s} = \frac{V - V_s}{V_s} = \frac{V}{V_s} - 1 = \frac{d_s \gamma_w (1+\omega)}{\gamma} - 1$$

$$\gamma_d = \frac{w_s}{V} = \frac{1}{\dfrac{1+\omega}{\gamma}} = \frac{\gamma}{1+\omega}$$

其他指标间的关系不再一一推导，为方便应用，各指标换算公式见表1.3。

表 1.3　土的三相组成比例指标换算公式

| 指标 | 符号 | 表达式 | 常用换算公式 | 常用单位 |
|---|---|---|---|---|
| 土粒比重 | $d_s$ | $d_s = \dfrac{m_s}{V_s \rho_w}$ | $d_s = \dfrac{S_r e}{\omega}$ | |
| 密度 | $\rho$ | $\rho = m/V$ | $\rho = \rho_d(1+\omega)$ | g/cm³ |
| 重度 | $\gamma$ | $\gamma = \rho \cdot g$ <br> $\gamma = \dfrac{w}{V}$ | $\gamma = \gamma_d(1+\omega)$ <br> $\gamma = \dfrac{\gamma_w(d_s + S_r e)}{1+e}$ | kN/m³ |
| 含水量 | $\omega$ | $\omega = \dfrac{m_w}{m_s} \times 100\%$ | $\omega = \dfrac{S_r e}{d_s}$ 　　 $\omega = \left(\dfrac{\gamma}{\gamma_d} - 1\right) \times 100\%$ | |
| 干密度 | $\rho_d$ | $\rho_d = \dfrac{m_s}{V}$ | $\rho_d = \dfrac{\rho}{1+\omega}$ 　　 $\rho_d = \dfrac{d_s}{1+e}\rho_w$ | g/cm³ |
| 干重度 | $\gamma_d$ | $\gamma_d = \rho_d g$ <br> $\gamma_d = \dfrac{w_s}{V}$ | $\gamma_d = \dfrac{\gamma}{1+\omega}$ 　　 $\gamma_d = \dfrac{\gamma_w \cdot d_s}{1+e}$ | kN/m³ |
| 饱和重度 | $\gamma_{sat}$ | $\gamma_{sat} = \dfrac{w_s + V_v \gamma_w}{V}$ | $\gamma_{sat} = \dfrac{\gamma_w(d_s + e)}{1+e}$ | kN/m³ |
| 有效重度 | $\gamma'$ | $\gamma' = \dfrac{w_s - V_s \gamma_w}{V}$ | $\gamma' = \gamma_{sat} - \gamma_w = \dfrac{\gamma_w(d_s - 1)}{1+e}$ | kN/m³ |
| 孔隙比 | $e$ | $e = \dfrac{V_v}{V_s}$ | $e = \dfrac{\gamma_w d_s (1+\omega)}{\gamma} - 1$ 　　 $e = \dfrac{\gamma_w d_s}{\gamma_d} - 1$ | |
| 孔隙率 | $n$ | $n = \dfrac{V_v}{V} \times 100\%$ | $n = \dfrac{e}{1+e} \times 100\%$ 　　 $n = 1 - \dfrac{\gamma_d}{\gamma_w d_s}$ | |
| 饱和度 | $S_r$ | $S_r = \dfrac{V_w}{V_v} \times 100\%$ | $S_r = \dfrac{\omega \cdot d_s}{e}$ 　　 $S_r = \dfrac{\omega \cdot \gamma_d}{n \cdot \gamma_w}$ | |

注：① 在各换算公式中，含水量 $\omega$ 可用小数代入计算；
　　② $\gamma_w$ 可取 10 kN/m³；
　　③ 重力加速度 $g = 9.80665$ m/s² ≈ 10 m/s²。

**【例 1.1】** 用环刀切取一土样，测得该土体积为 100 cm³，质量为 185 g，土样烘干后测得其质量为 148 g，已知土粒比重 $d_s = 2.7$，试求土的 $\gamma$、$\omega$、$e$、$n$、$S_r$、$\gamma_d$、$\gamma_{sat}$、$\gamma'$。

**解**　$\rho = \dfrac{m}{V} = \dfrac{185}{100} = 1.85 \text{ (g/cm}^3\text{)}$

$\gamma = \rho \cdot g \approx 10\rho = 18.5 \text{ (kN/m}^3\text{)}$

$\omega = \dfrac{m_w}{m_s} \times 100\% = \dfrac{185 - 148}{148} \times 100\% = 25\%$

$e = \dfrac{\gamma_w d_s (1+\omega)}{\gamma} - 1 = \dfrac{10 \times 2.7 \times (1+0.25)}{18.5} - 1 = 0.82$

$n = \dfrac{e}{1+e} = \dfrac{0.82}{1+0.82} = 45\%$

$$S_r = \frac{\omega \cdot d_s}{e} = \frac{0.25 \times 2.7}{0.82} = 0.82$$

$$\gamma_{sat} = \frac{d_s + e}{1+e} \cdot \gamma_w = \frac{2.7 + 0.82}{1+0.82} \times 10 = 19.34 (kN/m^3)$$

$$\gamma' = \gamma_{sat} - \gamma_w = 19.34 - 10 = 9.34 (kN/m^3)$$

$$\gamma_d = \frac{\gamma}{1+\omega} = \frac{18.5}{1+0.25} = 14.8 (kN/m^3)$$

**【例1.2】** 某完全饱和土，已知干重度 $\gamma_d$=17.5 kN/m³，含水量 $\omega$=21%，试求土的 $e$、$d_s$、$\gamma_{sat}$。

**解** 已知完全饱和土 $S_r = 1$。

由公式 $S_r = \dfrac{\omega \cdot \gamma_d}{n \cdot \gamma_w}$，得 $n = \dfrac{\omega \cdot \gamma_d}{S_r \cdot \gamma_w} = \dfrac{0.21 \times 17.5}{1 \times 10} = 0.368$

由公式 $n = \dfrac{e}{1+e}$，得 $e = \dfrac{n}{1-n} = \dfrac{0.368}{1-0.368} = 0.58$

$$d_s = \frac{S_r e}{\omega} = \frac{1 \times 0.58}{0.21} = 2.76$$

$$\gamma_{sat} = \frac{d_s + e}{1+e} \cdot \gamma_w = \frac{2.76 + 0.58}{1+0.58} \times 10 = 21.14 (kN/m^3)$$

## 1.3 土的物理状态指标

**【本节思维导图】**

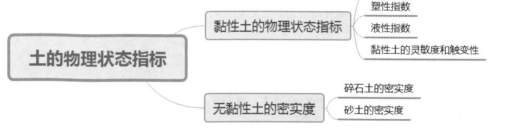

**带着问题学知识**

黏性土如何进行分类？
碎石土密实度野外鉴别方法是什么？
砂土的密实度分类是什么？

## 1.3.1 黏性土的物理状态指标

### 1. 界限含水量

黏性土的主要成分是黏粒(粒径 $d < 0.005$ mm)，土颗粒很细，土的比表面积大(比表面积为单位体积物质颗粒的总表面积)，与水相互作用的能力较强，随着含水量的增加，土的状态变化依次为固态、半固态、可塑状态、流动状态，如图 1.9 所示，前两个比较常用，相应的承载力也逐渐降低，因此黏性土的主要物理状态特征是其软硬程度，即稠度。

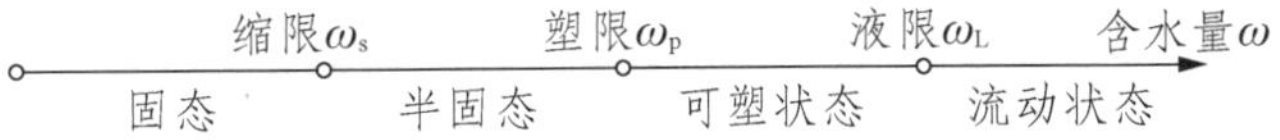

**图 1.9 黏性土的物理状态与含水量的关系**

黏性土由一种状态转到另一种状态的分界含水量，称为界限含水量。土由固态转到半固态的界限含水量称为缩限，用 $\omega_s$ 表示；土由半固态转到可塑状态的界限含水量称为塑限，用 $\omega_p$ 表示；土由可塑状态转到流动状态的界限含水量称为液限，用 $\omega_L$ 表示。工程上常用的界限含水量是液限和塑限，其测定方法，我国的标准《土工试验方法标准》(GB/T 50123—2019)已规定采用液塑限联合测定法。

液塑限联合测定仪应包括带标尺的圆锥仪、电磁铁、显示屏、控制开关和试样杯，如图 1.10 所示。圆锥仪质量为 76 g，锥角为 30°；读数显示宜采用光电式、游标式和百分表式；试样杯直径为 40mm～50 mm；高 30mm～40 mm，此外，还需要天平：称量 200 g，分度值为 0.01 g；筛：孔径为 0.5 mm；其他器材：烘箱、干燥缸、铝盒、调土刀、凡士林。

液塑限联合测定法试验应按下列步骤进行。

(1) 液塑限联合试验宜采用天然含水率的土样制备试样，也可用风干土制备试样。

(2) 当采用天然含水率的土样时，应剔除粒径大于 0.5 mm 的颗粒，再分别按接近液限、塑限和二者的中间状态制备不同稠度的土膏，然后静置湿润。静置时间可视原含水率的大小而定。

(3) 当采用风干土样时，取过 0.5 mm 筛的代表性土样约 200 g，分成 3 份，分别放入 3 个盛土皿中，加入不同重量的纯水，使其分别达到《土工试验方法标准》(GB/T 50123—2019) 第 9.2.2 条第 2 款中所述的含水率，调成均匀土膏，放入密封的保湿缸中，静置24h。

(4) 将制备好的土膏用调土刀充分调拌均匀，密实地填入试样杯中，应使空气逸出。高出试样杯的余土用刮土刀刮平，将试样杯放在仪器底座上。

(5) 取圆锥仪，在锥体上涂以薄层润滑油脂，接通电源，使电磁铁吸稳圆锥仪。当使用游标式或百分表式时，提起锥杆，用旋钮固定。

(6) 调节屏幕准线，使初读数为零。调节升降座，使圆锥仪锥角接触试样面，指标灯亮时圆锥在自重下沉入试样内，当使用游标式或百分表式时用手扭动旋钮，松开锥杆，经 5s 后测读圆锥下沉深度。然后取出试样杯，挖去锥尖入土处的润滑油脂，取锥体附近的试样不得少于 10 g，放入称量盒内，称量，准确至 0.01 g，测定含水率。

(7) 应按《土工试验方法标准》(GB/T 50123—2019)第 9.2.2 条第 4 款～第 6 款的规定，测试其余两个试样的圆锥下沉深度和含水率。以含水率为横坐标，圆锥下沉深度为纵坐标，在双对数坐标纸上绘制关系曲线。假设三点连成一条直线，如图1.11中的A线。当三点不在同一直线上，通过高含水率的一点与其余两点连成两条直线，在圆锥下沉深度为2 mm处查得相应的含水率，当两个含水率的差值小于2%时，应以该两点含水率的平均值与高含水率的点连成一直线，如图1.11中的B线。当两个含水率的差值不小于2%时，应补做试验。

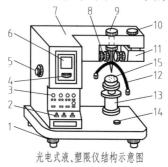

图1.10 液、塑限联合测定仪结构图　　图1.11 圆锥下沉深度与土样含水率关系图曲线

1—水平调节螺钉；2—控制开关；3—指示灯；
4—零线调节螺丝；5—反光镜调节螺丝；6—屏幕；
7—机壳；8—物镜调节螺丝；9—电磁装置；
10—光源调节螺丝；11—光源装置；12—圆锥仪；
13—升降台；14—水平泡；15—盛样杯(内装试样)

通过圆锥下沉深度与含水率关系图，查得下沉深度为17 mm所对应的含水率为液限，下沉深度为10 mm所对应的含水率为10 mm液限；查得下沉深度为2 mm所对应的含水率为塑限，以百分数表示，准确至0.1%。

**2. 塑性指数**

液限与塑限的差值(计算时省去%号)称为塑性指数，用$I_p$表示，即

$$I_p = \omega_L - \omega_p \tag{1-16}$$

式中：$\omega_L$——液限，%；
　　　$\omega_p$——塑限，%。

塑性指数$I_p$表示黏性土处于可塑状态的含水量变化范围。塑性指数越大，表明土的黏粒(粒径$d<0.005$ mm)含量越多或矿物吸水能力越强。

塑性指数是描述黏性土物理状态的重要指标之一，工程上常按塑性指数对黏性土进行分类，见表1.4所示。

表1.4　黏性土的分类

| 塑性指数 $I_p$ | 土的名称 | 塑性指数 $I_p$ | 土的名称 |
| --- | --- | --- | --- |
| $I_p>17$ | 黏土 | $10<I_p\leq17$ | 粉质黏土 |

**3. 液性指数**

黏性土的天然含水量与塑限的差值(计算时省去%)与塑性指数之比，称为液性指数，用$I_L$表示，即

$$I_L = \frac{\omega - \omega_p}{I_p} = \frac{\omega - \omega_p}{\omega_L - \omega_p} \tag{1-17}$$

由上可见：$I_L \leq 0$，即 $\omega \leq \omega_p$，土处于坚硬状态；$I_L \geq 1$，即 $\omega \geq \omega_p$，土处于流动状态。因此，液性指数是判别黏性土软硬程度、稠度的指标。《岩土工程勘察规范(2009年版)》(GB 50021—2001)根据液性指数的值，将黏性土划分为坚硬、硬塑、可塑、软塑和流塑五种状态，见表1.5。

表 1.5 黏性土的状态

| 液性指数 | $I_L \leq 0$ | $0 < I_L \leq 0.25$ | $0.25 < I_L \leq 0.75$ | $0.75 < I_L \leq 1$ | $I_L > 1$ |
|---|---|---|---|---|---|
| 状态 | 坚硬 | 硬塑 | 可塑 | 软塑 | 流塑 |

**4. 黏性土的灵敏度和触变性**

天然状态下黏性土有较好的结构性，当天然结构被破坏后，黏性土的性质变差，承载力降低，压缩性增大。反映黏性土结构性强弱的指标称为灵敏度，用 $S_t$ 表示。灵敏度是指黏性土的原状土无侧限抗压强度与原土结构被完全破坏的重塑土(保持含水量和密度不变)的无侧限抗压强度的比值，即

$$S_t = \frac{q_u}{q_0} \tag{1-18}$$

式中：$q_u$——原状土的无侧限抗压强度，kPa；

$q_0$——重塑土的无侧限抗压强度，kPa。

根据灵敏度的数值大小，黏性土可分为三类。

$S_t > 4$ 时为高灵敏度土；$2 < S_t \leq 4$ 时为中灵敏度土；$1 < S_t \leq 2$ 时为低灵敏度土。

扩展资源3. 黏性土的击实

土的灵敏度越高，结构性越强，土受扰动后强度降低越多。因此工程上遇到灵敏度高的土，在设计、施工时应特别注意采取措施保护基槽，防止基槽受到外力作用，破坏土的结构，以免降低地基承载力，增加压缩性。

饱和黏性土受到扰动后，结构产生破坏，土的强度会降低。但当扰动停止后，土的强度随时间推移又会逐渐恢复。黏性土结构受到破坏，强度降低，但随时间推移土体的强度会逐渐恢复的胶体化学性质称为土的触变性。因此打桩施工应连续进行，不应长时间停顿。

## 1.3.2 无黏性土的密实度

无黏性土一般是指具有单粒结构的碎石土和砂土，土粒之间无黏结力，呈松散状态。它们的工程性质与密实程度有关，当土处于密实状态时，结构稳定，承载力高，压缩性小，可作为建筑物的良好地基；当土处于松散状态时，如饱和粉细砂土，其结构稳定性差，承载力低，压缩性大，则是不良地基。因此密实度是无黏性土最主要的物理状态指标，在对无黏性土进行评价时，必须说明它们所处的密实程度。

**1. 碎石土的密实度**

碎石土颗粒较粗，不易取得原状土样，《岩土工程勘察规范(2009年版)》(GB 50021—

2001)根据圆锥动力触探仪的重型锤的锤击数 $N_{63.5}$(指重型锤使探头贯入碎石中 10cm 所用锤击数)将碎石土的密实度划分为松散、稍密、中密和密实,见表 1.6。

对于平均粒径大于 50 mm 或最大粒径大于 100 mm 的碎石土,《岩土工程勘察规范(2009年版)》(GB 50021—2001)根据超重型动力触探锤击数 $N_{120}$(指该超重型锤使探头贯入碎石中 10cm 所用锤击数)将碎石土的密实度划分为松散、稍密、中密、密实和很密,见表 1.7,也可按野外鉴别方法鉴别其密实度,见表 1.8。

表 1.6 碎石土密实度按 $N_{63.5}$ 划分

| 密实度 | 松散 | 稍密 | 中密 | 密实 |
|---|---|---|---|---|
| 重型动力触探锤击数 $N_{63.5}$ | $N_{63.5} \leq 5$ | $5 < N_{63.5} \leq 10$ | $10 < N_{63.5} \leq 20$ | $N_{63.5} > 20$ |

注:本表适用于平均粒径小于等于 50 mm 且最大粒径不超过 100 mm 的碎石土。对于平均粒径大于 50 mm,或最大粒径大于 100 mm 的碎石土,可用超重型动力触探或用野外观察鉴别。

表 1.7 碎石土密实度按 $N_{120}$ 划分

| 密实度 | 松散 | 稍密 | 中密 | 密实 | 很密 |
|---|---|---|---|---|---|
| 超重型动力触探锤击数 $N_{120}$ | $N_{120} \leq 3$ | $3 < N_{120} \leq 6$ | $6 < N_{120} \leq 11$ | $11 < N_{120} \leq 14$ | $N_{120} > 14$ |

表 1.8 碎石土密实度野外鉴别方法

| 密实度 | 骨架颗粒含量和排列 | 可挖性 | 可钻性 |
|---|---|---|---|
| 密实 | 骨架颗粒质量等于总质量的 70%,呈交错排列,连续接触 | 锹镐挖掘困难,用撬棍方能松动,井壁较稳定 | 钻进极困难,钻杆、吊锤跳动剧烈,孔壁较稳定 |
| 中密 | 骨架颗粒质量等于总质量的 60%~70%,呈交错排列,大部分接触 | 锹镐可挖掘,井壁有掉块现象,从井壁取出大颗粒处,能保持颗粒凹面形状 | 钻进较困难,钻杆、吊锤跳动不剧烈,孔壁有坍塌现象 |
| 松散 | 骨架颗粒质量小于总质量的 60%,排列混乱,大部分不接触 | 锹可以挖掘,井壁易坍塌,从井壁取出大颗粒后,立即坍落 | 钻进较容易,冲击钻探时,钻杆稍有跳动,孔壁易坍塌 |

注:碎石土的密实度应按表列各项要求综合确定。

**2. 砂土的密实度**

1) 用孔隙比 $e$ 评定

我国 1974 年颁布的《工业与民用建筑地基基础设计规范》(TJ 7—1974)中曾规定以孔隙比 $e$ 作为砂土密实度的评定标准。用孔隙比判别砂土的密实度,应用方便,但不足之处是,它未反映砂土的级配因素。例如,两种级配不同的砂,一种级配不好的颗粒均匀的密砂的孔隙比可能比另一种级配良好的松砂的孔隙比大,即密砂的孔隙比反而比松砂的孔隙比大。此外,现场采取原状不扰动的砂样比较困难。特别是位于地下水位以下或较深的砂层更是如此。土的基本物理性质指标中,孔隙比 $e$ 的定义就是表示土中孔隙的大小。$e$ 大,表示土中孔隙大,则土越疏松;孔隙越小,土越密实。因此,可以用孔隙比的大小来衡量无黏性土的密实度。砂土的密实度见表 1.9。

表 1.9 砂土的密实度 e

| 土的名称\密实度 | 密实 | 中密 | 稍密 | 松散 |
|---|---|---|---|---|
| 砾砂、粗砂、中砂 | $e<0.60$ | $0.60<e\leqslant0.75$ | $0.75<e\leqslant0.85$ | $e>0.85$ |
| 细砂、粉砂 | $e<0.70$ | $0.70<e\leqslant0.85$ | $0.85<e\leqslant0.95$ | $e>0.95$ |

2) 用相对密实度 $D_r$ 评定

为了克服用孔隙比评定没有考虑级配因素影响的评定缺陷，可采用相对密实度 $D_r$ 作为砂土密实度的评定指标：

$$D_r = \frac{e_{max} - e}{e_{max} - e_{min}} \tag{1-19}$$

式中：$e_{max}$——砂土在最松散状态时的孔隙比，可取风干砂样，通过长颈漏斗轻轻地倒入容器来确定；

$e_{min}$——砂土在最密实状态时的孔隙比，可取风干砂样，分批装入容器，采用振动或锤击夯实的方法增加砂样的密实度，直至密度不变时确定其孔隙比；

$e$——砂土在天然状态下的孔隙比。

由上式可以看出，当 $e=e_{min}$ 时，$D_r=1$，表示土处于最密实状态；当 $e=e_{max}$ 时，$D_r=0$，土处于最疏松状态。根据 $D_r$ 值，可将砂土密实度划分为下列三种。

- $0<D_r\leqslant0.33$：松散状态。
- $0.33<D_r\leqslant0.67$：中密状态。
- $0.67<D_r\leqslant1$：密实状态。

3) 根据标准贯入试验的锤击数 $N$ 评定(规范推荐)

用相对密实度评定考虑了级配的影响，理论上讲是判定砂土密实度的好方法，但测定天然状态的孔隙比 $e$ 时，现场采取原状砂样困难，以及测定 $e_{max}$ 和 $e_{min}$ 的误差较大等，影响其准确性。因此，在实际工程中，《岩土工程勘察规范(2009 年版)》(GB 50021—2001)根据标准贯入试验锤击数 $N$ 来评定砂土的密实度，如表 1.10 所示。

表 1.10 砂土的密实度

| 密实度 | 松散 | 稍密 | 中密 | 密实 |
|---|---|---|---|---|
| 标准贯入试验锤击数 $N$ | $N\leqslant10$ | $10<N\leqslant15$ | $15<N\leqslant30$ | $N>30$ |

注：表中 $N$ 值为未经修正的实测标准贯入试验锤击数。

# 1.4 土的渗透性

【本节思维导图】

> **带着问题学知识**
>
> 渗透试验的适用条件是什么?
> 渗透系数的影响因素是什么?
> 渗透破坏如何进行防治?

土体具有被液体(如土中水)透过的性质,称为土的渗透性或透水性。地下水的补给与排泄条件,以及在土中的渗透速度与土的透水性有关。在计算地基沉降速率和地下水涌水量时都需要土的透水性指标。

## 1.4.1 土的渗透定律

地下水的运动分为层流和紊流两种形式。地下水在土中孔隙或微小裂隙中以不大的速度连续渗透时属于层流运动;而在岩石的裂隙或空洞中流动时,速度比较大,会有紊流发生,其流线有互相交错的现象。在大多数情况下,地下水的流动状态属于层流。

层流时,地下水在土中的渗透速度一般可按达西(Darcy)定律(达西根据实验得到的直线渗透定律)计算。实验装置如图1.12所示。试验时将砂土土样装在长度为 $l$ 的圆柱形容器中,水从土样上端注入并保持水头不变。由于土样两端存在水头差 $h$,因此水在土样中产生渗流。试验证明,水在土中的渗透速度与水头差 $h$ 成正比,而与水流过土样的距离 $l$ 成反比,即

$$v = k \cdot \frac{h}{l} = ki \tag{1-20}$$

式中:$v$——水在土中的渗透速度,cm/s。它不是地下水在孔隙中流动的实际速度,而是在单位时间(s)内流过土单位截面积($cm^2$)的水量($cm^3$);

$i$——水力梯度,或称水力坡降,$i=h/l$,即土中两点的水头差 $h$ 与水流过的距离 $l$ 的比值;

$k$——土的渗透系数,cm/s,它与土的透水性质有关,$k$ 值的大小是反映土的透水性强弱的指标。它相当于水力梯度 $i=1$ 时的渗透速度;

$h$——水头差,m;

$l$——渗径,cm。

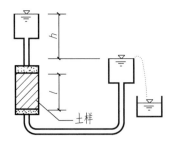

图1.12 土中水渗透速度测定装置

达西定律表明在层流状态的渗流中,渗透速度 $v$ 与水力梯度 $i$ 成正比,如图1.13所示。

但是，对于密实的黏性土，由于吸着水具有较大的黏滞阻力，因此，只有当水力梯度达到某一数值，克服了吸着水的黏滞阻力后，才能发生渗透。将这一开始发生渗透时的水力梯度称为黏性土的起始水力梯度。试验表明，当水力梯度超过起始水力梯度后，渗透速度与水力梯度的规律呈非线性关系，如图 1.14 中的实线所示，为了简化计算，常用图中的虚直线来描述密实黏性土的渗透速度与水力梯度的关系，则黏性土的达西定律公式如下：

$$v = k(i-i_b) \tag{1-21}$$

式中：$i_b$——密实黏性土的起始水力梯度。

其余符号意义同前。

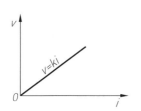

图 1.13　层流状态下 $v$ 与 $i$ 成正比

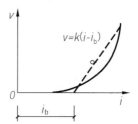

图 1.14　密实黏土 $v$ 与 $i$ 呈非线性关系

## 1.4.2　渗透系数的测定与取值

### 1. 渗透试验方法和适用条件

渗透系数的大小是直接衡量土的透水性强弱的一个重要的力学性质指标，但它不能由计算求出，只能通过试验直接测定。渗透系数的测定试验可以分为室内试验和现场试验两大类。一般现场试验比室内试验所得到的结果要准确、可靠，所以重要工程常需进行现场试验。

1) 室内渗透试验

室内测定土的渗透系数的仪器和方法比较多，但从试验原理上大体可分为常水头法和变水头法两种。常水头试验法是指在整个试验过程中保持土样两端水头不变的渗流试验。显然此时土样两端的水头差也为常数，常水头试验适用于测定透水性较大的砂性土的渗透系数。常水头试验装置示意图如图 1.15 所示。黏性土由于渗透系数很小，渗透水量很少，用这种试验不易准确测定，需要改用变水头试验。变水头试验法是指在试验过程中土样两端水头差随时间而变化的渗流试验，变水头试验适用于测定透水性较小的黏性土的渗透系数，其装置示意图如图 1.16 所示。

2) 现场测定渗透系数

现场进行渗透系数测定时，常用现场井孔抽水试验或井孔注水试验的方法。

对于粗粒土层，由于不容易取得室内土样，用现场抽水试验测出的 $k$ 值往往要比室内试验更为可靠。

### 2. 渗透系数的影响因素及各种土渗透系数取值范围

1) 渗透系数的影响因素

影响渗透系数的主要因素有以下几个。

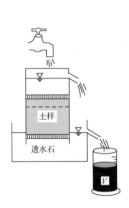
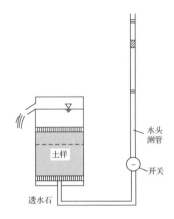

图 1.15　常水头试验装置示意图　　　　图 1.16　变水头试验装置示意图

(1) 土的粒度成份和矿物成分。土的颗粒大小和级配都与土的孔隙大小及形状有关，从而直接影响土的渗透性。一般来讲，细粒土孔隙通道比粗粒土小，所以渗透系数也小；粒径级配良好的土，粗颗粒间的孔隙可为细颗粒所填充，与粒径级配均匀的土相比，孔隙较小，故渗透系数也较小。在黏性土中，黏粒表面结合水膜的厚度与颗粒的矿物成分有很大关系，而结合水膜可以使土的孔隙减小，渗透性降低，同时其厚度越大，影响越明显。

(2) 土的密实度。对同一种土来说，土越密实，土中的孔隙越小，土的渗透性也就越低。故土的渗透性随土的密实程度增加而降低。

(3) 土的孔隙比或孔隙率。同一种土，如果土的孔隙比或孔隙率越大，则土的密实度越低，过水断面大，渗透系数也大；反之，则土的密实度越高，渗透系数越小。

(4) 土的饱和度。如果土不是完全饱和而是有封闭气体存在时，即使其含量很小，也会对土的渗透性产生显著影响。土中存在封闭气泡不仅减少了土的过水断面，更重要的是它可以填塞某些孔隙通道，从而降低土的渗透性，还可能使渗透系数随时间变化，甚至使流速 $v$ 与水力梯度 $i$ 之间的关系偏离达西定律。如果有水流可以带动的细颗粒或水中悬浮有其他固体物质时，也会对土的渗透性造成与封闭气泡类似的影响。

2) 渗透系数的取值范围

土的渗透系数可以通过在实验室内进行试验和在野外进行现场试验来测定。各类土的渗透系数变化范围见表 1.11。

表 1.11　各类土的渗透系数大致变化范围

| 土的名称 | 渗透系数 $k$/(cm/s) | 土的名称 | 渗透系数 $k$/(cm/s) |
| --- | --- | --- | --- |
| 黏土 | $\leqslant 1.2\times 10^{-6}$ | 中砂 | $6\times 10^{-3} \sim 2.4\times 10^{-2}$ |
| 粉质黏土 | $1.2\times 10^{-6} \sim 6\times 10^{-5}$ | 粗砂 | $2.4\times 10^{-2} \sim 6\times 10^{-2}$ |
| 粉土 | $6\times 10^{-5} \sim 6\times 10^{-4}$ | 砾砂、砾石 | $6\times 10^{-2} \sim 1.8\times 10^{-1}$ |
| 粉砂 | $6\times 10^{-4} \sim 1.2\times 10^{-3}$ | 卵石 | $1.2\times 10^{-1} \sim 6\times 10^{-1}$ |
| 细砂 | $1.2\times 10^{-3} \sim 6\times 10^{-3}$ | 漂石 | $6\times 10^{-1} \sim 1.2$ |

## 1.4.3 渗流力和渗透破坏

### 1. 渗流力

地下水在土体中流动时,由于受到土粒的阻力,而引起水头损失,根据作用力与反作用力原理可知水流经过时必定对土颗粒施加一种渗流作用力。将地下水的渗流对土单位体积内的骨架所产生的力称为渗流力或动水力。渗沉力是一种体积力,单位为 $kN/m^3$。

渗流力可按下式计算:

$$J = \gamma_w \cdot i \tag{1-22}$$

式中:$J$——渗流力,$kN/m^3$;

$\gamma_w$——水的重度,$kN/m^3$;

$i$——水力梯度。

### 2. 渗透破坏及防治措施

渗流引起的渗透破坏问题主要有两种:一是由于渗流力的作用,使土体颗粒流失或局部土体产生移动,导致土体变形甚至失稳;二是由于渗流作用,使水压或浮力发生变化,导致土体或结构物失稳。前者主要表现形式为流砂(流土)和管涌。

1) 流砂或流土

当渗透水自下而上运动时,渗流力方向与重力方向相反,土粒间的压力将减小,当土粒间有效应力为零时,土体或颗粒群发生悬浮移动的现象称为流砂或流土现象。只要水力梯度达到一定界限,任何类型的土都有可能发生流砂或流土。但流砂多发生于颗粒级配较均匀的饱和粉细砂或粉土层中,流土多发生于颗粒级配较均匀的黏性土层中。对于无黏性土,《水利水电工程地质勘察规范(2022 年版)》(GB 50487—2008)规定 $C_u \leqslant 5$($C_u$ 表示土的不均匀系数)可判定为流土(流砂),$C_u > 5$ 且细颗粒含量 $P \geqslant 35\%$ 也判定为流土。

《水利水电工程地质勘察规范(2022 年版)》(GB 50487—2008)规定流土型的临界水力梯度如下:

$$J_{cr} = (G_s - 1)(1 - n) \tag{1-23}$$

式中:$J_{cr}$——土的临界水力比降;

$G_s$——土粒比重;

$n$——土的孔隙率(以小数计)。

当水力梯度大于临界水力梯度时,就会出现流砂或流土现象,一般发生在水流渗出的表层,不发生于土体内部。其发生具有突然性,对工程危害大。

防治流砂的原则是控制或降低渗流溢出处的水力梯度。其主要措施是:①减少或消除水头差,如采取基坑外的井点降水法降低地下水位或采取水下挖掘;②增长渗流路径,如打钢板桩、设置灌浆帷幕,制作混凝土防渗墙;③在向上渗流溢出处地表用透水材料覆盖压重以平衡渗流力;④土层加固处理,如冻结法、注浆法等。

2) 管涌

当土中渗流的水力梯度小于临界水力梯度时,虽不致诱发流砂现象,但土中细颗粒在粗颗粒形成的孔隙中移动,从而导致上体流失,随着时间的推移,在土层中将形成管状空洞，这种现象称为管涌或潜蚀。管涌现象示意图如图1.17所示。管涌多发生于砂性土中，其颗粒大小相差较大，往往还缺少某种粒径颗粒，《水利水电工程地质勘察规范(2022年版)》(GB 50487—2008)规定不均匀系数 $C_u>5$ 且 $P<25\%$ 时可判定为管涌。

图1.17 管涌现象示意图

使土开始发生管涌的临界水力梯度，《水利水电工程地质勘察规范(2022年版)》(GB 50487—2008)规定：

$$J_{cr}=2.2(G_s-1)(1-n)^2\frac{d_5}{d_{20}} \tag{1-24}$$

式中：$d_5$、$d_{20}$——分别为小于该粒径的含量占总土重的5%和20%的颗粒粒径(mm)。

管涌发生于土体内部，也可发生在渗流溢出处，有一个发展过程，产生渐进式破坏。防治管涌现象，一般可从以下两个方面采取措施：①在涌流溢出处铺设反滤层(一般为透水性好且级配均匀的砂土或砾石层)，这是防止管涌破坏的有效措施；②降低水力梯度，如打钢板桩，延长渗流路径。

需要注意的是，对于重要工程或不易判别渗透变形类型的土，应通过渗透变形试验确定。

## 1.5 地基岩土的工程分类

【本节思维导图】

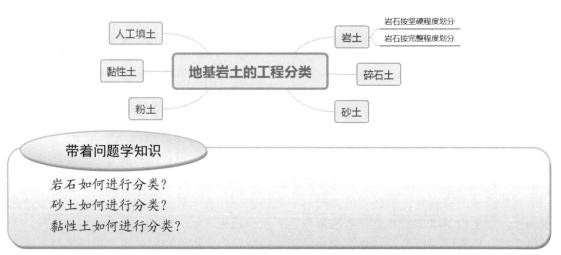

不同种类的土，其性质差异很大，为了评价岩土的工程性质以及进行地基基础的设计与施工，必须根据岩土的主要特征，按工程性质近似的原则对岩土进行工程分类。岩土的分类方法很多，《建筑地基基础设计规范》(GB 50007—2011)将作为建筑物地基的岩土，分为岩石、碎石土、砂土、粉土、黏性土和人工填土六类。

### 1.5.1 岩石

岩石是指颗粒间牢固联结，呈整体或具有节理裂隙的岩体。作为建筑物地基，除应确定岩石的地质名称外，尚应划分岩石的坚硬程度以及岩体的完整程度。

**1. 岩石按坚硬程度划分**

岩石的坚硬程度应根据岩块的饱和单轴抗压强度分为坚硬岩、较硬岩、较软岩、软岩以及极软岩，见表 1.12。

表 1.12　岩石坚硬程度的划分

| 坚硬程度类别 | 坚硬岩 | 较硬岩 | 较软岩 | 软岩 | 极软岩 |
|---|---|---|---|---|---|
| 饱和单轴抗压强度标准值 $f_{rk}$ (MPa) | $f_{rk} > 60$ | $60 \geq f_{rk} > 30$ | $30 \geq f_{rk} > 15$ | $15 \geq f_{rk} > 5$ | $f_{rk} \leq 5$ |

**2. 岩石按完整程度划分**

岩石的完整程度可分为完整、较完整、较破碎、破碎以及极破碎，见表 1.13。

表 1.13　岩体完整程度划分

| 完整程度等级 | 完整 | 较完整 | 较破碎 | 破碎 | 极破碎 |
|---|---|---|---|---|---|
| 完整性指数 | >0.75 | 0.75～0.55 | 0.55～0.35 | 0.35～0.15 | <0.15 |

注：完整性指数为岩体纵波波速与岩块纵波波速之比的平方。选定岩体、岩块测定波速时应有代表性。

### 1.5.2 碎石土

碎石土是粒径大于 2 mm 的颗粒含量超过全重 50% 的土。

碎石土根据颗粒形状及粒组含量分为漂石、块石、卵石、碎石、圆砾和角砾。其分类标准见表 1.14。

表 1.14　碎石土的分类

| 土的名称 | 颗粒形状 | 粒组含量 |
|---|---|---|
| 漂石 | 圆形及亚圆形为主 | 粒径大于 200 mm 的颗粒含量超过全重的 50% |
| 块石 | 棱角形为主 | |
| 卵石 | 圆形及亚圆形为主 | 粒径大于 20 mm 的颗粒含量超过全重的 50% |
| 碎石 | 棱角形为主 | |
| 圆砾 | 圆形及亚圆形为主 | 粒径大于 2 mm 的颗粒含量超过全重的 50% |
| 角砾 | 棱角形为主 | |

注：分类时应根据粒组含量栏由上到下以最先符合者确定。

## 1.5.3 砂土

砂土是粒径大于 2 mm 的颗粒含量不超过全重的 50%或粒径大于 0.075 mm 的颗粒含量超过全重 50%的土。

砂土按照粒组含量分为砾砂、粗砂、中砂、细砂和粉砂。其分类标准见表 1.15。

表 1.15 砂土分类表

| 土的名称 | 粒组含量 |
| --- | --- |
| 砾砂 | 粒径大于 2 mm 的颗粒含量占全重的 25%～50% |
| 粗砂 | 粒径大于 0.5 mm 的颗粒含量超过全重的 50% |
| 中砂 | 粒径大于 0.25 mm 的颗粒含量超过全重的 50% |
| 细砂 | 粒径大于 0.075 mm 的颗粒含量超过全重的 85% |
| 粉砂 | 粒径大于 0.075 mm 的颗粒含量超过全重的 50% |

注：分类时应根据粒组含量栏由上到下以最先符合者确定。

## 1.5.4 粉土

粉土为介于砂土与黏性土之间，塑性指数 $I_p$ 小于或等于 10 且粒径大于 0.075 mm 的颗粒含量不超过全重 50%的土。

粉土含有较多粒径为 0.005～0.075 mm 的粉粒，其工程性质介于黏性土和砂土之间，但又不完全与黏性土或砂土相同。砂粒含量较多的粉土，地震时可能产生液化，类似于砂土的性质。黏粒含量较多的粉土不会液化，性质近似于黏性土。目前还未能确定一个被普遍接受的划分亚类标准。

## 1.5.5 黏性土

黏性土是指塑性指数 $I_p$ 大于 10 的土。这种土中含有相当数量的黏粒(粒径小于 0.005 mm 的颗粒)。黏性土的工程性质不仅与粒组含量和黏土矿物的亲水性等有关，而且也与成因类型及沉积环境等因素有关。

黏性土按塑性指数 $I_p$ 分为粉质黏土和黏土，其分类标准见表 1.16。

音频 3.
黏土的带电性

表 1.16 黏性土按塑性指数分类表

| 土的名称 | 粉质黏土 | 黏土 |
| --- | --- | --- |
| 塑性指数 | $10 < I_p \leq 17$ | $I_p > 17$ |

注：塑性指数由相应于 76g 圆锥体沉入土样中深度为 10 mm 时测定的液限计算而得。

淤泥和淤泥质土是比较特殊的黏性土。淤泥的天然含水量大于其液限、孔隙比≥1.5 的黏性土；天然含水量大于液限而天然孔隙比<1.5 但大于或等于 1.0 的黏性土或粉土为淤泥质土。

## 1.5.6 人工填土

人工填土是指人类各种活动而形成的堆积物。其物质成分较杂乱，均匀性较差。按其组成及成因分类，可将人工填土分为素填土、压实填土、杂填土和冲填土，其分类标准见表 1.17。

表 1.17 人工填土按组成及成因分类表

| 土的名称 | 组成物质及成因 |
| --- | --- |
| 素填土 | 由碎石土、砂土、粉土、黏性土等组成的填土 |
| 压实填土 | 经过压实或夯实的素填土 |
| 杂填土 | 含有建筑垃圾、工业废料、生活垃圾等杂物的填土 |
| 冲填土 | 由水力冲填泥砂形成的填土 |

# 思考题与习题

## 【思考题】

1. 土由哪几相组成？什么样的土属二相体系？
2. 评价土的颗粒级配的方法有哪些？如何根据颗粒级配评价土的工程性质？
3. 土中水的存在形态有哪些？对土的工程性质影响如何？
4. 黏性土、无黏性土的矿物成分有何不同？对土的性质影响如何？
5. 什么是粒组？粒组如何划分？
6. 什么是土的结构？土的结构有哪几种？如何评定土的结构性强弱？
7. 土的三相比例指标有哪些？如何测定基本试验指标？如何得到导出指标？
8. 试令 $w = 1\text{kN}$，结合试验测得的三个基本试验指标推导其他指标。
9. 简述 $\gamma$、$\gamma_{\text{sat}}$、$\gamma_{\text{d}}$、$\gamma'$ 的意义，并比较(同一种土)它们的大小。
10. 无黏性土最主要的物理状态指标是什么？评定碎石土、砂土密实度的方法有哪些？各有什么优缺点？
11. 什么是液限、塑限？如何测定？
12. 什么是塑性指数？其大小与土粒粗细有何关系？
13. 什么是液性指数？如何应用液性指数来评价土的工程性质？
14. 渗透系数的影响因素有哪些？黏性土又有哪些特殊的影响因素？
15. 渗流引起的渗透破坏主要有哪些？如何判断渗透变形的类型？
16. 什么是流砂(或流土)和管涌？防治流砂(或流土)和管涌的措施有哪些？
17. 地基岩土按工程分类分为哪几类？各类土划分的依据是什么？

第 1 章
课后习题答案

【习题】

1. 某原状土样用环刀取 100 cm³，用天平称得湿土质量为 183 g，烘干后称得质量为 157 g，已知土粒相对密度 $d_s$=2.73，试计算土样的重度、含水量、孔隙比、孔隙率、饱和度、饱和重度、有效重度和干重度(答案：18.3 kN/m³、16.6%、0.74、42.5%、61.2%、19.94 kN/m³、9.94 kN/m³、15.69 kN/m³)。

2. 某办公楼地基土样试验中，测得土样的干容重 $\gamma_d$=16.5 kN/m³、含水量 $\omega$=20.4%、相对密度 $d_s$=2.7，试计算 $\gamma$、$S_r$、$e$、$\gamma_{sat}$(答案：19.87 kN/m³、86.1%、0.64、20.37 kN/m³)。

3. 某土样颗粒分析结果见表 1.18，标准贯入试验锤击数 $N$=32，试确定该土样的名称和状态(答案：细砂、密实)。

表 1.18 某土样颗粒分析结果

| 粒径/mm | 10~2 | 2~0.5 | 0.5~0.25 | 0.25~0.075 | 0.075~0.05 | <0.05 |
|---|---|---|---|---|---|---|
| 粒组含量/% | 3.5 | 14.2 | 16.6 | 51.1 | 10.2 | 4.4 |

4. 某土样天然含水量 $\omega$=32.5%，液限 $\omega_L$=46%，塑限 $\omega_p$=18.4%，试确定土的名称和状态(答案：黏土、可塑状态)。

5. 已知 A、B 两试样的物理性质指标见表 1.19。试问：下列结论哪些是正确的？

表 1.19 已知 A、B 两试样的物理性质指标

| 土样 | $d_s$ | $\gamma$ | $\omega$ | $\omega_L$ | $\omega_p$ |
|---|---|---|---|---|---|
| A | 2.7 | 18.7 | 26 | 38 | 15 |
| B | 2.65 | 17.5 | 30.4 | 40 | 20 |

(1) A 土样比 B 土样含有更多的黏粒。
(2) A 土样比 B 土样具有更大的干重度。
(3) A 土样比 B 土样孔隙比大。
(4) A 土样比 B 土样饱和度大。

[答案：(1)、(2)、(4)正确]。

注：(1)正确是因为 A 土样的塑性指数 $I_p$=23，B 土样的 $I_p$=20，$I_p$ 越大，表明土的颗粒越细，土的黏粒或亲水矿物含量越高。

# 第 2 章 土的压缩性与地基沉降计算

### 学习目标

(1) 掌握荷载作用下土体变形、压缩性产生的原因，压缩性指标的确定。
(2) 熟练掌握地基沉降计算的规范推荐法，熟悉分层总和法。
(3) 了解并估计沉降随时间的发展(一维固结)及其趋于稳定的可能性。

扩展图片

### 教学要求

| 章节知识 | 掌握程度 | 相关知识点 |
| --- | --- | --- |
| 地基沉降及土的压缩性概述 | 了解地基沉降及土的压缩性概述 | 地基沉降的计算方法 |
| 侧限条件下的土的压缩性 | 了解侧限条件下的土的压缩性 | 土的压缩性试验步骤 |
| 土的压缩性现场试验 | 了解土的压缩性现场试验 | 土的变形模量试验 |
| 地基中的应力计算 | 掌握地基中的应力计算 | 基底压力与附加压力的区别 |
| 地基最终沉降量计算 | 了解地基最终沉降量计算 | 三点法、双曲线法概述 |
| 饱和土单向固结沉降 | 掌握饱和土单向固结沉降 | 单向渗透固结理论计算 |

### 课程思政

土的压缩性和地基沉降计算涉及土木工程领域的基础理论和实践技术，体现了科学研究和工程实践的紧密结合。通过教学这门课程，可以培养学生分析和解决实际问题的能力，同时也培养学生的工程实践能力和团队合作精神。这与培养学生的思政目标密不可分，既能够培养学生的理论思维能力，也能够锻炼学生的实践动手能力。

### 案例导入

土是固、液、气三相组成的非均质材料，其工程性质复杂、影响因素多，再加上相应基本概念和基本假设的繁杂及力学理论体系并不完善，导致理论计算结果与工程实践往往有较大差距。因此，在岩土工程中常常需要通过现场实测来积累工程经验，进而利用经验系数等来对理论计算结果进行修正，而经验系数的获取往往是基于地区多年测试资料以及经验积累，由此可见，现场测试数据的准确性对岩土工程来说至关重要。随着深度学习、人工智能等分析方法在岩土工程中的推广应用，越来越依赖于现场观测大数据的积累，因此保证现场测试数据的准确性已成为当前岩土工程领域极为关注的问题之一。

【本章思维导图(概要)】

# 2.1 地基沉降与土的压缩性概述

【本节思维导图】

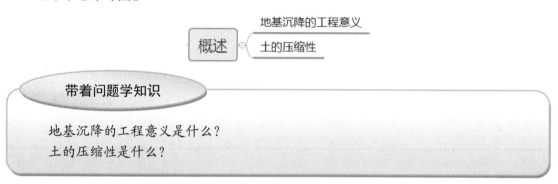

## 2.1.1 地基沉降的工程意义

地基土在承受上部建筑物或构筑物荷载(即外荷载)作用下会产生压缩变形,从而引起地基的沉降。地基的沉降主要是指地基在竖直方向的变形。较小的沉降不影响建筑物或构筑物的正常使用;较大的沉降,特别是不均匀沉降将会对结构产生附加应力,从而严重影响建筑物或构筑物的安全使用,比如房屋或桥梁倾斜、开裂等。因此在进行建筑物(构筑物)的地基设计时,必须根据岩土工程勘察资料进行沉降计算,预测沉降随时间的发展及其趋于稳定的可能性。

## 2.1.2 土的压缩性

地基沉降的大小一方面取决于建筑物或构筑物的重量及其分布情况(沉降产生的外因),另一方面取决于地基土层的种类、各层土的厚度以及土的压缩性的大小(沉降产生的内因)。土的压缩性是指土在外力作用下产生体积缩小这一变化过程的特性,它包括两方面内容:一是压缩变形的最终绝对大小,也称沉降量大小;二是压缩随时间的变化,即所谓土体固结。

# 第 2 章 土的压缩性与地基沉降计算

一般天然土是三相体，由土粒(固相)、土中水(液相)和土中气(气相)组成。土粒组成土的空间骨架，土颗粒之间孔隙充盈着水和气体。完全浸水的饱和土是二相体，土颗粒间完全被水充满。实际上土体压缩包括土颗粒压缩以及土孔隙中水和气体的排出使土体孔隙变小的过程。但研究表明，在一般建筑物压力 100～600 kPa 作用下，土颗粒及水的压缩变形量不到全部土体压缩变形量的 1/400，因此可以忽略不计。气体的压缩性较大，当土在密闭系统中时，土的压缩是气体压缩的结果，但在压力消失后，土的体积基本恢复，表现为弹性。而自然界中土是一个开放系统，孔隙中的水和气体在压力作用下不可能被压缩而是被挤出，由此可以得出，土的压缩变形主要是由于孔隙中水和气体被挤出，致使土孔隙体积减小而引起的。

土体压缩变形的快慢与土中水渗透速度有关。对于透水性大的砂土，建筑物施工完毕时，可认为压缩变形已基本结束，即完成压缩变形时间短；对于高压缩性的饱和黏性土，由于渗透速度慢，施工完毕时一般只达到总变形量的 5%～20%，故压缩变形稳定所需的时间长。在相同压力条件下，不同土的压缩变形量差别很大，可通过室内压缩试验或现场荷载试验测定。

音频 1.地基允许承载力和地基承载力特征值

## 2.2 侧限条件下土的压缩性

【本节思维导图】

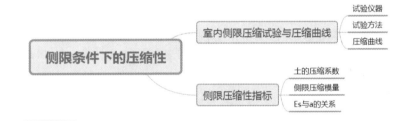

带着问题学知识

室内侧限压缩试验的试验方法是什么？
土的压缩系数如何计算？
土的压缩系数的分类指标有哪些？

侧限条件是指由于侧向被限制，土体不能发生侧向变形，只有竖向单向压缩的条件，也可称为无侧胀条件。通常侧限条件下，土的压缩性是通过侧限压缩试验测定的，侧限压缩试验又称固结试验。

### 2.2.1 室内侧限压缩试验与压缩曲线

**1. 试验仪器**

室内侧限压缩试验的试验仪器为侧限压缩仪(固结仪)，侧限压缩试验示意图如图 2.1 所示。

扩展资源 1.土的回弹与再压缩

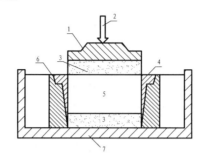

图 2.1 侧限压缩试验示意图

1—加压板；2—荷载；3—透水石；4—环刀；5—土样；6—刚性护环；7—底座

2．试验方法

室内侧限压缩试验的试验方法如下。

(1) 用金属环刀切取保持天然结构的原状土样，用天平称质量。

(2) 在侧限铜环中先装入下部透水石，再将称好的土样置于底座的刚性护环内，然后加上上部透水石和加压板，安装测微计并调零。

(3) 分级施加竖向荷载 $p_i$，荷载级别组成分别为 12.5 kPa、25 kPa、50 kPa、100 kPa、200 kPa、400 kPa、800 kPa、1600 kPa、3200 kPa。第一级压力视土的软硬程度，可为 12.5 kPa、25 kPa 或 50 kPa，最后一级压力应大于自重压力与附加压力之和。

(4) 用测微计(百分表)按一定时间间隔测量并记录每级荷载施加后土样的压缩量 $\Delta h_t$ 和压缩稳定时的压缩量 $\Delta h$。

(5) 计算每级荷载稳定后土样的孔隙比 $e_i$。

(6) 采用直角坐标系，在直角坐标系中绘制以孔隙比 $e_i$ 为纵坐标，以各级竖向荷载 $p_i$ 为横坐标的关系曲线。

3．压缩曲线

整理压缩试验结果时，首先要根据试验前土样的密度、含水量及土的密度等指标求出天然孔隙比 $e_0$，即

$$e_0 = \frac{\rho_s(1+\omega_0)}{\rho} - 1 \tag{2-1}$$

式中：$\rho_s$——土颗粒密度，g/cm³；

$\omega_0$——土的初始含水量，%；

$\rho$——土的密度，g/cm³。

然后按式(2-2)求出每级荷载下压缩稳定时的孔隙比变化 $\Delta e$，绘制 $e\text{-}p$ 压缩曲线图，如图 2.2 所示。

$$\Delta e = e_2 - e_1 = \frac{H_2 - H_1}{H_1}(1+e_1) \tag{2-2}$$

式中：$H_1$、$H_2$——荷载 $p_1$、$p_2$ 对应的土样高度；

$e_1$、$e_2$——荷载 $p_1$、$p_2$ 对应的土样孔隙比。

如图 2.2 所示，这是目前工程中常用的表示土体压缩特性的一种关系曲线，即 $e\text{-}p$ 曲线，

它是用普通尺度的直角坐标系统表示的。在工程上还有另一种表示压缩曲线的方法，即半对数直角坐标系统的 $e$-$\lg p$ 曲线，如图 2.3 所示。

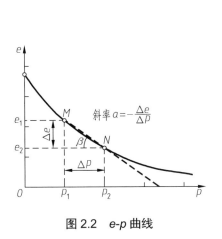

图 2.2　$e$-$p$ 曲线

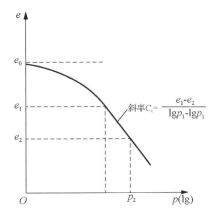

图 2.3　$e$-$\lg p$ 曲线

## 2.2.2　侧限压缩性指标

### 1. 土的压缩系数 $a$

在假定土体为各向同性的线弹性前提下，压缩曲线所反映的非线性压缩规律被简化成线性的关系，即在一般的压力变化范围内，用一段割线 $MN$ 近似代替该段弧线 $\overset{\frown}{MN}$，如图 2.2 所示，则有

$$a = \frac{e_1 - e_2}{p_1 - p_2} \tag{2-3}$$

$$a = \frac{\Delta e}{\Delta p} \tag{2-4}$$

式中：$a$——土的压缩系数，即割线 $MN$ 的斜率，$\text{MPa}^{-1}$。

式(2-3)就是土的压缩定律的表达式。用文字表述为：当压力变化不大时，孔隙比变化与压力变化成正比。压缩系数 $a$ 表示在单位压力增量作用下土的孔隙比的减小值。所以，压缩系数 $a$ 值越大，土的压缩性就越大。

严格地说，压缩系数 $a$ 不是常数，一般随压力 $p$ 的增大而减小。工程实用上常以 $p=100\sim 200\text{kPa}$ 时的压缩系数 $a_{1-2}$ 作为评价土层压缩性高低的标准，见表 2.1。

表 2.1　土的压缩性

| 压缩性 | $a_{1-2}/\text{kPa}^{-1}$ | $E_s/\text{MPa}$ |
|---|---|---|
| 高压缩性 | $\geqslant 0.05 \times 10^{-2}$ | $<4$ |
| 中压缩性 | $0.05 \times 10^{-2} \sim 0.01 \times 10^{-2}$ | $4\sim 15$ |
| 低压缩性 | $<0.01 \times 10^{-2}$ | $>15$ |

### 2. 侧限压缩模量 $E_s$

压缩模量是根据 $e$-$p$ 关系曲线求得又一个压缩性指标，在完全侧限条件下，土的竖向应

力与竖向应变之比，称为压缩模量，即

$$E_s = \frac{\Delta p}{\varepsilon_z} \quad (2\text{-}5)$$

在压缩试验中，当竖向压力由 $p_1$ 增至 $p_2$，同时土样的厚度由 $H_1$ 减小至 $H_2$ 时，压力增量为 $\Delta p = p_2 - p_1$。

竖向应变为：

$$\varepsilon_z = \frac{H_1 - H_2}{H_1} \quad (2\text{-}6)$$

侧限压缩模量为：

$$E_S = \frac{\Delta p}{\varepsilon_z} = \frac{p_2 - p_1}{H_1 - H_2} \times H_1 \quad (2\text{-}7)$$

式中：$\Delta p$ ——土的竖向附加应力；

$\varepsilon_z$ ——土的竖向应变增量。

### 3. $E_s$ 与 $a$ 的关系

土的侧限压缩模量 $E_s$ 与压缩系数 $a$ 都是常用的地基土压缩性指标，都是由侧限压缩试验结果求得的，侧限压缩模量 $E_s$ 与压缩系数 $a$ 之间的关系如下：

$$E_s = \frac{1 + e_1}{a} \quad (2\text{-}8)$$

式中：$E_s$ ——土的压缩模量，kPa 或 MPa；

$a$ ——土的压缩系数，$\text{kPa}^{-1}$ 或 $\text{MPa}^{-1}$；

$e_1$ ——对应初始压力 $p_1$ 下土的孔隙比。

由此可看出，压缩模量 $E_s$ 与压缩系数 $a$ 成反比，$E_s$ 越大，$a$ 就越小，土的压缩性就越低。因此，$E_s$ 也具有划分土压缩性高低的功能，见表 2.1。

在工程实际中，$p_1$ 相当于地基土所受的自重应力，$p_2$ 则相当于土自重与建筑物荷载在地基中产生的应力和。故 $p_2 - p_1$ 即地基土所受到的附加应力。为了便于应用，在确定 $E_s$ 时，压力段也可按表 2.2 所列数值采用。

表 2.2　确定 $E_s$ 的压力区段

| 土的自重应力+附加应力/kPa | ＜100 | 100～200 | ＞200 |
|---|---|---|---|
| 应力区段/kPa | 50～100 | 100～200 | 200～300 |

### 4. 压缩指数 $C_c$

从图 2.3 可见，半对数压缩曲线 $e\text{-}\lg p$ 曲线的后段，对于软土近似于直线，其斜率 $C_c$ 称为压缩指数，用下式表示：

$$C_c = \frac{e_1 - e_2}{\lg p_2 - \lg p_1} = \frac{e_1 - e_2}{\lg\left(\dfrac{p_2}{p_1}\right)} \quad (2\text{-}9)$$

式中：$C_c$ 为无因次量，与压缩系数 $a$ 一样，是土的压缩性指标的另一种表示形式。压缩指数的值越大，土的压缩性越强，一般 $C_c < 0.2$ 属低压缩性土，$C_c > 0.4$ 为高压缩性土。

但不同的是，$a$ 随初始压力和压力增量而变，而 $C_c$ 在较大的压力范围内却是常量。因此，试验时对斜率的精度要求较高，否则造成的误差很大。

## 2.3 土的压缩性现场试验

【本节思维导图】

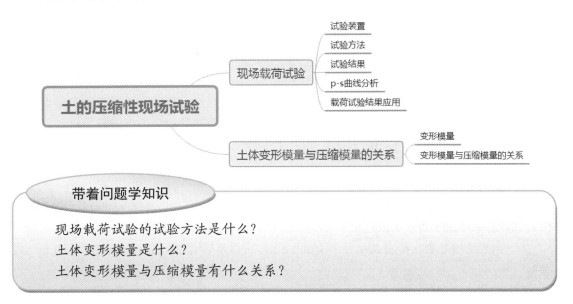

### 2.3.1 现场荷载试验

这里只叙述浅层平板荷载试验。

**1. 试验装置**

荷载试验设备装置包括三部分：加荷稳压装置、反力装置和沉降量测装置。荷载试验装置示意图如图 2.4 所示。

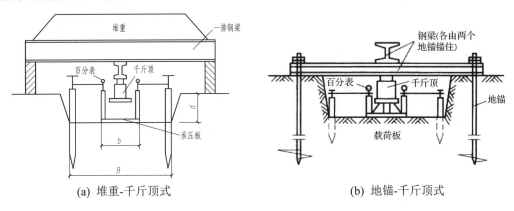

图 2.4 荷载试验装置示意图

## 2. 试验方法

(1) 荷载试验通常选在勘察取样的钻孔附近的基础底面标高处或需要进行试验的土层标高处进行。当试验土层顶面具有一定埋深时，需要挖试坑，试坑深度为基础设计埋深 $d$，试坑宽度 $B \geq 3b$，$b$ 为荷载试验压板宽度或直径。承压板面积一般采用 $0.25 \sim 0.5 \text{ m}^2$，量测装置包括百分表及固定支架等。挖试坑和放置试验设备时必须注意保持试验土层的原状土结构和天然湿度，并在承压板下铺设不超过 20mm 的砂垫层找平。

(2) 加荷方法与加荷标准。在荷载平台上直接加铸铁块或砂袋等重物。试验前先将堆载工作完成，试验时通过千斤顶进行加载。

① 第一级荷载(包括设备重量)应接近开挖试坑卸除土的自重应力，其相应的沉降不计。

② 第一级以后每级荷载增量对较软的土采用 $10 \sim 25$ kPa，对较密实的土采用 50 kPa。

③ 加荷等级宜取 10 级～12 级。加荷等级不应小于 8 级，最终施加的荷载应接近土的极限荷载，第一级荷载(包括设备重)宜接近所卸荷土的自重，其相应的沉降量不计；以后每级加荷可取预估极限荷载的 $1/10 \sim 1/12$，较软土取低值，而较硬土取高值；最大加载量不应小于设计要求的两倍。

(3) 沉降观测标准。

① 每级加载后，按间隔 5 min、5 min、10 min、10 min、15 min、15 min 测读 1 次沉降，以后间隔 30 min 测读 1 次沉降。

② 当连续 2 h 内沉降量都小于 0.1 mm/h 时，可以认为沉降已趋于稳定，可加下一级荷载。

(4) 加载终止标准。当出现有下列现象之一时，即可认为土已达到极限状态，停止加载。

① 承压板周围上出现明显侧向挤出，周边土体出现明显隆起或径向裂缝。

② 在某级荷载下，持续 24h 内沉降速率不能达到相对稳定值。

③ 本级沉降量大于前一级沉降量的 5 倍，荷载与沉降曲线出现明显陡降。

④ 总沉降量与承压板直径(或宽度)之比超过 0.06。

## 3. 试验结果

(1) 根据沉降观测记录并进行修正后(即 $p$-$s$ 曲线的直线段应通过坐标原点)，可以绘制荷载与相应沉降量的关系曲线($p$-$s$ 曲线)，如图 2.5(a)所示。

(2) 绘制每一级荷载下沉降量与时间的关系曲线($s$-$t$ 曲线)，如图 2.5(b)所示。

## 4. $p$-$s$ 曲线分析

从 $p$-$s$ 曲线可以看出，在荷载作用下地基土的变形是一个复杂的过程，并与土的性质、基础的面积和埋深有关。多数情况下，$p$-$s$ 曲线大致分三个变形阶段：直线变形阶段、局部剪切阶段和完全破坏阶段。

(1) 直线变形阶段。当荷载小于临塑荷载(又叫比例界限)$p_{cr}$ 时，荷载与变形关系接近直线关系，如图 2.5(a)中 $p$-$s$ 曲线的 $O$—1 段所示。地基土的变形主要是压密，因此又称压密阶段。

(2) 局部剪切阶段。当荷载超过 $p_{cr}$ 后，荷载与变形之间已不再是直线关系，曲线上各点的斜率逐渐增大，如图 2.5(a)中 p-s 曲线的 1—2 段所示，发生局部剪切(或称局部塑性变形)。此时地基土的变形表现为在压密的同时，承压板两边土内开始出现局部剪切破坏，产生了侧向变形。随着荷载增加，塑性变形区逐渐扩大，承压板沉降量显著增大。

(3) 完全破坏阶段。当荷载继续增加，达到极限荷载 $p_u$ 后，承压板长时间继续下沉，不能稳定，如图 2.5 中 p-s 曲线的 2—3 段所示。这时地基土的塑性变形区已扩大并形成连续的滑动面，发生剪切破坏，土从承压板下挤出，在板的四周形成隆起的土堆，此时变形急骤增加，地基已完全破坏，丧失稳定。

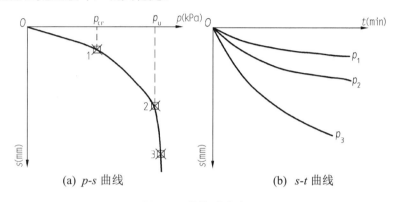

图 2.5　荷载试验结果

### 5．荷载试验结果应用

根据《建筑地基基础设计规范》(GB 50007—2011)以及荷载试验结果 p-s 曲线确定地基的承载力特征值时，按下列情况确定。

(1) 当 p-s 曲线上有明显直线段及转折点时，以转折点所对应的荷载定为比例界限压力和极限压力。

(2) 当曲线无明显直线段及转折点时，可遵循加载终止标准所有情况确定极限荷载值或取对应于某一相对沉降值(即 s/d，d 为承压直径)的压力称承压力。

同一土层参加统计的试验点不应少于三点，当试验实测值的极差不超过平均值的 30%时，取此平均值作为该土层的地基承载力特征值。

## 2.3.2　土体变形模量与压缩模量的关系

### 1．变形模量 $E_0$

变形模量是指土体在无侧限条件下应力与应变的比值，并以符号 $E_0$ 表示，$E_0$ 的大小可由荷载试验结果求得，在 p-s 曲线的直线段或接近于直线段任选一压力 p 和它对应的沉降量 s，利用弹性力学公式，反求出地基的变形模量，公式如下：

$$E_0 = I_0(1-\mu^2)\frac{pb}{s} \tag{2-9}$$

式中：$I_0$——刚性承压板形状系数，方形承压板 $\omega=0.886$，圆形承压板 $\omega=0.785$；

　　　$b$——承压板的宽度或直径，m；

　　　$\mu$——土的泊松比；通常，碎石土取 0.27，砂土取 0.30，粉土取 0.35；

　　　$p$——p-s 曲线线性段的压力，kPa，取 p-s 曲线直线段内的荷载值，一般取比例界限荷载 $p_{cr}$；有时 p-s 曲线并不出现直线段，建议对中、高压缩性粉土取 $s=0.02b$ 及对应的荷载 $p$；对低压缩性粉土、黏性土、碎石土及砂土，可取 $s=(0.01\sim 0.015)b$ 及其对应的荷载 $p$；

　　　$s$——对应于施加压力的沉降量，mm；

　　　$E_0$——土的变形模量，MPa。

**2. 变形模量 $E_0$ 与压缩模量 $E_s$ 的关系**

荷载试验确定土的变形模量是在无侧限条件下，即单向受力条件下的应力与应变的比值，室内压缩试验确定的压缩模量则是在完全侧限条件下的土应力与应变的比值。利用三向应力条件下的广义胡克定律可以分析二者之间的关系为

$$E_0 = \left(1 - \frac{2\mu^2}{1-\mu}\right)E_s \tag{2-10}$$

应该注意，式(2-10)只不过是 $E_0$ 与 $E_s$ 之间的理论关系。实际上，由于现场荷载试验测定 $E_0$ 和室内压缩试验测定 $E_s$ 时，均有些因素无法考虑到，使得上式不能准确反映 $E_0$ 与 $E_s$ 之间的实际关系。一般来说，土越软，式(2-10)的可靠性越好。

## 2.4 地基中的应力计算

【本节思维导图】

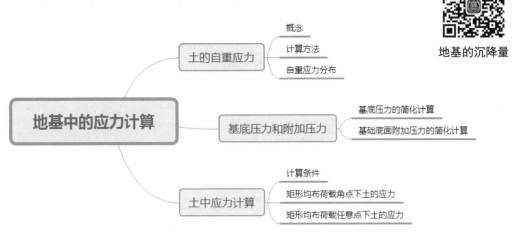

地基的沉降量

## 第 2 章 土的压缩性与地基沉降计算

> **带着问题学知识**
> 
> 土的自重应力的计算方法是什么？
> 基底压力如何进行简化计算？
> 土中应力计算条件是什么？

要计算地基的沉降量，了解和估计沉降随时间的发展及其趋于稳定的可能性，就必须研究地基中的应力分布。地基中应力的主要类型有自重应力、附加应力，在计算附加应力前，应确定地基表面与基础底面之间的接触压力，即确定基底压力。土是三相物质，是通过土颗粒、液体和气体传递力的，土颗粒传递的力为有效应力。

### 2.4.1 土的自重应力

地基的沉降

**1．概念**

自重应力是指土体本身的有效重量产生的应力，在建筑物建造之前就存在于土中，使土体压密并具有一定的强度和刚度。研究地基自重应力的目的是确定土体的初始应力。

**2．计算方法**

当在深度 $z$ 范围内有多层土时，深度 $z$ 处的自重应力为各土层自重应力之和，即

$$\sigma_{cz} = \gamma_1 h_1 + \gamma_2 h_2 + \gamma_3 h_3 + \cdots = \sum_{i=1}^{n} \gamma_i h_i \tag{2-11}$$

式中：$\sigma_{cz}$ ——土的自重应力，$kN/m^2$；

$\gamma_i$ ——第 $i$ 层土的天然重度，$kN/m^3$，地下水位以下一般用浮容重 $\gamma'$；

$h_i$ ——第 $i$ 层土的厚度，m；

$n$ ——从地面到深度 $z$ 处的土层数。

**3．自重应力分布**

土的自重应力沿深度呈直线或折线分布，在土层界面处和地下水位处将发生转折。

【例 2.1】 如图 2.6 所示，第一层土为黏土，$\gamma_1 = 17.0\ kN/m^3$，第二层土为粉质黏土，$\gamma_2 = 18.5\ kN/m^3$，第三层土为砂土，$\gamma_3 = 19.5\ kN/m^3$，第四层土为细砂，$\gamma_4 = 21.0\ kN/m^3$。计算并绘制地基土层中的自重应力沿深度的分布图。

**解**

(1) 5.6 m 高程处：$\sigma_{cz} = 0$

(2) 2.7 m 高程处：$H_1 = 5.6 - 2.7 = 2.9\ (m)$，$\sigma_1 = \gamma_1 H_1 = 17.0 \times 2.9 = 49.3\ (kN/m^2)$

(3) 0.8 m 高程处(地下水位处)：$H_2 = 2.7 - 0.8 = 1.9\ (m)$

$$\sigma_2 = \gamma_1 H_1 + \gamma_2 H_2 = 49.3 + 18.5 \times 1.9 = 84.45\ (kN/m^2)$$

(4) -2.0 m 高程处：$H_3 = 0.8 - (-2.0) = 2.8\ (m)$

$$\sigma_3 = \gamma_1 H_1 + \gamma_2 H_2 + \gamma_3 H_3 = 84.45 + (19.5 - 9.8) \times 2.8 = 111.61 (\text{kN/m}^2)$$

(5) −4.8 m 高程处：$H_4 = (-2.0) - (-4.8) = 2.8(\text{m})$

$$\sigma_4 = \gamma_1 H_1 + \gamma_2 H_2 + \gamma_3 H_3 + \gamma_4 H_4 = 111.61 + (21.0 - 9.8) \times 2.8 = 142.97 \ (\text{kN/m}^2)$$

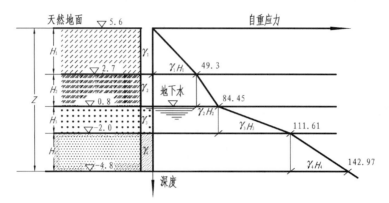

图 2.6　例 2.1 图

自重应力分布如图 2.6 所示。

如果第四层土下为不透水的基岩或其他类型的不透水土层(设为第五层)，而现在这个例子中地下水位是在第三层顶面。由于第五层土(岩)不透水，因此不存在浮力，第四层土与第五层土(岩)交界处的自重应力存在突变，层面及层面以下按上覆土层的水土总重计算，具体如下。

(1) −4.8 m 高程处(透水的第四层土底面)：$H_4 = (-2.0) - (-4.8) = 2.8(\text{m})$

$$\sigma_4 = \gamma_1 H_1 + \gamma_2 H_2 + \gamma_3 H_3 + \gamma_4 H_4 = 111.61 + (21.0 - 9.8) \times 2.8 = 142.97 \ (\text{kN/m}^2)$$

(2) −4.8 m 高程处(不透水的第五层土或岩顶面)：$H_4 = (-2.0) - (-4.8) = 2.8(\text{m})$

$$\sigma_{4下} = \gamma_1 H_1 + \gamma_2 H_2 + \gamma_3 H_3 + \gamma_4 H_4 = 84.45 + 19.5 \times 2.8 + 21 \times 2.8 = 197.85 (\text{kN/m}^2)$$

## 2.4.2　基底压力和附加压力

建筑物的荷载是通过基础传递到地基的，基底压力和附加压力计算是地基中计算附加应力和进行基础结构设计的重要步骤。

**1. 基底压力的简化计算**

1) 在轴心荷载作用下的计算方法

上部结构竖向荷载合力通过基础底面的中心或形心时，基础底面压力假定为均匀分布，如图 2.7 所示，此时基底平均压力设计值可按下式计算：

$$p_k = \frac{F_k + G_k}{A} \tag{2-12}$$

式中：$p_k$——基础底面的平均压力，kPa；

$F_k$——相应于作用的标准组合时，上部结构传至基础顶面的竖向力值，kN；

$G_k$——基础自重和基础上土重之和，kN；

$A$——基础底面面积，m²。

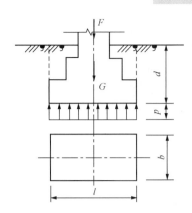

图 2.7 轴心荷载下基底压力分布

2) 偏心荷载作用下

基础底面为方形，上部结构竖向荷载合力通过基础底面的一个主轴，基础底面边缘的压力可按下式计算：

$$p_{k\min}^{k\max} = \frac{F_k + G_k}{A} \pm \frac{M_k}{W} \quad (2\text{-}13)$$

式中：$p_{\max}$、$p_{\min}$——基础底面边缘的最大、最小压力，kPa；

$M_k$——相应于作用标准组合时，作用在基底的力矩设计值；$M_k=(F_k+G_k)e$(kN·m)，$e$ 为偏心矩；

$W$——基础底面的抵抗矩 $W = bl^2/b$，m³。

(1) 当 $e<b/6$ 时，$p_{\min}>0$，基础底面接触压力呈梯形分布，如图 2.8(a)所示。

(2) 当 $e=b/6$ 时，$p_{\min}=0$，基础底面接触压力呈三角形分布，如图 2.8(b)所示。

(3) 当 $e>b/6$ 时，$p_{\min}<0$，基础底面产生拉应力，一般不允许出现此情况，如图 2.8(c)所示。

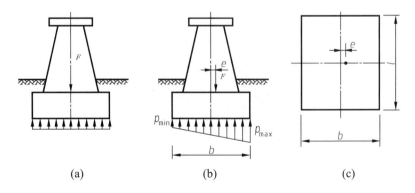

图 2.8 基础底面接触压力的简化计算

### 2．基础底面附加压力的简化计算

基础底面一般位于地面以下，原有自重应力因基坑开挖而卸除。基础底面附加压力即为增加的压力，应扣除基础底面标高处土中原有的自重应力，公式如下：

$$p_0 = p - \gamma_m d \quad (2\text{-}14)$$

式中：$p_0$——基础底面的附加压力，kPa；

$p$——基础底面的基础压力，kPa；

$d$——基础底面的埋深，为天然地面标高与基础底面标高之差，m；

$\gamma_m$——基础底面以上天然地基土的加权平均重度，地下水位以下取有效重度，kN/m³。

## 2.4.3 土中应力计算

### 1. 计算条件

矩形基础底面在建筑工程中较常见，基础底面附加压力一般是均布荷载。本节只介绍此种情形，即矩形面积受竖向均布荷载时角点下和任意点下土中应力计算。

### 2. 矩形均布荷载角点下土的应力

如图 2.9 所示，矩形均布荷载角点下土的应力为

$$\sigma_z = \alpha_c p \tag{2-15}$$

式中：$\sigma_z$——矩形均布荷载角点下土的应力，kPa；

$p$——均布荷载，kPa；

$\alpha_c$——应力系数，可按式(2-16)计算，也可通过查表 2.3 得到。

$$\frac{1}{2\pi}\left[\frac{mn(1+n^2+2m^2)}{(m^2+n^2)(1+m^2)\sqrt{1+n^2+m^2}} + \arctan\frac{n}{m\sqrt{1+m^2+n^2}}\right] \tag{2-16}$$

$$n = l/b, \quad m = z/b \tag{2-17}$$

式中：$l$——矩形的长边长度，m；

$b$——矩形的短边长度，m；

$z$——计算点深度，m。

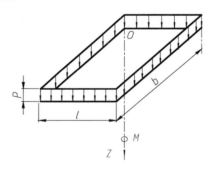

图 2.9 矩形面积均布荷载角点下土的应力计算图

### 3. 矩形均布荷载任意点下土的应力

如图 2.10 所示，计算矩形均布荷载任意点下土的应力时，可将矩形面积划分为 $n$ 个矩形，应用式(2-16)分别计算各矩形分布荷载产生的附加应力，再进行叠加，此法称为角点法。

表 2.3　矩形面积上均布荷载作用下角点附加应力系数 $\alpha_c$ 值

| z/b | l/b | | | | | | | | | | |
|---|---|---|---|---|---|---|---|---|---|---|---|
| | 1.0 | 1.2 | 1.4 | 1.6 | 1.8 | 2.0 | 3.0 | 4.0 | 5.0 | 6.0 | 10.0 |
| 0.0 | 0.250 | 0.250 | 0.250 | 0.250 | 0.250 | 0.250 | 0.250 | 0.250 | 0.250 | 0.250 | 0.250 |
| 0.2 | 0.249 | 0.249 | 0.249 | 0.249 | 0.249 | 0.249 | 0.249 | 0.249 | 0.249 | 0.249 | 0.249 |
| 0.4 | 0.240 | 0.242 | 0.243 | 0.243 | 0.244 | 0.244 | 0.244 | 0.244 | 0.244 | 0.244 | 0.244 |
| 0.6 | 0.223 | 0.228 | 0.230 | 0.232 | 0.232 | 0.233 | 0.234 | 0.234 | 0.234 | 0.234 | 0.234 |
| 0.8 | 0.200 | 0.207 | 0.212 | 0.215 | 0.216 | 0.218 | 0.220 | 0.220 | 0.220 | 0.220 | 0.220 |
| 1.0 | 0.175 | 0.185 | 0.191 | 0.195 | 0.198 | 0.200 | 0.203 | 0.204 | 0.204 | 0.204 | 0.205 |
| 1.2 | 0.152 | 0.163 | 0.171 | 0.176 | 0.179 | 0.182 | 0.187 | 0.188 | 0.189 | 0.189 | 0.189 |
| 1.4 | 0.131 | 0.142 | 0.151 | 0.157 | 0.161 | 0.164 | 0.171 | 0.173 | 0.174 | 0.174 | 0.174 |
| 1.6 | 0.112 | 0.124 | 0.133 | 0.140 | 0.145 | 0.148 | 0.157 | 0.159 | 0.160 | 0.160 | 0.160 |
| 1.8 | 0.097 | 0.108 | 0.117 | 0.124 | 0.129 | 0.133 | 0.143 | 0.146 | 0.147 | 0.148 | 0.148 |
| 2.0 | 0.084 | 0.095 | 0.103 | 0.110 | 0.116 | 0.120 | 0.131 | 0.135 | 0.136 | 0.137 | 0.137 |
| 2.2 | 0.073 | 0.083 | 0.092 | 0.098 | 0.104 | 0.108 | 0.121 | 0.125 | 0.126 | 0.127 | 0.128 |
| 2.4 | 0.064 | 0.073 | 0.081 | 0.088 | 0.093 | 0.098 | 0.111 | 0.116 | 0.118 | 0.118 | 0.119 |
| 2.6 | 0.057 | 0.065 | 0.072 | 0.079 | 0.084 | 0.089 | 0.102 | 0.107 | 0.110 | 0.111 | 0.112 |
| 2.8 | 0.050 | 0.058 | 0.065 | 0.071 | 0.076 | 0.080 | 0.094 | 0.100 | 0.102 | 0.104 | 0.105 |
| 3.0 | 0.045 | 0.052 | 0.058 | 0.064 | 0.069 | 0.073 | 0.087 | 0.093 | 0.096 | 0.097 | 0.099 |
| 3.2 | 0.040 | 0.047 | 0.053 | 0.058 | 0.063 | 0.067 | 0.081 | 0.087 | 0.090 | 0.092 | 0.093 |
| 3.4 | 0.036 | 0.042 | 0.048 | 0.053 | 0.057 | 0.061 | 0.075 | 0.081 | 0.085 | 0.086 | 0.088 |
| 3.6 | 0.033 | 0.038 | 0.043 | 0.048 | 0.052 | 0.056 | 0.069 | 0.076 | 0.080 | 0.082 | 0.084 |
| 3.8 | 0.030 | 0.035 | 0.040 | 0.044 | 0.048 | 0.052 | 0.065 | 0.072 | 0.075 | 0.077 | 0.080 |
| 4.0 | 0.027 | 0.032 | 0.036 | 0.040 | 0.044 | 0.047 | 0.060 | 0.067 | 0.071 | 0.073 | 0.076 |
| 4.2 | 0.025 | 0.029 | 0.033 | 0.037 | 0.041 | 0.044 | 0.056 | 0.063 | 0.067 | 0.070 | 0.072 |
| 4.4 | 0.023 | 0.027 | 0.031 | 0.034 | 0.038 | 0.041 | 0.053 | 0.060 | 0.064 | 0.066 | 0.069 |
| 4.6 | 0.021 | 0.025 | 0.028 | 0.032 | 0.035 | 0.038 | 0.049 | 0.056 | 0.061 | 0.063 | 0.066 |
| 4.8 | 0.019 | 0.023 | 0.026 | 0.029 | 0.032 | 0.035 | 0.046 | 0.053 | 0.058 | 0.060 | 0.064 |
| 5.0 | 0.018 | 0.021 | 0.024 | 0.027 | 0.030 | 0.033 | 0.043 | 0.050 | 0.055 | 0.057 | 0.061 |
| 6.0 | 0.013 | 0.015 | 0.017 | 0.020 | 0.022 | 0.024 | 0.033 | 0.039 | 0.043 | 0.046 | 0.051 |
| 7.0 | 0.009 | 0.011 | 0.013 | 0.015 | 0.016 | 0.018 | 0.025 | 0.031 | 0.035 | 0.038 | 0.043 |
| 8.0 | 0.007 | 0.009 | 0.010 | 0.011 | 0.013 | 0.014 | 0.020 | 0.025 | 0.028 | 0.031 | 0.037 |
| 9.0 | 0.006 | 0.007 | 0.008 | 0.009 | 0.010 | 0.011 | 0.016 | 0.020 | 0.024 | 0.026 | 0.032 |
| 10.0 | 0.005 | 0.006 | 0.007 | 0.008 | 0.009 | 0.009 | 0.013 | 0.017 | 0.020 | 0.022 | 0.028 |
| 12.0 | 0.003 | 0.004 | 0.005 | 0.005 | 0.006 | 0.006 | 0.009 | 0.012 | 0.014 | 0.017 | 0.022 |
| 14.0 | 0.002 | 0.003 | 0.004 | 0.004 | 0.004 | 0.005 | 0.007 | 0.009 | 0.011 | 0.013 | 0.018 |
| 16.0 | 0.002 | 0.002 | 0.003 | 0.003 | 0.003 | 0.004 | 0.005 | 0.007 | 0.009 | 0.010 | 0.014 |
| 18.0 | 0.001 | 0.002 | 0.002 | 0.002 | 0.003 | 0.003 | 0.004 | 0.006 | 0.007 | 0.008 | 0.012 |
| 20.0 | 0.001 | 0.001 | 0.002 | 0.002 | 0.002 | 0.002 | 0.004 | 0.005 | 0.006 | 0.007 | 0.010 |
| 25.0 | 0.001 | 0.001 | 0.001 | 0.001 | 0.001 | 0.002 | 0.003 | 0.004 | 0.004 | 0.004 | 0.007 |
| 30.0 | 0.001 | 0.001 | 0.001 | 0.001 | 0.001 | 0.001 | 0.002 | 0.002 | 0.003 | 0.002 | 0.005 |
| 35.0 | 0.000 | 0.000 | 0.001 | 0.001 | 0.001 | 0.001 | 0.001 | 0.002 | 0.002 | 0.002 | 0.004 |
| 40.0 | 0.000 | 0.000 | 0.000 | 0.000 | 0.001 | 0.001 | 0.001 | 0.0001 | 0.001 | 0.002 | 0.002 |

注：$l$——基础长度，m；$b$——基础宽度，m；$z$——计算点离基础底面垂直距离，m。

(1) 任意点 $A$ 在矩形面积范围内时，见图 2.10(a)：

$$\sigma_z = [\alpha_{c(aeAh)} + \alpha_{c(ebfA)} + \alpha_{c(hAgd)} + \alpha_{c(Afcg)}]p$$

(2) 任意点 $A$ 在矩形面积范围之外时，见图 2.10(b)：

$$\sigma_z = [\alpha_{c(aeAh)} - \alpha_{c(beAg)} - \alpha_{c(dfAh)} + \alpha_{c(cfAg)}]p$$

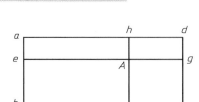
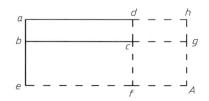

图2.10 角点法计算任意点 $A$ 下土的附加应力

【例2.2】 如图2.11所示，有一矩形面积基础 $ABCD$，宽 $b=4$m，长 $l=8$m，其上作用均布荷载 $p=100$kPa，计算矩形基础外 $K$ 点下深度 $z=8$m 处土的竖向附加应力 $\sigma_z$ 值（$KG=2$m，$FK=4$m）。

解 $\sigma_z = [\alpha_{c(EBHK)} - \alpha_{c(CHKF)} - \alpha_{c(EAGK)} + \alpha_{c(FDGK)}]p$

荷载作用面积 $EBHK$：$n=l/b=2$，$m=z/b=4/3$，$\alpha_c=$ 0.164+(0.182-0.164)/(1.4-1.2)=0.164+0.09=0.173

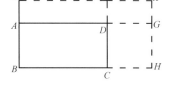

图2.11 例2.2 角点法计算图

其余三项 $\alpha_c$ 同理可得。

荷载作用面积 $CHKF$：$n=l/b=1.5$，$m=z/b=2.0$，$\alpha_c=0.106$

荷载作用面积 $EAGK$：$n=l/b=6.0$，$m=z/b=4.0$，$\alpha_c=0.073$

荷载作用面积 $FDGK$：$n=l/b=2.0$，$m=z/b=4.0$，$\alpha_c=0.048$

$$\sigma_z = (0.173-0.106-0.073+0.048) \times 100 = 4.2(\text{kPa})$$

## 2.5 地基最终沉降量的计算

【本节思维导图】

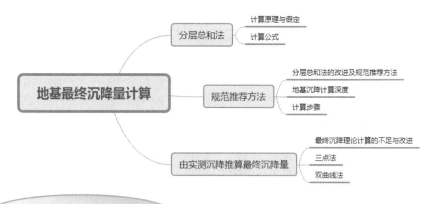

【带着问题学知识】

分层总和法如何进行计算？
三点法是什么？
双曲线法如何计算最终沉降量是多少？

## 2.5.1 分层总和法

**1. 计算原理与假定**

考虑土层只有竖向单向压缩,工程中常用分层总和法计算地基沉降,即在地基可能产生压缩的深度内,按土的特性变化划分成若干层,分别求出各分层的压缩量,然后累加起来,即为地基的最终沉降量。

假设土层压缩时地基土不发生侧向变形,即完全侧限条件,故可采用无侧限压缩试验的结果。

**2. 计算公式**

1) 薄层土压缩量计算

当基础以下不可压缩的土层埋深较浅,其上可压缩土层厚度 $H \leq 0.5b$ 或 $0.4b$ ($b$ 为基础宽度),或当基础底面的尺寸较大,荷载水平向可视为无限分布时,地基压缩层内的附加应力可近似地认为沿深度不变。地基土压缩量为

$$S = \Delta H = \frac{e_1 - e_2}{1 + e_1} H \tag{2-18}$$

式中:$H$——薄压缩层厚度,m;

$e_1$——根据薄压缩层中部自重应力值 $\sigma_c$(即初始压力 $p_1$),从土的压缩曲线上查得的相应孔隙比;

$e_2$——按压缩层自重应力值 $\sigma_c$ 与附加应力之和(即 $p_2$),从土的压缩曲线上查得的相应的孔隙比。

音频 2.
沉降计算深度

然而,大多数地基的可压缩土层厚度常常大于基础宽度很多,实际中无限分布的均布荷载也是不存在的。

2) 分层总和法计算公式

只要将地基土划分成足够薄的土层,每一土层上竖向附加应力和自重应力都近似地看成沿深度方向均匀分布,则各层土就可视为类似的薄压缩层。如图 2.12 所示,采用式(2-18)计算每层土的压缩,并累加得到地基沉降。对于一般的独立基础,可计算基础中心点的沉降作为地基沉降;对于基底面积较大的基础,可计算基础若干点的沉降,并取其平均值作为地基沉降。

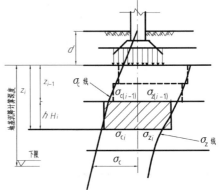

图 2.12 分层总和法计算地基沉降量

将地基压缩层分为 $n$ 层,根据式(2-18),地基最终沉降的分层总和法计算公式为

$$S = \sum_{i=1}^{n} S_i = \sum_{i=1}^{n} \frac{e_{1i} - e_{2i}}{1 + e_{1i}} H_i \tag{2-19}$$

式(2-19)可写为

$$S = \sum_{i=1}^{n} S_i = \sum_{i=1}^{n} \frac{e_{1i} - e_{2i}}{1 + e_{1i}} H_i = \sum_{i=1}^{n} \frac{a_i(p_{2i} - p_{1i})}{1 + e_{1i}} H_i = \sum_{i=1}^{n} \frac{\Delta p_i}{E_{si}} H_i \tag{2-20}$$

式中：$S_i$——第$i$层土的压缩量，mm；

$H_i$——第$i$层土的厚度，m；

$e_{1i}$——根据第$i$层土的自重应力平均值$p_{1i}$，从土的压缩曲线上查得的相应孔隙比；

$e_{2i}$——根据第$i$层土的自重应力平均值与竖向附加应力平均值之和$p_{2i}$，从土的压缩曲线上查得的相应孔隙比；

$\Delta p_i$——第$i$层土的竖向附加应力平均值，kPa；

$a_i$、$E_{si}$——第$i$层土的压缩系数和压缩模量，$kPa^{-1}$或kPa。

### 2.5.2 规范推荐方法

**1. 分层总和法的改进及规范推荐方法**

将分层总和法的计算结果与大量沉降观测资料结果相比较，有较大差异。在总结我国工程建设中大量建筑物沉降观测资料的基础上，引入经验系数$\psi_s$，对式(2-20)进行修正，便得出我国《建筑地基基础设计规范》(GB 50007—2011)所推荐的地基最终沉降计算公式：

$$s = \psi_s s' = \psi_s \sum_{i=1}^{n} \frac{p_0}{E_{si}}(\bar{\alpha}_i z_i - \bar{\alpha}_{i-1} z_{i-1}) \qquad (2-21)$$

式中：$s$——地基最终沉降量，mm；

$s'$——按分层总和法计算得出的地基变形量，mm；

$\psi_s$——沉降计算经验系数，根据地区沉降观测资料及经验确定，无地区经验时可根据变形计算深度范围内压缩模量的当量值($\bar{E}_s$)、基底附加压力可按表2.4取值；

$n$——地基沉降计算深度范围内所划分的土层数；

$p_0$——对应于作用的准永久组合时的基础底面处的附加压力，kPa；

$E_{si}$——基础底面计算点下第$i$层土的压缩模量，按实际应力范围取值，MPa；

$z_i$、$z_{i-1}$——基础底面至第$i$层、第$i-1$层土底面的距离，m；

$\bar{\alpha}_i$、$\bar{\alpha}_{i-1}$——基础底面至第$i$层和第$i-1$层土底面范围内的平均附加应力系数，矩形基础底面(长边为$l$、短边为$b$)附加压力为均布荷载时按表2.5取值，其他情况见规范附录。

表2.4 沉降计算经验系数$\psi_s$

| 基底附加压力 | $\bar{E}_s$(MPa) | | | | |
| --- | --- | --- | --- | --- | --- |
| | 2.5 | 4.0 | 7.0 | 15.0 | 20.0 |
| $p_0 \geq f_{ak}$ | 1.4 | 1.3 | 1.0 | 0.4 | 0.2 |
| $p_0 \leq 0.75 f_{ak}$ | 1.1 | 1.0 | 0.7 | 0.4 | 0.2 |

注：$\bar{E}_s$为沉降计算深度范围内压缩模量的当量值，计算公式为$\bar{E}_s = \dfrac{\sum A_i}{\sum (A_i/E_{si})}$；$A_i$为第$i$层土附加应力系数沿土层厚度的积分值；$f_{ak}$为地基承载力特征值。

表 2.5 矩形面积受均布荷载作用下角点的平均附加应力系数 $\bar{\alpha}_i$

| z/b | l/b | | | | | | | | | | | | |
|---|---|---|---|---|---|---|---|---|---|---|---|---|---|
| | 1.0 | 1.2 | 1.4 | 1.6 | 1.8 | 2.0 | 2.4 | 2.8 | 3.2 | 3.6 | 4.0 | 5.0 | 10 |
| 0.0 | 0.2500 | 0.2500 | 0.2500 | 0.2500 | 0.2500 | 0.2500 | 0.2500 | 0.2500 | 0.2500 | 0.2500 | 0.2500 | 0.2500 | 0.2500 |
| 0.2 | 0.2496 | 0.2497 | 0.2497 | 0.2498 | 0.2498 | 0.2498 | 0.2498 | 0.2498 | 0.2498 | 0.2498 | 0.2498 | 0.2498 | 0.2498 |
| 0.4 | 0.2474 | 0.2479 | 0.2481 | 0.2483 | 0.2483 | 0.2484 | 0.2485 | 0.2485 | 0.2485 | 0.2485 | 0.2485 | 0.2485 | 0.2485 |
| 0.6 | 0.2423 | 0.2437 | 0.2444 | 0.2448 | 0.2451 | 0.2452 | 0.2454 | 0.2455 | 0.2455 | 0.2455 | 0.2455 | 0.2455 | 0.2456 |
| 0.8 | 0.2346 | 0.2372 | 0.2387 | 0.2395 | 0.2400 | 0.2403 | 0.2407 | 0.2408 | 0.2409 | 0.2409 | 0.2410 | 0.2410 | 0.2410 |
| 1.0 | 0.2252 | 0.2291 | 0.2313 | 0.2326 | 0.2335 | 0.2340 | 0.2346 | 0.2349 | 0.2351 | 0.2352 | 0.2352 | 0.2353 | 0.2353 |
| 1.2 | 0.2149 | 0.2199 | 0.2229 | 0.2248 | 0.2260 | 0.2268 | 0.2278 | 0.2282 | 0.2285 | 0.2286 | 0.2287 | 0.2288 | 0.2289 |
| 1.4 | 0.2043 | 0.2102 | 0.2140 | 0.2164 | 0.2180 | 0.2191 | 0.2204 | 0.2211 | 0.2215 | 0.2217 | 0.2218 | 0.2220 | 0.2221 |
| 1.6 | 0.1939 | 0.2006 | 0.2049 | 0.2079 | 0.2099 | 0.2113 | 0.2130 | 0.2138 | 0.2143 | 0.2146 | 0.2148 | 0.2150 | 0.2152 |
| 1.8 | 0.1840 | 0.1912 | 0.1960 | 0.1994 | 0.2018 | 0.2034 | 0.2055 | 0.2066 | 0.2073 | 0.2077 | 0.2079 | 0.2080 | 0.2084 |
| 2.0 | 0.1746 | 0.1822 | 0.1875 | 0.1912 | 0.1938 | 0.1958 | 0.1982 | 0.1996 | 0.2004 | 0.2009 | 0.2012 | 0.2015 | 0.2018 |
| 2.2 | 0.1659 | 0.1737 | 0.1793 | 0.1833 | 0.1862 | 0.1883 | 0.1911 | 0.1927 | 0.1937 | 0.1943 | 0.1947 | 0.1952 | 0.1955 |
| 2.4 | 0.1578 | 0.1657 | 0.1715 | 0.1757 | 0.1789 | 0.1812 | 0.1843 | 0.1862 | 0.1873 | 0.1880 | 0.1885 | 0.1890 | 0.1895 |
| 2.6 | 0.1503 | 0.1583 | 0.1642 | 0.1686 | 0.1719 | 0.1745 | 0.1779 | 0.1799 | 0.1812 | 0.1820 | 0.1825 | 0.1832 | 0.1838 |
| 2.8 | 0.1433 | 0.1514 | 0.1574 | 0.1619 | 0.1654 | 0.1680 | 0.1717 | 0.1739 | 0.1753 | 0.1763 | 0.1769 | 0.1777 | 0.1784 |
| 3.0 | 0.1369 | 0.1449 | 0.1510 | 0.1556 | 0.1592 | 0.1619 | 0.1658 | 0.1682 | 0.1698 | 0.1708 | 0.1715 | 0.1725 | 0.1733 |
| 3.2 | 0.1310 | 0.1390 | 0.1450 | 0.1497 | 0.1533 | 0.1562 | 0.1602 | 0.1628 | 0.1645 | 0.1657 | 0.1664 | 0.1675 | 0.1685 |
| 3.4 | 0.1256 | 0.1334 | 0.1394 | 0.1441 | 0.1478 | 0.1508 | 0.1550 | 0.1577 | 0.1595 | 0.1607 | 0.1616 | 0.1628 | 0.1639 |
| 3.6 | 0.1205 | 0.1282 | 0.1342 | 0.1389 | 0.1427 | 0.1456 | 0.1500 | 0.1528 | 0.1548 | 0.1561 | 0.1570 | 0.1583 | 0.1595 |
| 3.8 | 0.1158 | 0.1234 | 0.1293 | 0.1340 | 0.1378 | 0.1408 | 0.1452 | 0.1482 | 0.1502 | 0.1516 | 0.1526 | 0.1541 | 0.1554 |
| 4.0 | 0.1114 | 0.1189 | 0.1348 | 0.1294 | 0.1332 | 0.1362 | 0.1408 | 0.1438 | 0.1459 | 0.1474 | 0.1485 | 0.1500 | 0.1516 |
| 4.2 | 0.1073 | 0.1147 | 0.1205 | 0.1251 | 0.1289 | 0.1319 | 0.1365 | 0.1396 | 0.1418 | 0.1434 | 0.1445 | 0.1462 | 0.1479 |
| 4.4 | 0.1035 | 0.1107 | 0.1164 | 0.1210 | 0.1248 | 0.1279 | 0.1325 | 0.1357 | 0.1379 | 0.1396 | 0.1407 | 0.1425 | 0.1444 |
| 4.6 | 0.1000 | 0.1070 | 0.1127 | 0.1172 | 0.1209 | 0.1240 | 0.1287 | 0.1319 | 0.1342 | 0.1359 | 0.1371 | 0.1390 | 0.1410 |
| 4.8 | 0.0967 | 0.1036 | 0.1091 | 0.1136 | 0.1173 | 0.1204 | 0.1250 | 0.1283 | 0.1307 | 0.1324 | 0.1337 | 0.1357 | 0.1379 |
| 5.0 | 0.0935 | 0.1003 | 0.1057 | 0.1102 | 0.1139 | 0.1169 | 0.1216 | 0.1249 | 0.1273 | 0.1291 | 0.1304 | 0.1325 | 0.1348 |
| 5.2 | 0.0906 | 0.0972 | 0.1026 | 0.1070 | 0.1106 | 0.1136 | 0.1183 | 0.1217 | 0.1241 | 0.1259 | 0.1273 | 0.1295 | 0.1320 |
| 5.4 | 0.0878 | 0.0943 | 0.0996 | 0.1039 | 0.1075 | 0.1105 | 0.1152 | 0.1186 | 0.1211 | 0.1229 | 0.1243 | 0.1265 | 0.1292 |
| 5.6 | 0.0852 | 0.0916 | 0.0968 | 0.1010 | 0.1046 | 0.1076 | 0.1122 | 0.1156 | 0.1181 | 0.1200 | 0.1215 | 0.1238 | 0.1266 |
| 5.8 | 0.0828 | 0.0890 | 0.0941 | 0.0983 | 0.1018 | 0.1047 | 0.1094 | 0.1128 | 0.1153 | 0.1172 | 0.1187 | 0.1211 | 0.1240 |
| 6.0 | 0.0805 | 0.0866 | 0.0916 | 0.0957 | 0.0991 | 0.1021 | 0.1067 | 0.1101 | 0.1126 | 0.1146 | 0.1161 | 0.1185 | 0.1216 |
| 6.2 | 0.0783 | 0.0842 | 0.0891 | 0.0932 | 0.0966 | 0.0995 | 0.1041 | 0.1075 | 0.1101 | 0.1120 | 0.1136 | 0.1161 | 0.1193 |
| 6.4 | 0.0762 | 0.0820 | 0.0869 | 0.0909 | 0.0942 | 0.0971 | 0.1016 | 0.1050 | 0.1076 | 0.1096 | 0.1111 | 0.1137 | 0.1171 |
| 6.6 | 0.0742 | 0.0799 | 0.0847 | 0.0886 | 0.0919 | 0.0948 | 0.0993 | 0.1027 | 0.1053 | 0.1073 | 0.1088 | 0.1114 | 0.1149 |
| 6.8 | 0.0723 | 0.0779 | 0.0826 | 0.0865 | 0.0898 | 0.0926 | 0.0970 | 0.1004 | 0.1030 | 0.1050 | 0.1066 | 0.1092 | 0.1129 |
| 7.0 | 0.0705 | 0.0761 | 0.0806 | 0.0844 | 0.0877 | 0.0904 | 0.0949 | 0.0982 | 0.1008 | 0.1028 | 0.1044 | 0.1071 | 0.1109 |
| 7.2 | 0.0688 | 0.0742 | 0.0787 | 0.0825 | 0.0857 | 0.0884 | 0.0928 | 0.0962 | 0.0987 | 0.1008 | 0.1023 | 0.1051 | 0.1090 |
| 7.4 | 0.0672 | 0.0725 | 0.0769 | 0.0806 | 0.0838 | 0.0865 | 0.0908 | 0.0942 | 0.0967 | 0.0988 | 0.1004 | 0.1031 | 0.1071 |
| 7.6 | 0.0656 | 0.0709 | 0.0752 | 0.0789 | 0.0820 | 0.0846 | 0.0889 | 0.0922 | 0.0948 | 0.0968 | 0.0984 | 0.1012 | 0.1054 |
| 7.8 | 0.0642 | 0.0693 | 0.0736 | 0.0771 | 0.0802 | 0.0828 | 0.0871 | 0.0904 | 0.0929 | 0.0950 | 0.0966 | 0.0994 | 0.1036 |
| 8.0 | 0.0627 | 0.0678 | 0.0720 | 0.0755 | 0.0785 | 0.0811 | 0.0853 | 0.0886 | 0.0912 | 0.0932 | 0.0948 | 0.0976 | 0.1004 |
| 8.2 | 0.0614 | 0.0663 | 0.0705 | 0.0739 | 0.0769 | 0.0795 | 0.0837 | 0.0869 | 0.0894 | 0.0914 | 0.0931 | 0.0959 | 0.0938 |
| 8.4 | 0.0601 | 0.0649 | 0.0690 | 0.0724 | 0.0754 | 0.0779 | 0.0820 | 0.0825 | 0.0878 | 0.0893 | 0.0914 | 0.0943 | 0.0973 |
| 8.6 | 0.0588 | 0.0636 | 0.0676 | 0.0710 | 0.0739 | 0.0764 | 0.0805 | 0.0836 | 0.0862 | 0.0882 | 0.0898 | 0.0927 | 0.0959 |
| 8.8 | 0.0576 | 0.0623 | 0.0663 | 0.0696 | 0.0724 | 0.0749 | 0.0790 | 0.0821 | 0.0846 | 0.0866 | 0.0882 | 0.0912 | 0.0931 |
| 9.2 | 0.0554 | 0.0599 | 0.0637 | 0.0670 | 0.0697 | 0.0721 | 0.0761 | 0.0792 | 0.0817 | 0.0837 | 0.0853 | 0.0882 | 0.0905 |
| 9.6 | 0.0533 | 0.0577 | 0.0614 | 0.0645 | 0.0672 | 0.0696 | 0.0734 | 0.0765 | 0.0789 | 0.0809 | 0.0825 | 0.0855 | 0.0880 |
| 10.0 | 0.0514 | 0.0556 | 0.0592 | 0.0622 | 0.0649 | 0.0672 | 0.0710 | 0.0739 | 0.0763 | 0.0783 | 0.0799 | 0.0829 | 0.0857 |
| 10.4 | 0.0496 | 0.0537 | 0.0572 | 0.0601 | 0.0627 | 0.0649 | 0.0686 | 0.0716 | 0.0739 | 0.0759 | 0.0775 | 0.0804 | 0.0834 |
| 10.8 | 0.0479 | 0.0519 | 0.0553 | 0.0581 | 0.0606 | 0.0628 | 0.0664 | 0.0693 | 0.0717 | 0.0736 | 0.0751 | 0.0781 | 0.0813 |
| 11.2 | 0.0463 | 0.0502 | 0.0535 | 0.0563 | 0.0587 | 0.0609 | 0.0644 | 0.0672 | 0.0695 | 0.0714 | 0.0730 | 0.0759 | 0.0793 |
| 11.6 | 0.0448 | 0.0486 | 0.0518 | 0.0545 | 0.0569 | 0.0590 | 0.0625 | 0.0652 | 0.0675 | 0.0694 | 0.0709 | 0.0738 | 0.0774 |
| 12.0 | 0.0435 | 0.0471 | 0.0502 | 0.0529 | 0.0552 | 0.0573 | 0.0606 | 0.0634 | 0.0656 | 0.0674 | 0.0690 | 0.0719 | 0.0739 |
| 12.8 | 0.0409 | 0.0444 | 0.0474 | 0.0499 | 0.0521 | 0.0541 | 0.0573 | 0.0599 | 0.0621 | 0.0639 | 0.0654 | 0.0682 | 0.0707 |
| 13.6 | 0.0387 | 0.0420 | 0.0448 | 0.0472 | 0.0493 | 0.0512 | 0.0543 | 0.0568 | 0.0589 | 0.0607 | 0.0621 | 0.0649 | 0.0677 |
| 14.4 | 0.0367 | 0.0398 | 0.0425 | 0.0448 | 0.0468 | 0.0486 | 0.0516 | 0.0540 | 0.0561 | 0.0577 | 0.0592 | 0.0619 | 0.0650 |
| 15.2 | 0.0349 | 0.0379 | 0.0404 | 0.0426 | 0.0446 | 0.0463 | 0.0492 | 0.0515 | 0.0535 | 0.0551 | 0.0565 | 0.0592 | 0.0625 |
| 16.0 | 0.0332 | 0.0361 | 0.0385 | 0.0407 | 0.0425 | 0.0442 | 0.0469 | 0.0492 | 0.0511 | 0.0527 | 0.0540 | 0.0567 | 0.0625 |
| 18.0 | 0.0207 | 0.0323 | 0.0345 | 0.0364 | 0.0381 | 0.0396 | 0.0422 | 0.0442 | 0.0460 | 0.0475 | 0.0487 | 0.0512 | 0.0572 |
| 20.0 | 0.0269 | 0.0292 | 0.0312 | 0.0330 | 0.0345 | 0.0359 | 0.0383 | 0.0402 | 0.0118 | 0.0432 | 0.0444 | 0.0468 | 0.0524 |

## 2．地基沉降计算深度

地表局部荷载在地基中引起的附加应力随着深度的增加而逐渐衰减，同时随着深度的增加，由于地基土受到较大的自重应力，其压缩性逐渐降低，因此，超过一定深度后土层的压缩量对总沉降量已没有太大的影响而可以忽略不计。满足这一深度条件以上的土层称为地基压缩层，其下地基土可视为不可压缩层。

音频 3. 主固结沉降

1) 试算确定

地基压缩层的深度，可通过试算确定，即要求满足：

$$\Delta s'_n \leqslant 0.025 \sum_{i=1}^{n} \Delta s'_i \tag{2-22}$$

式中：$\Delta s'_i$ ——在计算深度 $z_n$ 范围内，第 $i$ 层土的计算沉降值，mm；

$\Delta s'_n$ ——在计算深度 $z_n$ 处向上取厚度为 $\Delta z$ 土层的计算沉降值，m，$\Delta z$ 按表 2.6 确定。

按式(2-22)计算确定的 $z_n$ 下仍有软弱土层时，在相同土压力条件下，变形会增大，应继续往下计算，直至软弱土层中所取规定厚度 $\Delta z$ 的计算沉降量满足条件为止。

表 2.6 计算厚度 $\Delta z$

| 基础宽度 $b$/m | $b \leqslant 2$ | $2 < b \leqslant 4$ | $4 < b \leqslant 8$ | $b > 8$ |
|---|---|---|---|---|
| $\Delta z$/m | 0.3 | 0.6 | 0.8 | 1.0 |

2) 依据无相邻荷载影响条件确定

当无相邻荷载影响，基础宽度 $b$ 的范围为 1～30 m 时，基础中点的地基沉降计算深度 $z_n$ 也可按下式计算：

$$z_n = b(2.5 - 0.4\ln b) \tag{2-23}$$

式中：$b$ ——基础宽度，m。

3) 依据其他条件(计算深度范围内存在刚性下卧层)确定

当沉降计算深度范围内存在基岩时，$z_n$ 可取至基岩表面为止；当存在较厚的坚硬黏性土层，其孔隙比小于 0.5、压缩模量大于 50 MPa 时，或存在较厚的密实砂卵石层，其压缩模量大于 80 MPa 时，$z_n$ 可取至该层土表面为止。考虑刚性下卧层，按下式计算地基的沉降：

$$s_{gz} = \beta_{gz} s_z \tag{2-24}$$

式中：$s_{gz}$ ——具有刚性下卧层时，地基土的沉降计算值，mm；

$\beta_{gz}$ ——刚性下卧层对上覆土层的沉降增大系数，按表 2.7 采用；

$s_z$ ——沉降计算深度相当于实际土层厚度按式(2-21)计算确定的地基最终沉降计算值，mm。

表 2.7 具有刚性下卧层时地基沉降增大系数 $\beta_{gz}$

| $h/b$ | 0.5 | 1.0 | 1.5 | 2.0 | 2.5 |
|---|---|---|---|---|---|
| $\beta_{gz}$ | 1.26 | 1.17 | 1.12 | 1.09 | 1.00 |

注：$h$ ——基底下的土层厚度；$b$ ——基础底面宽度。

## 3．计算步骤

(1) 分层。其原则是不同土性层面及地下水位处都应作为分层面。

(2) 确定地基沉降计算深度 $z_n$。

(3) 求基底压力和基底附加压力，查表得出基底至各层土底面范围内的平均附加应力系数 $\bar{\alpha}_i$。

(4) 列表或不列表进行沉降计算。

(5) 确定沉降经验系数，得出最终沉降量。

## 2.5.3 由实测沉降推算最终沉降量

### 1. 最终沉降理论计算的不足与改进

沉降计算理论是假定土体一维固结沉降，而实际的边界更复杂，使得沉降计算与实测沉降间有差异。土的压缩性指标应该能反映土在天然状态下受到荷载后的实际变形特征。在目前的试验技术条件下，室内试验与荷载试验时地基土所保持的应力状态和变形条件都和实际情况有所区别，故必然造成沉降计算时的误差。

扩展资源 2. 瞬时沉降

利用实际沉降资料进行最终沉降的推算具有很大意义，这对于了解工程竣工以后的沉降发展趋势以及上部结构的安全使用是十分重要的。最终沉降的推算，除了可利用双曲线法、沉降速率法、三点法、星野法等方法外，还有其他方法，比如指数曲线法。各种方法各有其优缺点，均有一定的适用性，应用时以往的工程经验非常重要。下面主要介绍三点法和双曲线法。

### 2. 三点法

从实测沉降—时间关系曲线(沉降量 $s$ 随时间 $t$ 发展过程曲线)上取荷载恒定后的三点，使得三点的时间间隔相等，即 $t_3-t_2=t_2-t_1$，三点对应的沉降量分别为 $s_1$、$s_2$、$s_3$，最终沉降量 $s_\infty$ 的计算公式为

$$s_\infty = \frac{s_3(s_2-s_1)-s_2(s_3-s_2)}{(s_2-s_1)-(s_3-s_2)} \tag{2-25}$$

式中：$s_1$、$s_2$、$s_3$——恒载时实测沉降过程曲线上时间间隔相等的三点对应的沉降量；

$s_\infty$——由实测沉降资料推算的地基最终沉降量。

采用三点法推算最终沉降量，一般要求观测的持续时间较长，故在计算时尽可能取长的时间段，并应根据实际情况，多取几个不同的时间段来分别计算，最后取其平均值作为推算的最终沉降值。$t_1$、$t_2$、$t_3$ 应取自实测沉降曲线趋于稳定的阶段，这样推求的结果更准确。

### 3. 双曲线法

双曲线法是假定荷载恒定后的沉降平均速度以双曲线形式逐渐减少的经验推导法。如图 2.13 所示，利用实测沉降曲线，在恒荷载条件下确定某一时刻 $t_0$，此时的沉降量为 $s_0$，则以后任意时间 $t$ 的沉降量 $s_t$，可由下式求得：

$$s_t = s_0 + \frac{t-t_0}{\alpha+\beta(t-t_0)} \tag{2-26}$$

式中：$s_0$——$t=t_0$ 时初期沉降量，m；

$s_t$——任意时间 $t$ 时的沉降量，m；

$\alpha$、$\beta$——从实测值求得的系数。

变换式(2-26)可得：

$$\frac{t-t_0}{s_t-s_0}=\alpha+\beta(t-t_0) \qquad (2\text{-}27)$$

即

$$\frac{\Delta t}{\Delta s}=\alpha+\beta\cdot\Delta t \qquad (2\text{-}28)$$

用 $t_0$ 后的实测沉降资料，绘制 $\Delta t/\Delta s\sim\Delta t$ 的关系图并以直线来模拟，如图 2.14 所示。该直线在纵轴的截距和斜率分别为 $\alpha$、$\beta$ 值，代入式(2-26)，即可求得任意时间 $t$ 的沉降量。

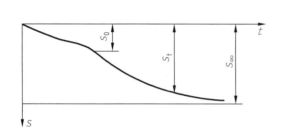

图 2.13 按双曲线法推算沉降示意图　　图 2.14 $\alpha$、$\beta$ 求法

当 $t\to\infty$ 时，最终沉降量 $s_\infty$ 可用下式求得：

$$s_\infty=s_0+\frac{1}{\beta} \qquad (2\text{-}29)$$

用双曲线法推算最终沉降，其要求实测沉降时间至少在半年以上。在分析过程中还应剔除反常的数据，否则将造成较大的偏差。

【例 2.3】 某工程施工历时 337 天，恒载后一观测点的沉降实测资料见表 2.8。根据实测沉降观测值运用三点法推算最终沉降量。

表 2.8 恒载后的沉降实测资料

| 累计时间(d) | 本期沉降(mm) | 累计沉降(mm) | 累计时间(d) | 本期沉降(mm) | 累计沉降(mm) |
| --- | --- | --- | --- | --- | --- |
| 337 | 16 | 1456 | 440 | 9 | 1631 |
| 339 | 6 | 1462 | 451 | 6 | 1637 |
| 343 | 18 | 1480 | 465 | 13.4 | 1650.4 |
| 346 | 12 | 1492 | 477 | 5.3 | 1655.7 |
| 350 | 9 | 1501 | 488 | 6.6 | 1662.3 |
| 356 | 10 | 1511 | 499 | 4.3 | 1666.6 |
| 363 | 12 | 1523 | 509 | 4.4 | 1671 |
| 373 | 30 | 1553 | 519 | 2.3 | 1673.3 |
| 384 | 20 | 1573 | 530 | 2.6 | 1675.9 |
| 392 | 12 | 1585 | 542 | 2.5 | 1678.4 |
| 408 | 17 | 1602 | 552 | 1.8 | 1680.2 |
| 418 | 5 | 1607 | 561 | 3.6 | 1683.8 |
| 428 | 15 | 1622 | 571 | 0.2 | 1684 |
| 440 | 9 | 1631 | 581 | 3.4 | 1687.4 |

**解** 从表 2.8 所示的实际沉降观测数据中选取 $t_1$、$t_2$、$t_3$，要求 $t_2 - t_1 = t_3 - t_2$。将 $s_1$、$s_2$、$s_3$ 和 $t_1$、$t_2$、$t_3$ 代入式(2-25)中计算出最终沉降量。在实测资料中分别采取了 4 组数据。由于实际观测时间不一定是完全等时间隔，有时需要使用线性插入法估算一个沉降值。计算结果见表 2.9。本案例中，实测的 $s_{581d} = 1687.4$ mm，推算的 $s_\infty = 1697$ mm，$s_{581d}/s_\infty = 99\%$。

表 2.9 三点法推算最终沉降量结果

| 序 号 | $t_1$(d) | $t_2$(d) | $t_3$(d) | $s_1$(mm) | $s_2$(mm) | $s_3$(mm) | $s_\infty$(mm) |
| --- | --- | --- | --- | --- | --- | --- | --- |
| 1 | 541 | 561 | 581 | 1678.2 | 1683.8 | 1687.4 | 1693.8 |
| 2 | 489 | 530 | 571 | 1662.7 | 1675.9 | 1684.0 | 1696.8 |
| 3 | 437 | 509 | 581 | 1628.8 | 1671.0 | 1687.4 | 1697.8 |
| 4 | 477 | 519 | 561 | 1655.7 | 1673.3 | 1683.8 | 1699.3 |
| 平均值 |  |  |  |  |  |  | 1697.0 |

## 2.6 饱和土单向固结沉降

【本节思维导图】

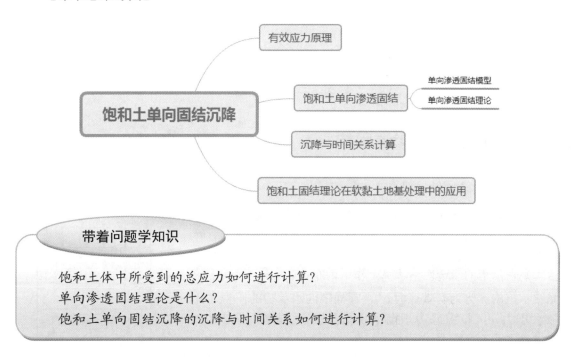

### 2.6.1 有效应力原理

土是三相体系，对饱和土来说，是二相体系。外荷载作用后，土中应力被土颗粒骨架和土中的水、气共同承担，但只有通过土颗粒传递的有效应力才会使土产生变形，具有抗剪强度。饱和土体中的总应力 $\sigma$ 等于孔隙水压力 $u$ 与土颗粒间接触应力(有效应力) $\sigma'$ 之和，土的有效应力 $\sigma'$ 控制了土的变形及强度，即

$$\sigma = \sigma' + u \tag{2-30}$$

式中：$\sigma$——饱和土体所受到的总应力，kPa；
　　　$\sigma'$——土颗粒间的接触应力，即有效应力，kPa；
　　　$u$——孔隙水压力，kPa。

有效应力原理如图 2.15 所示。美籍奥地利土力学家太沙基(K. Terzaghi, 1883—1963)早在 1923 年就提出了有效应力原理的基本概念，阐明了散体颗粒材料与连续固体材料在应力—应变关系上的重大区别。这是土力学区别于其他力学的一个重要原理。总应力保持不变时，孔隙水压力与有效应力可以相互转化，即孔隙水压力减小等于有效应力的等量增加。土的变形(压缩)与强度的变化都只取决于有效应力的变化。

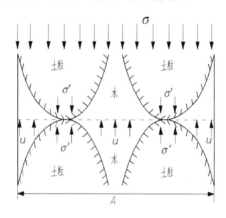

图 2.15　有效应力原理

## 2.6.2　饱和土单向渗透固结

### 1. 单向渗透固结模型

饱和土的渗透固结，可借助图 2.16 所示的弹簧-活塞模型来说明。在一个盛满水的圆桶中，装一个带有弹簧的活塞，弹簧表示土的颗粒骨架，容器内的水表示土中的自由水，带孔的活塞则表示土的渗透性。活塞上作用均布荷载 $\Delta p$，设其中的弹簧承担的压力为有效应力 $\sigma'$，圆桶中的水承担的压力为孔隙水压力 $u$，按照静力平衡条件(有效应力原理)，应有：$\Delta p = \sigma' + u$。

(1) 当时间 $t=0$ 时，即活塞顶面骤然受到压力 $\Delta p$ 作用的瞬间，水来不及排出，弹簧没有变形和受力，附加应力 $\Delta p$ 全部由水来承担，即：$u = \Delta p$，$\sigma' = 0$。

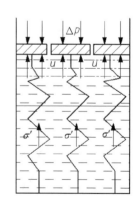

图 2.16　饱和土渗透固结模型

(2) 当时间 $t > 0$ 时，随着荷载作用时间的迁延，水受到压力后开始从活塞排水孔中排出，活塞逐渐下降，弹簧开始承受压力 $\sigma'$，并逐渐增长；相

应地，$u$ 则逐渐减小。总之，$u + \sigma' = \Delta p$，而 $u < \Delta p$，$\sigma' > 0$。

(3) 当时间 $t \to \infty$ 时(代表"最终"时间)，水从排水孔中充分排出，孔隙水压力完全消散，活塞最终下降到 $\Delta p$ 全部由弹簧承担，饱和土的渗透固结完成，即 $\Delta p = \sigma'$，$u = 0$。

在某一压力作用下，饱和土的渗透固结过程就是土体中各点孔隙水压力不断消散，有效应力相应增加的过程，即孔隙水压力逐渐向有效应力转化的过程。

**2. 单向渗透固结理论**

1) 基本假定

如图 2.17 所示，基本假定是：①土层是均质的且完全饱和的；②在固结过程中，土的压缩完全由孔隙体积减小引起，土体和水不可压缩；③土层仅在竖向排水固结(单向)；④土中水的渗流服从达西定律；⑤在渗透固结过程中，土的渗透系数 $K$ 和压缩系数 $a$ 视为常数；⑥外荷一次性施加，且沿土层深度均匀分布。

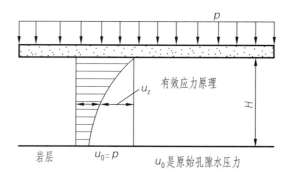

图 2.17 饱和土渗透固结计算

2) 基本方程

根据水流连续性原理、达西定律和有效应力原理，建立固结微分方程：

$$C_v \frac{\partial^2 u}{\partial z^2} = \frac{\partial u}{\partial t} \tag{2-31}$$

式中：$C_v$——土的竖向渗透固结系数，$m^2/$年，其表达式为：$C_v = \dfrac{k(1+e_0)}{\gamma_w a_v} = \dfrac{k}{\gamma_w m_v}$；

$K$、$a$、$e$——分别为土的渗透系数、压缩系数、初始孔隙比，由室内试验确定。

设定一定的边界条件可求出任意深度、任意时刻的孔隙水压力 $u(z,t)$。

3) 一般情况下固结度的计算

固结度是指地基在荷载作用下，经历某一时间后产生的固结沉降量与最终固结沉降量的比值。

对于单向渗透固结，由于土层的固结沉降与该层的有效应力面积成正比关系，所以将某一 $t$ 时刻的有效应力面积与起始孔隙水压力面积之比，称为土层单向固结的平均固结度 $U_t$：

$$U_t = 1 - \frac{\int_0^H u(z,t) \mathrm{d}z}{\int_0^H \sigma(z,t) \mathrm{d}z} \tag{2-32}$$

式中：$u(z,t)$——深度 $z$ 处某一时刻 $t$ 的孔隙水压力，kPa；

$\sigma(z,t)$——深度 $z$ 处的竖向附加应力(即 $t=0$ 时，该深度处的起始孔隙水压力)，kPa。

4) 地基中附加应力上下均布(或双面排水附加应力直线分布)固结度的计算

若荷载作用面积较大，或土层较薄时，附加应力在地基渗透固结深度范围内分布是均匀的，且 $U_t>30\%$，此时式(2-32)为

$$U_t = 1 - \frac{8}{\pi^2} \cdot e^{-\frac{\pi^2}{4}T_v} \tag{2-33}$$

$$T_v = \frac{C_v t}{H^2} \tag{2-34}$$

式中：$T_v$——时间因数；

$H$——土层厚度，双面排水固结情况下计算时间因数 $T_v$ 时，土层厚度按 $H/2$ 计算。

### 2.6.3 沉降与时间关系计算

利用饱和土单向渗透固结理论，可解决以下两类问题。

(1) 已知土层的最终沉降量，求解历时 $t$ 时刻的某一固结沉降量。

(2) 已知土层的最终沉降量，求解达到某一沉降量所经历的时间。

下面举例来说明如何解决这两类问题，例题限于地基中附加应力上下均布的情况。

【例 2.5】 如图 2.18 所示，设饱和黏土层的厚度为 10 m，上下均排水，地面上作用无限均布荷载 $p=200$ kPa，若土层的初始孔隙比 $e_1$ 为 0.8，压缩系数 $a$ 为 $2.5\times10^{-4}$ kPa$^{-1}$，渗透系数 $K$ 为 2.0 cm/年。试求：(1)加荷一年后，黏土层的沉降量为多少？(2)当黏土层的沉降量达到 20 cm 时需要多长时间？

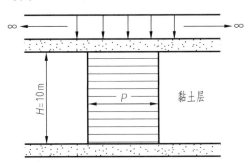

图 2.18 例 2.5 图

**解**

(1) 地基最终沉降量估算。

$$s = \frac{a}{1+e_1}\sigma_z H = \frac{2.5}{1+0.8}\times 10^{-4} \times 200 \times 1000 = 27.8 \text{(cm)}$$

(2) 土层的固结系数。

$$C_v = \frac{K(1+e_1)}{a\gamma_w} = \frac{2.0\times(1+0.8)}{0.00025\times 0.098} = 1.47\times 10^5 \text{(cm}^2/\text{年)}$$

(3) 加荷一年后基础中心点的沉降量。

时间因数： $T_v = \dfrac{C_v t}{(H/2)^2} = \dfrac{1.47 \times 10^5 \times 1}{500^2} = 0.588$

根据 $T_v$，查表 2.10，得土层的平均固结度 $U = 0.81$，则加荷一年后的沉降量为

$$s_t = U \cdot S = 0.81 \times 27.8 = 22.5 (\text{cm})$$

表 2.10 地基中附加应力上下均布时固结度 $U$ 与相应的时间因数 $T_v$

| 固结度 $U$ | 0 | 0.1 | 0.2 | 0.3 | 0.4 | 0.5 | 0.6 | 0.7 | 0.8 | 0.9 | 1.0 |
|---|---|---|---|---|---|---|---|---|---|---|---|
| 时间因数 $T_v$ | 0 | 0.008 | 0.031 | 0.071 | 0.126 | 0.197 | 0.286 | 0.403 | 0.567 | 0.848 | ∞ |

(4) 沉降 20 cm 所需时间。

已知黏土层沉降量 $s_t = 20$ cm，最终沉降量 $s = 27.8$ cm，则土层的平均固结度为

$$U = \dfrac{s_t}{s} = \dfrac{20}{27.8} = 0.72$$

根据 $U$，查表 2.9，得时间因数 $T_v = 0.44$，则沉降达到 20 cm 所需的时间为

$$t = \dfrac{T_v (H/2)^2}{C_v} = \dfrac{0.44 \times 500^2}{1.47 \times 10^5} = 0.75(\text{年})$$

## 2.6.4 饱和土固结理论在软黏土地基处理中的应用

地基土层的排水固结效果与它的排水边界有关。根据饱和土单向固结理论，在达到同一固结度时，固结所需的时间与排水距离的平方成正比，即 $t = T_v H^2 / C_v$。如图 2.19 所示，软黏土层越厚，单向固结所需的时间越长。如果淤泥质土层厚度大于 10~20 m，要达到较大固结度，所需的时间是几年，甚至几十年。

扩展资源 3.
土的应力历史

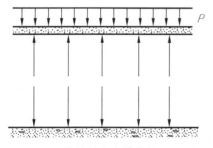
(a) 天然地基竖向排水情况

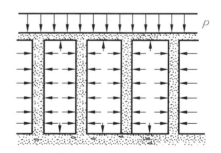
(b) 砂井(塑料排水板)地基排水情况

图 2.19 软黏土地基堆载预压排水固结原理

为了加速地基固结，最有效的方法是在天然土层中增加排水通道，缩短排水距离，在软土地基中设置竖向排水体(袋装砂井或塑料排水板)，在软土地基上设置砂垫层等横向(水平向)排水体，以改善软弱土层的排水条件，然后在场地进行堆载预压，这时土层中的孔隙水主要通过竖向排水体排出。这样可缩短预压工程的预压期，在短期内达到较好的固结效果，使沉降提前完成；同时加速地基土强度的增长，使地基承载力提高的速率始终大于施工荷载的速率，以保证地基的稳定性，这一点从理论和实践上都得到了证实。

# 思考题与习题

**【思考题】**

1. 什么是土的压缩性？土的压缩性与地基的沉降有什么关系？室内侧限压缩试验中的侧限条件应如何理解？试验时需施加哪几级荷载？

2. 土的侧限压缩指标有哪几个？它们之间的关系如何？土的压缩性分为哪几个等级？各在什么数量级？

3. 浅层平板荷载试验的加载终止标准是什么？如何根据试验成果确定地基的承载力特征值？

4. 土的自重应力是什么？进行土的自重应力计算时，地下水位上、下是否相同？为什么？

5. 为何要计算基础底面附加压力？基础底面接触压力(基底压力)与附加压力有何区别？

6. 矩形均布荷载任意点下土的附加应力采用什么方法计算？当任意点在矩形面积范围内与不在矩形面积范围内时，计算附加应力有何不同？

7. 分层总和法的假定是什么？评价分层总和法计算地基最终沉降的优缺点。《建筑地基基础设计规范》(GB 50007—2011)推荐法计算地基最终沉降的要点是什么，其与分层总和法的主要区别是什么？地基沉降计算深度如何确定？

8. 最终沉降计算理论的缺点是什么？由实测沉降推算地基最终沉降的方法中，应用三点法和双曲线法应注意什么问题？

9. 土的有效应力原理的实质是什么？单向渗透固结理论的基本假定是什么？单向渗透固结理论中，土的固结度是如何定义的？

10. 利用饱和土单向渗透固结理论，可解决哪两类问题？地基固结时间与排水路径的长度是什么关系？这个关系是怎样在软黏土地基处理中得到体现的？

**【习题】**

1. 土样的压缩记录如表 2.11 所示，试绘制压缩曲线和计算土层的压缩系数 $a_{1-2}$ 及相应的压缩模量 $E_s$，并评定土层的压缩特性(答案：$a_{1-2} = 0.14$ MPa$^{-1}$，$E_s = 13.9$ MPa，中压缩性土)。

表2.11 土样的压缩试验记录

| 压力(kPa) | 0 | 50 | 100 | 200 | 300 | 400 |
|---|---|---|---|---|---|---|
| 孔隙比 | 0.982 | 0.964 | 0.952 | 0.938 | 0.924 | 0.919 |

2. 某矩形基础底面长度为 3.0 m、宽度为 2.0 m，基础底面埋深 $d = 1.5$ m，地面以上上部结构荷载 $N=720$ kN。地表下第一层土为粉质黏土，$\gamma_1 = 17.5$ kN/m³，$E_{s1} = 5$ MPa，厚度 $H_1 = 4.5$ m；第二层土为淤泥质土，$\gamma_2 = 17.5$ kN/m³，$E_{s2} = 2$ MPa，厚度 $H_2 = 1.0$ m；第二层土以下为基岩。试用《建筑地基基础设计规范》(GB 50007—2011)推荐法计算地基的最终沉降量($\psi_s = 1.2$)。(答案：69.1 mm)。

3. 某柱基础底面长度为 2.0 m、宽度为 2.0 m，基础底面埋深 $d = 1.5$ m，地面以上上部结构荷载 $N = 576$ kN。地表下第一层土为杂填土，$\gamma_1 = 17.0$ kN/m³，厚度 $H_1 = 1.5$ m；第二层土为粉土，$\gamma_2 = 18$ kN/m³，$E_{s2} = 3$ MPa，厚度 $H_2 = 4.4$ m；第三层为卵石，$E_{s3} = 20$ MPa，厚度 $H_3 = 6.5$ m。试用《建筑地基基础设计规范》(GB 50007—2011)推荐法计算柱基的最终沉降量(答案：123.5 mm)。

4. 柱基础底面尺寸为 2.0m×3.0m，基础底面埋深 $d=1.0$ m，地基土为均质的粉质黏土，地面以上上部结构荷载 $N=1000$ kN。地基为粉质黏土，$\gamma = 17.89$ kN/m³，$E_s = 7$ MPa，地基承载力特征值 $f_{ak} = 141$ kPa。试用《建筑地基基础设计规范》(GB 50007—2011)推荐法计算地基的最终沉降量(提示：$z_n$ 取 4.5 m，答案：44.5 mm)。

5. 饱和黏土层的厚度为 10 m，上、下层面均排水，地面上作用无限均布荷载 $p=196.2$ kPa，若土层的初始孔隙比 $e_1$ 为 0.9，压缩系数 $a$ 为 $2.5 \times 10^{-4}$ kPa$^{-1}$，渗透系数 $K$ 为 2.0 cm/年。试求：(1)均布荷载施加一年后，地基沉降量；(2)加荷后地基固结度达到90%时需要的时间(答案：210 mm，1.4 年)。

6. 饱和黏土层的厚度为 10 m，但只有土层顶面排水，底面不透水，其余条件与本章习题 5 相同。试求：(1)均布荷载施加一年后，地基沉降量；(2)加荷后地基固结度达到90%时需要的时间；(3)比较单面排水与双面排水的效果(答案：115 mm，5.5 年，双面排水可加快地基固结)。

第 2 章
课后习题答案

# 第3章 土的抗剪强度与地基承载力

扩展图片

### 学习目标

(1) 了解土的抗剪强度的基本概念和工程意义。
(2) 熟悉土的抗剪强度的库仑公式与莫尔-库仑破坏理论。
(3) 掌握土中一点的极限平衡条件,熟练应用极限平衡条件判断土的状态。
(4) 熟悉土的测定抗剪强度指标的三种试验方法(即三轴不固结不排水剪、固结不排水剪、固结排水剪,或直接剪切快剪、固结快剪、慢剪)。
(5) 掌握直接剪切试验方法和成果分析,熟悉工程上土的抗剪强度指标的选择。
(6) 熟悉临塑荷载、临界荷载以及地基极限荷载的概念,掌握地基承载力的确定方法。

### 教学要求

| 章节知识 | 掌握程度 | 相关知识点 |
| --- | --- | --- |
| 概述 | 掌握库仑公式与土的极限平衡条件 | 土的极限平衡条件计算方式 |
| 抗剪强度指标的测定 | 了解抗剪强度指标的测定 | 无侧限抗压强度试验步骤 |
| 抗剪强度指标 | 熟悉抗剪强度指标 | 有效应力强度与总应力强度区别 |
| 地基承载力 | 熟悉地基承载力的计算 | 地基的临塑荷载和临界荷载计算 |

### 课程思政

了解土的抗剪强度与地基承载力意味着学生需要具备深入分析问题的能力。土体的力学性质和地基的承载力是由多种因素所决定的,比如土壤的类型、湿度、密度等。在学习过程中,学生需要通过实验、观察和分析等手段来探索这些因素对土壤力学性质的作用与影响,并从中总结出规律。这种深入思考和分析问题的能力对于学生的综合素质提高具有重要意义。通过学习土的抗剪强度与地基承载力,学生可以培养自己的逻辑思维的能力和分析问题的能力,从而提升其解决实际问题的能力。

### 案例导入

在某市的一个建筑工地,施工队遇到了一个土质比较复杂的地区。通过对该地区土质进行调查和试验分析,发现土壤中含有较多的黏土和杂质,因此导致土壤的抗剪强度较低,地基承载力也相对较弱。为了确保工程的安全性和可持续性发展,施工队决定采取一系列措施来增强土壤的抗剪强度和提高地基承载力。

【本章思维导图(概要)】

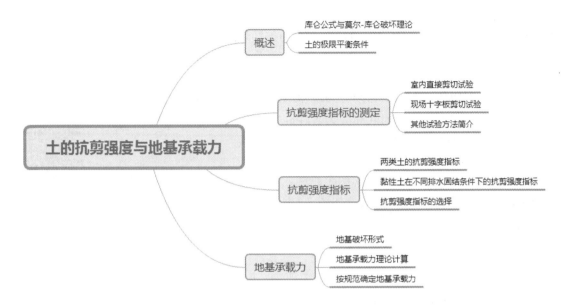

# 3.1 土的抗剪强度与地基承载力概述

【本节思维导图】

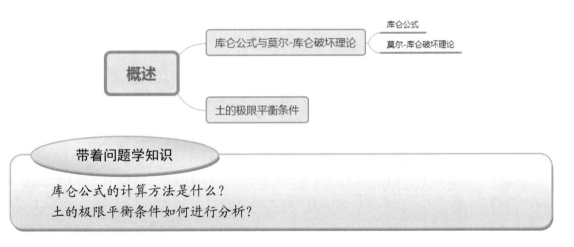

## 3.1.1 库仑公式与莫尔-库仑破坏理论

土体是否达到剪切破坏状态，除了取决于它本身的性质外，还与其所受到的应力组合密切相关。这种破坏发生时的应力组合关系就称为破坏准则。土的破坏准则是一个十分复杂的问题，目前还没有被认为能够完美适用于土的理想的破坏准则。这里主要介绍比较能拟合试验结果，被生产实践广泛采用的破坏准则，即莫尔-库仑破坏准则，在理论上称为莫尔-库仑破坏理论。

## 1. 库仑公式

为研究土的抗剪强度，法国物理学家库仑(C. A. Coulomb，1736—1806)于1776年起对砂土和黏性土进行了一系列的实验，总结土的破坏现象和影响因素，提出土的抗剪强度表达式为

$$\tau_f = \sigma \tan\varphi + c \tag{3-1}$$

式中：$\tau_f$——剪切破坏面上的切向应力，即土的抗剪强度，kPa；

$\sigma$——剪切滑动面上的法向应力，kPa；

$c$——土的黏聚力，kPa，$c=0$(对于非黏性土)；

$\varphi$——土的内摩擦角，°。

$c$、$\varphi$是决定土的抗剪强度的两个指标，称为抗剪强度指标，将库仑公式表示在$\tau_f$-$\sigma$坐标中为两条直线，如图3.1所示。对于同一种土来说，在相同的试验条件下为常数。

音频1. 库仑公式计算原理

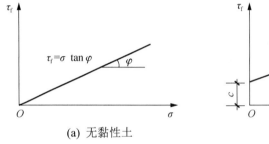
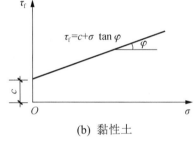

(a) 无黏性土　　　(b) 黏性土

图3.1　土的抗剪强度与法向应力之间的关系

## 2. 莫尔-库仑破坏理论

1910年，德国力学家莫尔(C. O. Mohr，1835—1918)提出材料的破坏是剪切破坏：当任一平面上的剪应力等于材料的抗剪强度时，该点就发生破坏。并提出在破坏面上的剪应力，即抗剪强度$\tau_f$，是该面上的法向应力$\sigma$的函数，即：

$$\tau_f = f(\sigma) \tag{3-2}$$

此函数关系所确定的曲线称为莫尔破坏包线(莫尔包线)，如图3.2所示。

实际上，库仑公式(定律)是莫尔强度理论的特例。此时莫尔破坏包线为一条直线，即

$$\tau_f = f(\sigma) = \sigma \tan\varphi + c \tag{3-3}$$

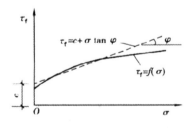

图3.2　莫尔破坏包线

## 3.1.2 土的极限平衡条件

当土中某点的切向应力达到土的抗剪强度时,就称该点处于极限平衡状态。这时土的抗剪强度指标间的关系,称为极限平衡条件。

为了建立土的极限平衡条件,将土中某点的莫尔应力圆与抗剪强度线绘于同一直角坐标系中,如图 3.2 所示。

扩展资源 1.
土的极限平衡的
应用与分析方法

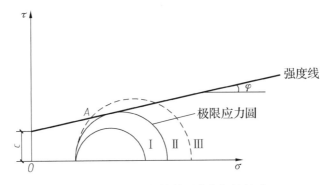

图 3.3 莫尔圆与抗剪强度之间的关系

根据材料力学知识可知,应力圆上一点的横纵坐标分别表示通过土体中某点在相应平面上的法向应力和切向应力。

(1) 莫尔圆位于抗剪强度包线下方(即相离,见图 3.3 中圆 Ⅰ),则通过土中某点的所有平面的切向应力都小于土的抗剪强度,即 $\tau < \tau_f$,该点不会发生剪切破坏,该点处于弹性平衡状态。

(2) 莫尔圆与抗剪强度包线相切(见图 3.3 中圆 Ⅱ),其切点所代表的平面上的切向应力等于抗剪强度,即 $\tau = \tau_f$,该点处于极限平衡状态。

(3) 莫尔圆与抗剪强度包线相割(见图 3.3 中圆 Ⅲ),表明通过该点的某些平面上的切向应力已经大于土的抗剪强度,即 $\tau = \tau_f$,该点早已破坏,实际上这种情况是不可能存在的。

如上所述,根据图 3.3 中圆 Ⅱ 与抗剪强度包线的关系,就可以建立极限平衡条件。

一般情况下,以黏性土为例,根据几何关系(见图 3.4),在土体中取单元体[见图 3.4(a)],$mn$ 为破坏面。

在 △ARD 中: $\sin\varphi = \dfrac{AD}{RD} = \dfrac{\dfrac{1}{2}(\sigma_1 - \sigma_3)}{c\cot\varphi + \dfrac{1}{2}(\sigma_1 + \sigma_3)}$

利用三角函数关系有:

$$\sigma_1 = \sigma_3 \tan^2\left(45° + \frac{\varphi}{2}\right) + 2c\tan\left(45° + \frac{\varphi}{2}\right) \tag{3-4a}$$

$$\sigma_3 = \sigma_1 \tan^2\left(45° - \frac{\varphi}{2}\right) - 2c\tan\left(45° - \frac{\varphi}{2}\right) \tag{3-4b}$$

以上两式即为黏性土的极限平衡条件。用来判别土体是否达到破坏的强度条件,常被称作莫尔-库仑强度准则。

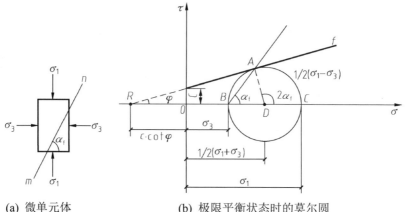

(a) 微单元体　　　　　(b) 极限平衡状态时的莫尔圆

图 3.4　土的极限平衡条件

对于无黏性土，$c=0$，其极限平衡条件为

$$\sigma_1 = \sigma_3 \tan^2\left(45° + \frac{\varphi}{2}\right) \tag{3-5a}$$

$$\sigma_3 = \sigma_1 \tan^2\left(45° - \frac{\varphi}{2}\right) \tag{3-5b}$$

土体中出现的剪切破裂面与大主应力 $\sigma_1$ 作用面的夹角为

$$\alpha = \frac{1}{2}(90° + \varphi) = 45° + \frac{\varphi}{2} \tag{3-6}$$

## 3.2　抗剪强度指标的测定

【本节思维导图】

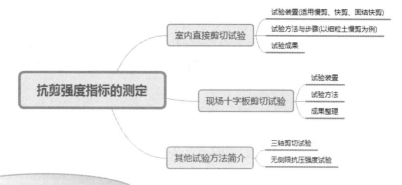

【带着问题学知识】

室内直接剪切试验的试验方法是什么？
现场十字板剪切试验的试验方法是什么？
三轴剪切试验原理是什么？

# 第 3 章 土的抗剪强度与地基承载力

土的强度试验的目的是要确定其抗剪强度及其相应的强度指标 $c$ 和 $\varphi$。强度指标 $c$ 和 $\varphi$ 是土的重要力学性质指标,在计算地基承载力、评价地基的稳定性、边坡稳定性分析以及计算支护结构的土压力时均要用到这两个指标。目前已有多种用来测定土的抗剪强度指标的仪器和方法,每一种仪器都有一定的适用条件,而试验方法及成果整理也有所不同。根据采用的试验仪器分,有直接剪切试验、三轴压缩试验、无侧限抗压试验、十字板剪切试验等。其中,除十字板剪切试验是在现场原位进行外,其他三种试验均需从现场取土,并通常在室内进行。

## 3.2.1 室内直接剪切试验

直接剪切试验是最早的测定土的抗剪强度的试验方法。根据施加水平荷载的不同方式,将直剪仪分为应力控制式和应变控制式两种。工程中一般多采用应变控制式直剪仪,主要取决于其优点构造简单,操作方便。直接剪切试验可以分为慢剪、快剪和固结快剪,我们在这里介绍慢剪。

扩展资源 2.
快剪、固结快剪

**1. 试验装置(适用慢剪、快剪、固结快剪)**

(1) 应变控制式直剪仪。应受控制式直剪仪包括剪切盒(水槽、上剪切盒、下剪切盒)、垂直加压框架剪切传动装置,测力计,推动机构等。应变控制式直剪仪结构示意图,如图 3.5 所示。

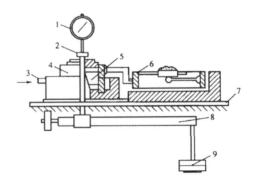

图 3.5 应变控制式直剪仪结构示意图

1—垂直变形百分表;2—垂直加压框架;3—推动座;4—剪切盒;
5—试样;6—测力计;7—台板;8—杠杆;9—砝码

(2) 环刀。高度为 2 mm,内为径 6.18 mm。
(3) 位移传感器或位移计(百分表)。量程为 5~10mm,分度值为 0.01mm。
(4) 天平。称量 500 g,分度值 0.1 g。

**2. 试验方法与步骤(以细粒土慢剪为例)**

1) 制备试样

对于原状土,应减轻对原状土的扰动,利用环刀切取土样,测定土样的密度和含水量。同组试样之间密度差值不得大于 0.03 g/cm³,含水量差值不得大于 2%,每组试样至少取 4 个。

2) 试样安装
(1) 将剪切盒的上下盒对准，插入固定销。
(2) 在下盒底部放透水板，透水板上铺滤纸(滤纸和透水板与土样直径相同)。
(3) 将带有试样的环刀翻转，使环刀平口向下，用推土器慢慢地将试样推入剪切盒内，移去环刀。
(4) 土样顶面放置一张滤纸，再放一块透水板。

3) 测记初始读数
(1) 移动传动装置，使剪切盒上盒前端钢珠刚好与测力计接触、调整测力计读数为零。
(2) 在剪切盒顶部透水板上，依次加上传压盖板、钢珠、加压框架。
(3) 安装位移传感器或位移计，测记初读数。

4) 施加竖向荷载
(1) 施加第一级竖向压力。根据土的软硬程度确定压力数值。通常 $\sigma_1$ = 100 kPa。
(2) 为使得试样尽可能维持原貌，应保持原试样的含水量，需采取以下措施：如为非饱和试样，仅在活塞周围包以湿棉花，防止水分蒸发；如为饱和试样，在施加垂直压力 5min 后，则应当向剪切盒水槽内注满水。
(3) 在施加规定的竖向压力后，使试样固结稳定，才能施加水平荷载进行剪切。试样固结稳定的标准，为每小时竖向变形不大于 0.005 mm。

**注意：** 细粒土固结快剪试验，其试样固结稳定的标准与慢剪相同。

5) 施加水平荷载
(1) 拔掉上下盒连接处的销钉。
(2) 匀速转动手轮，推动剪切盒的下盒前移。
(3) 使上、下盒之间的开缝处土样中部产生切应力。
(4) 剪切速度标准为：细粒土慢剪试验为小于 0.02 mm/min。
(5) 试样每产生剪切位移 0.2～0.4 mm 测记测力计和位移的读数。

**注意：** 细粒土固结快剪试验、快剪试验，以及砂土直剪试验，剪切速度标准均为 0.8 mm/min。

6) 中止试验
根据土样性质可以分为以下两种情况。
(1) 测力计读数出现峰值，再继续剪切至剪切位移为 4 mm 时停机，记下破坏值。
(2) 测力计读数无峰值时，继续剪切至剪切位移达到 6 mm 时停机。

7) 测定剪切后试验的含水量
(1) 剪切结束，吸掉剪切盒中的积水。
(2) 倒转手轮，移去剪切力和垂直压力，移去加压框架、钢珠、加压盖板等。
(3) 取出试样，需要时，测定试样剪切面附加土的含水量。

同一组试样施加不同的荷载，一般来说，第一个试样为 100 kPa；第二个试样为 200 kPa；第三个试样为 300 kPa；第四个试样为 400 kPa；如一个试样异常，则应补做一个试样。

3．试验成果

(1) 剪切位移 $\Delta l$。

$$\Delta l = \Delta l' n' - R \tag{3-7}$$

式中：$\Delta l$ ——剪切位移，0.01mm；

$\Delta l'$ ——手轮转一圈的位移，0.01mm；

$n'$ ——手轮转动的圈数；

$R$ ——测力计读数，0.01mm。

(2) 剪应力计算。

$$\tau = (CR/A_0) \times 10 \tag{3-8}$$

式中：$\tau$ ——剪应力，kPa；

$C$ ——测力计率定系数，$n/0.01$mm；

$A_0$ ——试样初始的面积，cm$^2$；

10——单位换算系数。

(3) 剪应力与剪切位移曲线。

分别以剪应力为纵坐标，剪切位移为横坐标，按比例绘制 $\tau$-$\Delta l$ 关系曲线，如图 3.6 所示。取峰值点或稳定值作为抗剪强度；若无明显峰值点时，则取剪切位移 $\Delta l$ =4 mm 所对应的剪应力作为抗剪强度。

(4) 垂直压力与抗剪强度曲线。

以垂直压力为横坐标，抗剪强度为纵坐标，绘制 $\tau$-$\sigma$ 曲线，如图 3.7 所示。竖向应力取 100 kPa、200 kPa、300 kPa、400 kPa 时，分别得到相应的抗剪强度，通常以一条直线拟合这 4 个点，称为抗剪强度曲线。此拟合直线在纵坐标轴上的截距即为黏聚力 $c$ (kPa)，而与横坐标轴的夹角即为内摩擦角 $\varphi$。

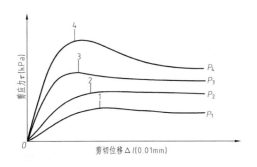
图 3.6　剪应力与剪切位移关系曲线

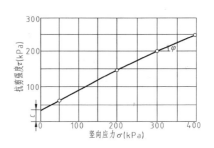
图 3.7　抗剪强度与垂直压力关系曲线

【**例 3.1**】 取某细粒土地基土样做直接剪切试验(慢剪法)，4 个试样分别施加竖向压力为 100kPa、200kPa、300kPa、400kPa，测得剪切破坏时相应的剪应力分别为 70kPa、116kPa、168kPa、211kPa。通过作图法求出土样的抗剪强度指标 $c$ 和 $\varphi$。

**解**　如图 3.8 所示，建立 $\tau$-$\sigma$ 坐标系，定出 4 个试样的竖向压力与剪切破坏时相应的剪应力的点，以直线拟合这 4 个点，得 $c$ = 21 kPa，$\varphi$ = 25°。直线为 $\tau = \sigma \tan 25° + 21$。

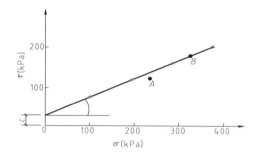

图 3.8　$\tau$-$\sigma$ 曲线

## 3.2.2　现场十字板剪切试验

十字板剪切试验适用于难以取样或试样在自重下不能保持原有形状的饱和软黏土。为了避免在取土、送土、保存与制备土样过程中扰动土样，而影响试验成果的可靠性，必须采用原位测试抗剪强度的方法。目前广泛采用十字板剪切试验。

**1. 试验装置**

(1) 十字板剪切仪：底部为两块正交的薄钢板，因横截面为十字形而得名，中部为钻杆，顶端为可旋转施加扭力矩的装置。

(2) 套管：其主要功能是防止软土流动，使轴杆周围无摩擦力。

音频 2.
试验装置

**2. 试验方法**

试验方法如下。

(1) 将套管打入需要试验的深度以上 750 mm，并清理套管内的残留土。

(2) 将装有十字板的钻杆放入钻孔底部，并压入孔底以下 750 mm，或套管直径的 3~5 倍以下的深度，应静止 2~3 min，方可开始试验。

(3) 通过安装在地面上的设备施加扭转力矩，使十字板按一定转速(1°/10s~2°/20s)转动手播柄，在测得峰值强度后，应继续测量记录 1 min。峰值强度或稳定值测试完后，连续顺时针转动 6 圈后，可测定重塑土的不排水抗剪强度。

**3. 成果整理**

剪切破坏面为十字板旋转所形成的圆柱体的侧面及上下面。显然，在上部施加的力矩与剪切面上抗剪强度产生的抗扭力矩平衡。

$$M_{max} = \pi DH \times \frac{D}{2}\tau_V + 2 \times \frac{\pi D^2}{4} \times \frac{D}{3}\tau_H \tag{3-9}$$

式中：$D$——十字板的直径；

　　　$H$——十字板的高度；

　　　$\tau_V$——剪切破坏时圆柱土体侧面土的抗剪强度；

　　　$\tau_H$——剪切破坏时圆柱土体上、下面土的抗剪强度。

为简化运算，令 $\tau_V = \tau_H$，十字板试验为不排水试验，取饱和黏土土体的内摩擦角 $\varphi = 0$，有

$$\tau_V = \tau_H = \frac{2M_{max}}{\pi D^2 \left(H + \dfrac{D}{3}\right)} \tag{3-10}$$

## 3.2.3 其他试验方法简介

### 1. 三轴剪切试验

三轴剪切试验所用的仪器为应变控制式三轴仪，简称三轴仪。其系统组成如图3.9所示。

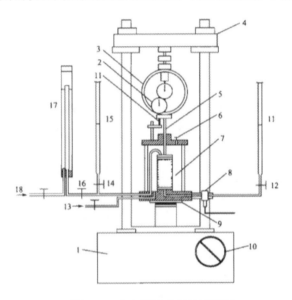

图 3.9 应变控制式三轴压缩仪

1—试验机；2—轴向位移计；3—轴向测力计；4—试验机横梁；5—活塞；6—排气孔；7—压力室；
8—孔隙压力传感器；9—升降台；10—手轮；11—排水管；12—排水管阀；13—周围压力；
14—排水管阀；15—量水管；16—体变管阀；17—体变管；18—反压力

试验的主要步骤为：将土样切成圆柱体套在橡胶膜内，避免压力室的水进入试样中。根据试验要求，将试样两端放置透水石或不透水板，然后放置在压力室的底座上，通过周围压力量测系统在试样的四周施加一个压力$\sigma_3$，并使压力在整个过程中保持不变，这时试件内三个主应力都相等，试样处于三向均匀受压状态，试样不产生切应力；然后在试样的轴向通过压力室顶部的活塞杆，在试样上施加一个轴向力$\Delta\sigma$，土样所承受的大主应力$\sigma_1 = \sigma_3 + \Delta\sigma$。逐级加载，直到试样最终发生剪切破坏。试样的排水条件可以由排水阀控制。试样的底部与孔隙水压力量测系统相连，可根据需要测定试验中试样的孔隙水压力。

根据$\sigma_1$和$\sigma_3$即可画出一个极限应力圆。同一种土制备3～4个试样，分别在每个试样上施加不同的周围压力$\sigma_3$，可以得到3～4个极限应力圆，作出这一组应力圆的公切线，即为土的抗剪强度线，如图3.10所示，根据抗剪强度线可以得到抗剪强度指标$c$和$\varphi$。

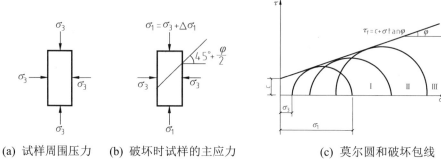

(a) 试样周围压力　　(b) 破坏时试样的主应力　　(c) 莫尔圆和破坏包线

图 3.10　三轴剪切原理

### 2. 无侧限抗压强度试验

应变控制式无侧限压缩仪如图 3.11 所示：应包括负荷传感器或测力计、加压框架及升降螺杆等。应根据土的软硬程度选用不同量程的负荷传感器或测力计；本试验运用到天平、秒表、厚 0.8cm 的铜垫板、卡尺、切土盘、直尺、削土刀、钢丝锯、薄塑料布、凡士林。

(1) 试样直径可为 3.5～4.0cm。试样高度宜为 8.0cm。

(2) 将试样两端抹一薄层凡士林，当气候干燥时，试样侧面亦需抹一薄层凡士林防止水分蒸发。

(3) 将试样放在下加压板上，升高下加压板，使试样与上加压板刚好接触。将轴向位移计的轴向测力读数均调至零位。

(4) 下加压板适宜以每分钟轴向应变为 1%～3% 的速度上升，使试验在 8～10min 内完成。

(5) 轴向应变小于 3% 时，每 0.5% 应变测记轴向力和位移读数 1 次；轴向应变达 3% 以后，每 1% 应变测记轴向位移和轴向力读数 1 次。

(6) 当轴向力的读数达到峰值或读数达到稳定时，应再进行 3%～5% 的轴向应变值即可停止试验；当读数无稳定值时，试验应进行到轴向应变达 20% 为止。

(7) 试验结束后，迅速下降下加压板，取下试样，描述破坏后形状，测量破坏面倾角。试样所受的轴向应力应按下式计算：

$$\sigma = \frac{CR}{A_n} \times 10 \tag{3-11}$$

式中：$\sigma$——轴向应力，kPa；

$C$——测力计率定系数，N/0.01mm；

$R$——测力计读数，0.01mm；

$A_a$——试样剪切时的面积，cm²。

以轴向应力为纵坐标，轴向应变为横坐标，绘制应力应变曲线，如图 3.12 所示。取曲线上的最大轴向应力作为无侧限抗压强度 $q_u$。当最大轴向应力不明显时，取轴向应变为 15% 对应的应力作为无侧限抗压强度 $q_u$。

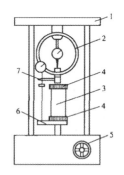 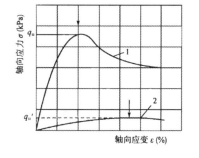

图 3.11 应变控制式无侧限抗压强度试验设备

1—轴向加压架；2—轴向测力计；3—试样；
4—传压板；5—手轮或电动转轮；6—升降板；
7—轴向位移计

图 3.12 轴向应力与轴向应变关系曲线

1—原状试样；2—重塑试样

## 3.3 抗剪强度指标

【本节思维导图】

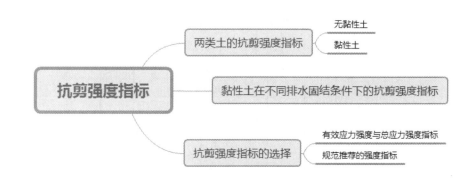

**带着问题学知识**

黏性土抗剪强度指标的试验方法有哪些？
有效应力强度的计算公式是什么？

### 3.3.1 两类土的抗剪强度指标

#### 1. 无黏性土

无黏性土的抗剪强度指标为内摩擦角。由于无黏性土粒径相对较大，黏聚力为零，所以其抗剪强度来源为内摩擦力，即土体颗粒之间的摩擦力，内摩擦力由作用于剪切面的法向压力 $\sigma$ 与土体的内摩擦系数 $\tan\varphi$ 组成，内摩擦力的数值为这两项的乘积。

音频 3.
无黏性土划分

### 2. 黏性土

黏性土的抗剪强度指标为内摩擦角和黏聚力。黏性土的抗剪强度包括内摩擦力和黏聚力两部分。黏性土的内摩擦力与无黏性土中的粉细砂相同，土体受剪切时，剪切面上下土颗粒相对移动，土粒表面相互摩擦产生阻力。黏性土的数值一般小于无黏性土。黏聚力是黏性土区别于无黏性土的特征，使黏性土的颗粒黏结在一起成为团粒结构，而非无黏性土单粒结构。黏聚力主要来源于分子间电荷吸引力和土中天然胶结物质的胶结力。

砂土与黏性土的 $c$、$\varphi$ 参考值如表 3.1 所示。

表 3.1 砂土与黏性土的 $c$、$\varphi$ 参考值

| 土的名称 | 塑限含水量(%) | 抗剪强度指标 (kPa)(°) | 孔隙比 0.41~0.50 饱和状态含水量 14.8~18.0 标准 | 计算 | 0.51~0.60 18.4~21.6 标准 | 计算 | 0.61~0.70 22.0~25.2 标准 | 计算 | 0.71~0.80 25.6~28.8 标准 | 计算 | 0.81~0.95 29.2~34.2 标准 | 计算 | 0.96~1.00 34.6~39.6 标准 | 计算 |
|---|---|---|---|---|---|---|---|---|---|---|---|---|---|---|
| 粗砂 | | $c$ / $\varphi$ | 2 / 43 | | 1 / 41 | | / 40 | | / 38 | | / 38 | | / 36 | |
| 中砂 | | $c$ / $\varphi$ | 3 / 40 | | / 38 | | 2 / 38 | | / 36 | | 1 / 35 | | / 33 | |
| 细砂 | | $c$ / $\varphi$ | 6 / 38 | | 1 / 36 | | 4 / 36 | | / 34 | | 2 / 32 | | / 30 | |
| 粉砂 | | $c$ / $\varphi$ | 8 / 36 | | 2 / 34 | | 6 / 34 | | / 32 | | 4 / 30 | | / 28 | |
| 黏性土 | <9.4 | $c$ / $\varphi$ | 10 / 30 | | 2 / 28 | | 7 / 28 | | 1 / 26 | | 5 / 27 | | 25 | |
| | 9.5~12.4 | $c$ / $\varphi$ | 12 / 25 | | 3 / 23 | | 8 / 24 | | 1 / 22 | | 6 / 23 | | 21 | |
| 黏性土 | 12.5~15.4 | $c$ / $\varphi$ | 24 / 24 | 14 / 22 | 21 / 23 | 7 / 21 | 14 / 22 | 4 / 20 | 7 / 21 | 2 / 19 | | | | |
| | 15.5~18.4 | $c$ / $\varphi$ | | | 50 / 22 | 19 / 20 | 25 / 21 | 11 / 19 | 19 / 20 | 8 / 18 | 11 / 19 | 4 / 17 | 8 / 18 | 2 / 16 |
| | 18.5~22.4 | $c$ / $\varphi$ | | | | | 68 / 20 | 28 / 18 | 34 / 19 | 19 / 17 | 28 / 18 | 10 / 16 | 19 / 17 | 6 / 15 |
| | 22.5~26.4 | $c$ / $\varphi$ | | | | | | | 82 / 18 | 36 / 16 | 41 / 17 | 25 / 15 | 36 / 16 | 12 / 14 |
| | 26.5~30.4 | $c$ / $\varphi$ | | | | | | | 94 / 16 | 40 / 14 | 47 / 15 | 22 / 13 | | |

## 3.3.2 黏性土在不同排水固结条件下的抗剪强度指标

由于只有作用在土粒骨架上的有效应力才能产生土的内摩擦强度，因此，如果土的抗剪强度试验的条件不同，将影响土中孔隙水是否排出与排出多少，这也是影响有效应力的

大小，使抗剪强度试验结果不同。

按照试样的固结排水情况，可以将三轴试验分为不固结不排水剪试验、固结不排水剪试验以及固结排水剪试验三种。

不固结不排水剪试验(UU)简称不排水剪。在整个试验过程中，排水阀始终关闭，不允许试样排水，试样的含水量不变，其剪切应变速率宜为 0.5%/min～1.0%/min。

固结不排水剪试验(CU)先施加周围压力$\sigma_3$，然后打开排水阀，使试样在$\sigma_3$作用下排水固结，待固结稳定，孔隙中水压力为零后，关闭排水阀，再施加轴向压力，直至试样破坏，剪切应变速率宜为 0.05%/min～0.10%/min，粉土剪切应变速率宜为 0.1%/min～0.5%/min；

固结排水剪试验(CD)简称排水剪。试验时先使试样在$\sigma_3$作用下排水固结稳定，再使试样在充分排水的情况下缓慢地受到轴向压力，直至剪切破坏，在剪切的过程中应打开排水阀，剪切速率宜为 0.003%/min～0.012%/min。

三轴剪切试验的优点主要有以下几个方面：首先，可以严格控制排水条件，准确测定试样在剪切过程中的孔隙水压力变化，明确土中有效应力的变化情况；其次，没有像直剪、十字板剪切一样人为地设定剪切面，同时土的应力状态明确；最后，三轴试验既可以获得抗剪强度指标，又可以获得侧压力系数、孔隙水压力系数等指标。

以上三种试验方法及适用范围如表 3.2 所示。

表 3.2　三轴压缩试验的试验方法及适用范围

| 试验方法 | 适用范围 |
| --- | --- |
| UU 试验 | 地基为透水性差的饱和黏性土或排水不良且建筑物施工速度快的情况。常用于施工期的强度与稳定验算 |
| CU 试验 | 建筑物竣工后较长时间，突遇荷载增大的情况，如房屋加层、天然土坡上堆载等 |
| CD 试验 | 地基的透水性较好(如砂土等低塑性土)和排水条件良好(如黏土层中夹有砂层)，而建筑物施工速度又较慢的情况 |

### 3.3.3　抗剪强度指标的选择

#### 1. 有效应力强度与总应力强度指标

库仑公式在研究土的抗剪强度与作用在剪切面上的法向应力的关系时，并没有涉及土的三相性。随着固结理论的发展，人们逐步认识到土体内的剪应力仅能由土的骨架承担，土的抗剪强度并不简单地取决于剪切面上的总法向应力，而取决于该面上的有效法向应力。土的有效应力强度表达式为

$$\tau_f = c' + (\sigma - u)\tan\varphi' = c' + \sigma'\tan\varphi' \tag{3-12}$$

式中：$c'$——土的有效黏聚力，kPa；

$\varphi'$——土的有效内摩擦角，°(度)；

$\sigma'$——作用在剪切面上的有效法向应力，kPa；

$u$——孔隙水压力，kPa。

土的抗剪强度有两种表达方法，一种是总应力法，另一种是有效应力法。土的 $c$ 和 $\varphi$ 统称为土的总应力强度指标，利用这些指标进行土体稳定分析称为总应力法；相对应地，$c'$

和 $\varphi$ 称为土的有效应力强度指标,而应用这些指标进行的土体稳定性分析称为有效应力法。

### 2. 规范推荐的强度指标

《建筑地基基础设计规范》(GB 50007—2011)规定:土的抗剪强度指标,可采用原状土室内剪切试验、无侧限抗压强度试验、现场剪切试验以及十字板剪切试验等方法测定。当采用室内剪切试验确定时,适宜选择三轴压缩试验的自重压力下预固结的不固结不排水试验。经过预压固结的地基可采用固结不排水试验。需要注意的是,每层土的试验数量不得少于六组。室内试验抗剪强度指标 $c_k$、$\varphi_k$ 标准值,可按本规范附录 E 确定。在验算坡体的稳定性时,对于已有剪切破裂面或其他软弱结构面的抗剪强度,应进行野外大型剪切试验。

《岩土工程勘察规范》(GB 50021—2001) (2009 年版)规定:对饱和黏性土,当加荷速率较快时,宜用三轴剪切试验的不固结不排水试验;对饱和软土则应在自重压力下预固结后再进行三轴剪切不固结不排水试验;对经过预压处理、排水条件较好的地基、加荷速率不高或加荷速率较快但土的固结程度较高的工程,则采用三轴剪切固结不排水试验;由于直接剪切试验操作简单,也可采用。

《建筑基坑支护技术规程》(JGJ 120—2012)规定:对地下水位以上的各类土,土压力计算、土的滑动稳定性验算时,对粘性土、粘质粉土时,土的抗剪强度指标应采用三轴固结不排水抗剪强度指标 $c_{cu}$、$\varphi_{cu}$ 或直剪固结快剪强度指标 $c_{cq}$、$\varphi_{cq}$,对砂质粉土、砂土、碎石土,土的抗剪强度指标应采用有效应力强度指标 $c'$、$\varphi'$。对地下水位以下的粘性土、粘质粉土,可采用土压力、水压力合算方法,土压力计算、土的滑动稳定性验算可采用总应力法。此时,对正常固结和超固结土,土的抗剪强度指标应采用三轴固结不排水抗剪强度指标 $c_{cu}$、$\varphi_{cu}$ 或直剪固结快剪强度指标 $c_{cq}$、$\varphi_{cq}$,对欠固结土,适宜采用有效自重压力下预固结的三轴不固结不排水抗剪强度指标 $c_{uu}$、$\varphi_{uu}$;对地下水位以下的砂质粉土、砂土及碎石土,应采用土压力和水压力分算方法,土压力计算和土的滑动稳定性验算应采用有效应力法。

## 3.4 地基承载力

**【本节思维导图】**

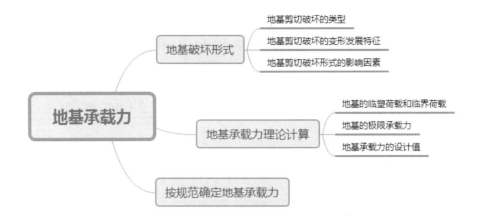

> **带着问题学知识**
>
> 地基剪切破坏的类型有哪些？
> 地基承载力的理论计算方式是什么？
> 地基承载力的设计值是什么？

## 3.4.1 地基破坏形式

### 1. 地基剪切破坏的类型

大量的工程实例表明，建筑地基在荷载的作用下经常由于承载力不足而产生剪切破坏，其破坏形式可以分为整体剪切破坏、局部剪切破坏和冲剪破坏三种。

扩展资源 3.
地基剪切
破坏的类型

### 2. 地基剪切破坏的变形发展特征

整体剪切破坏时的荷载和压缩变形的关系曲线即 $p$-$S$ 曲线，由图 3.13 地基的破坏形式可以看出，其破坏分为三个阶段：①荷载较小时，基底压力 $p$ 与沉降 $S$ 大致成直线关系(OA)，属于线性变形阶段，相应于 $A$ 点的荷载称为临塑荷载，用 $p_{cr}$ 表示；②当荷载增加到一定数值时，基础边缘处土体开始发生剪切破坏，随着荷载的增加，剪切破坏区(或塑性变形区)逐渐扩大，土体开始向周围挤出，$p$-$S$ 曲线不再保持为直线(AB)，这时属于弹塑性变形(或剪切)阶段，相应于 $B$ 点的荷载称为极限荷载，用 $p_u$ 表示；③如果荷载继续增加，剪切破坏区也不断扩大，最终在地基中形成一个连续的滑动面，基础急剧下沉或向一侧倾斜，同时土体被挤出，基础四周地面隆起，地基发生整体剪切破坏，$p$-$S$ 曲线陡直下降，该阶段称为完全破坏阶段。

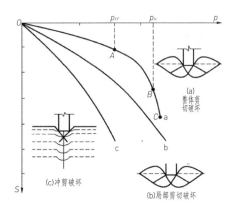

图 3.13 地基的破坏形式

冲剪破坏一般发生于基础刚度较大而地基土又十分软弱的情况，比如在松砂或软土地基中。在荷载的作用下，基础发生破坏时的形态经常是沿基础边缘的垂直剪切破坏，这时就好像基础"切入"土中。其特征表现为三方面：①基础发生垂直剪切破坏，地基内部不形成连续的滑动面；②地基两侧土体不是隆起，而是随地基的"切入"微微下沉；③ $p$-$S$ 曲线无明显拐点，无法确定。

#### 3. 地基剪切破坏形式的影响因素

地基究竟会发生何种形式的破坏，主要取决于两方面因素：一方面为土的压缩性，通常而言，密实砂土和坚硬的黏土将发生整体剪切破坏，而松散的砂土或软黏土可能会出现局部剪切或冲剪破坏。另一方面取决于基础埋深及加载速率，基础埋深浅，加载速率小，地基往往发生整体剪切破坏；基础埋深较大，加载速率较大时，地基往往发生局部剪切破坏。

从以上描述也可以看出，地基整体剪切破坏的控制指标是地基土的强度，局部剪切破坏的控制指标是以变形为主，冲剪破坏的控制指标则是变形。

### 3.4.2 地基承载力的理论计算

#### 1. 地基的临塑荷载和临界荷载

地基的临塑荷载是指在外部荷载的作用下，地基中刚刚开始产生塑性变形(即局部剪切破坏)时基础底面单位面积上所承受的荷载，即图 3.13 所示 $p$-$S$ 曲线 a 中 $A$ 点对应的荷载。

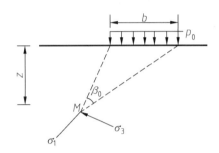

图 3.14 条形均布荷载 $p_0$ 作用在地表

假设在地表作用一均匀布置图的条形荷载 $p_0$，如图 3.14 所示，在地表以下任一点 $M$ 处将产生附加应力，其大、小主应力分别为

$$\sigma_1 = \frac{p_0}{\pi}(\beta_0 + \sin\beta_0) \tag{3-13}$$

$$\sigma_3 = \frac{p_0}{\pi}(\beta_0 - \sin\beta_0) \tag{3-14}$$

式中：$p_0$——均布条形荷载集度，kPa；

$\beta_0$——任一点 $M$ 到均布条形荷载两端点的夹角(弧度)，°(度)。

假设基础埋置深度为 $d$ (见图 3.15)，这时地基中任一点的应力除了由基底附加压力 $p_0 = p - \gamma_0 d$ 产生外，还有土的自重压力 $\gamma_0 d + \gamma z$。我们近似地认为，土处于极限平衡状态与固体处于塑性状态时一样，即假设各向的土自重应力都相等。那地基中任一点的应力可以写成

$$\sigma_1 = \frac{p - \gamma_0 d}{\pi}(\beta_0 + \sin\beta_0) + \gamma_0 d + \gamma z \tag{3-15a}$$

$$\sigma_3 = \frac{p - \gamma_0 d}{\pi}(\beta_0 - \sin\beta_0) + \gamma_0 d + \gamma z \tag{3-15b}$$

当 $M$ 点达到极限平衡状态时，该点的大、小主应力应满足极限平衡条件，即

$$\sin\varphi = \frac{\sigma_1 - \sigma_3}{\sigma_1 + \sigma_3 + 2c \cdot \cot\varphi} \tag{3-16}$$

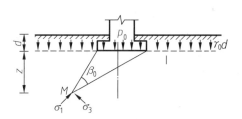

图 3.15 条形基础有埋深时(基底上、下土的容重分别为 $\gamma_0$、$\gamma$)

整理得

$$z = \frac{p - \gamma_0 d}{\pi \gamma}\left(\frac{\sin\beta_0}{\sin\varphi} - \beta_0\right) - \frac{c}{\gamma\tan\varphi} - \frac{\gamma_0}{\gamma}d \tag{3-17}$$

公式(3-17)是塑性区的临界方程,表示塑性区边界上任一点的 $z$ 与 $\beta_0$ 间的关系。如果基础的埋置深度 $d$、基底荷载 $p$ 以及基底以上土的 $\gamma_0$、基底以下土的 $\gamma$、$c$、$\varphi$ 为已知,根据公式(3-17)可以绘出塑性区的边界线。条形基础底面边缘的塑性区如图 3.16 所示。

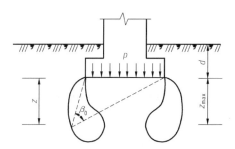

图 3.16 条形基础底面边缘的塑性区

塑性区的最大深度 $z_{\max}$,可由 $\dfrac{\mathrm{d}z}{\mathrm{d}\beta_0} = 0$ 求出。

$$\frac{\mathrm{d}z}{\mathrm{d}\beta_0} = \frac{p - \gamma_0 d}{\pi\gamma}\left(\frac{\cos\beta_0}{\sin\varphi} - 1\right) = 0$$

故 $\cos\beta_0 = \sin\varphi$

即 $\beta_0 = \dfrac{\pi}{2} - \varphi$

所以

$$z_{\max} = \frac{p - \gamma_0 d}{\pi\gamma}\left[\cot\varphi - \left(\frac{\pi}{2} - \varphi\right)\right] - \frac{c}{\gamma\tan\varphi} - \frac{\gamma_0}{\gamma}d \tag{3-18}$$

当荷载 $p$ 增大时,塑性区发展,该区的最大深度也随之增大;如果 $z_{\max}=0$,表示地基内部将会出现但尚未出现塑性区,与此相对应的荷载 $p$ 为临塑荷载 $p_{\mathrm{cr}}$,临塑荷载表达式如下:

$$p_{\mathrm{cr}} = \frac{\pi(\gamma_0 d + c\cot\varphi)}{\cot\varphi + \varphi - \dfrac{\pi}{2}} + \gamma_0 d \tag{3-19}$$

式中:$\gamma_0$——基底以上土的重度,地下水位以下取浮重度,$\mathrm{kN/m^3}$;

$\varphi$——基底以下土的内摩擦角(弧度)。

$d$——基础埋置深度,m;

$\gamma$——地基土的重度，地下水位以下用有效重度，kN/m³；

$c$——地基土的黏聚力，kPa；

事实上，即使地基发生局部剪切破坏，地基中塑性区有所发展，但只要不超过一定限度，就不会影响建筑物的安全和正常使用。一般来说，在中心垂直荷载作用下，塑性区的最大发展深度 $z_{max}=b/4$($b$ 为条形基础的宽度)，在偏心荷载作用下，允许 $z_{max}=b/3$，分别对应临界荷载 $p_{\frac{1}{4}}$、$p_{\frac{1}{3}}$，则

$$p_{\frac{1}{4}} = \frac{\pi\left(\gamma_0 d + c\cot\varphi + \frac{1}{4}\gamma b\right)}{\cot\varphi + \varphi - \frac{\pi}{2}} + \gamma_0 d \tag{3-20}$$

$$p_{\frac{1}{3}} = \frac{\pi\left(\gamma_0 d + c\cot\varphi + \frac{1}{3}\gamma b\right)}{\cot\varphi + \varphi - \frac{\pi}{2}} + \gamma_0 d \tag{3-21}$$

这是需要指出的是，以上公式是在均布条形荷载的情况下导出的，若用于矩形和圆形基础，则计算结果偏于安全。

**2. 地基的极限承载力**

地基的极限承载力是指地基即将破坏时作用在基底的压力。计算极限承载力的公式很多，但是它们都是根据土体发生整体剪切破坏情况下导出的。其求解途径主要有两类：一类是根据土体的极限平衡，利用已知的边界条件求解，这种方法理论上较为严密，但是在运算过程过于复杂；另一类是根据模型试验，先假设出在极限荷载作用时，土中滑动面的形状，然后根据滑动土体的静力学平衡条件求解极限荷载，此类方法被采用得较多。

1) 太沙基公式

太沙基假定基础底面是粗糙的，基底与土之间的摩阻力阻止了基底处剪切位移的发生，所以此时直接在基底以下的土不发生破坏而处于弹性平衡状态，根据基底下土楔体的静力学平衡条件可以导出太沙基极限承载力计算公式：

$$p_u = cN_c + qN_q + \frac{1}{2}\gamma b N_\gamma \tag{3-22}$$

式中：$q$——基底以上基础两侧的荷载，kPa，$q = \gamma_0 d$；

$b$、$d$——基底的宽度、基础埋置深度，m；

$N_c$、$N_q$、$N_\gamma$——承载力系数(无量纲)，仅与内摩擦角有关，可根据 $\varphi$ 由图 3.17 所示的实线查得；$N_q$、$N_c$ 也可由式(3-23a)、式(3-23b)计算。

$$N_q = [\tan(45° + 0.5\varphi)]^2 \exp(\pi\tan\varphi) \tag{3-23a}$$

$$N_c = (N_q - 1)\cot\varphi \tag{3-23b}$$

式(3-22)适用于条形荷载下的整体剪切破坏(坚硬黏土和密实砂土)。对于局部剪切破坏(软黏土和粗砂)，太沙基建议采用经验的方法修正抗剪强度指标 $c$ 和 $\varphi$，即以 $c' = 2c/3$，$\varphi' = \arctan(2/3\tan\varphi)$，故有

$$p_u = \frac{2}{3}cN'_c + qN'_q + \frac{1}{2}\gamma b N'_\gamma \qquad (3\text{-}24)$$

式中：$N'_c$、$N'_q$ 和 $N'_\gamma$ ——相应于局部破坏的承载力系数，可由图3.17所示的虚线查得。

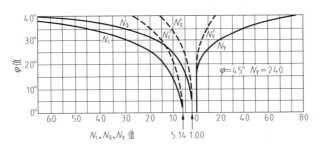

图 3.17 承载力系数值

对于方形和圆形基础，太沙基建议采用经验系数进行修正，具体如下。
方形基础(宽度为 $b$)：

$$p_u = 1.2cN_c + qN_q + 0.4\gamma b N_\gamma \qquad (3\text{-}25)$$

圆形基础(半径为 $R$)：

$$p_u = 1.2cN_c + qN_q + 0.6\gamma R N_\gamma \qquad (3\text{-}26)$$

矩形基础为 $b \times l$，可用条形基础的 $b/l=0$，与分形基础的 $b/l=1$ 进行差值求得。

2) 汉森公式

汉森公式是个半经验公式，汉森建议，对于均质地基、基底完全光滑的情况，在中心倾斜荷载作用下，地基的竖向极限承载力按下式计算：

$$p_u = cN_c S_c d_c i_c g_c b_c + qN_q S_q d_q i_q g_q b_q + \frac{1}{2}\gamma b N_\gamma S_\gamma i_\gamma g_\gamma b_\gamma \qquad (3\text{-}27)$$

式中：$S_c$、$S_q$、$S_\gamma$ ——基础的形状系数；
$i_c$、$i_q$、$i_\gamma$ ——荷载的倾斜系数；
$d_c$、$d_q$ ——基础的深度系数；
$g_c$、$g_q$、$g_\gamma$ ——地面的倾斜系数；
$b_c$、$b_q$、$b_\gamma$ ——基底倾斜系数；
$N_\gamma = 1.5(N_q - 1)\tan\varphi$；其余符号同前。

### 3. 地基承载力的设计值

根据理论公式计算出的极限承载力是在地基处于极限平衡时的数值，显然实际设计时要以一定的安全函数将极限承载力加以折减。安全系数一般可取 2~3，但不得小于 2。汉森公式安全系数见表 3.3。

表 3.3 汉森公式安全系数

| 土或荷载情况 | 安全系数 |
| --- | --- |
| 无黏性土 | 2.0 |
| 黏性土 | 3.0 |
| 瞬时荷载(风、地震及相当的活载) | 2.0 |
| 静荷载或长时间的活荷载 | 2 或 3 |

显然，地基承载力的设计值=极限承载力/安全系数。

### 3.4.3 按规范确定地基承载力

《建筑地基基础设计规范》(GB 50007—2011)规定，当偏心距 $e$ 小于或等于 0.033 倍基础底面宽度时，根据土的抗剪强度指标确定地基承载力特征值，可按下式计算：

$$f_a = M_b \gamma b + M_d \gamma_m d + M_c c_k \tag{3-28}$$

式中：$f_a$——由土的抗剪强度指标确定的地基承载力特征值，kPa；

$M_b$、$M_d$、$M_c$——承载力系数，按表 3.4 确定；

$b$——基础底面宽度，m，大于 6 m 时，按 6 m 取值，对于砂土小于 3 m 时，按 3 m 取值；

$c_k$——基底下一倍短边宽的深度内土的黏聚力标准值，kPa；

$\gamma$、$\gamma_m$——基础底面以下、以上土的加权平均重度，kN/m³，地下水位以下取浮重度；

$d$——基础埋置深度，m，宜自室外地面标高算起。在填方整平地区，可自填土地面标高算起，但填土在上部结构施工后完成时，应从天然地面标高算起。对于地下室，如采用箱形基础或筏基时，基础埋置深度自室外地面标高算起；当采用独立基础或条形基础时，应从室内地面标高算起。

表 3.4 承载力系数 $M_b$、$M_d$、$M_c$

| 土的内摩擦角标准值 $\varphi_k$(°) | $M_b$ | $M_d$ | $M_c$ | 土的内摩擦角标准值 $\varphi_k$(°) | $M_b$ | $M_d$ | $M_c$ |
| --- | --- | --- | --- | --- | --- | --- | --- |
| 0 | 0 | 1.00 | 3.14 | 22 | 0.61 | 3.44 | 6.04 |
| 2 | 0.03 | 1.12 | 3.32 | 24 | 0.80 | 3.87 | 6.45 |
| 4 | 0.06 | 1.25 | 3.51 | 26 | 1.10 | 4.37 | 6.90 |
| 6 | 0.10 | 1.39 | 3.71 | 28 | 1.40 | 4.93 | 7.40 |
| 8 | 0.14 | 1.55 | 3.93 | 30 | 1.90 | 5.59 | 7.95 |
| 10 | 0.18 | 1.73 | 4.17 | 32 | 2.60 | 6.35 | 8.55 |
| 12 | 0.23 | 1.94 | 4.42 | 34 | 3.40 | 7.21 | 9.22 |
| 14 | 0.29 | 2.17 | 4.69 | 36 | 4.20 | 8.25 | 9.97 |
| 16 | 0.36 | 2.43 | 5.00 | 38 | 5.00 | 9.44 | 10.80 |
| 18 | 0.43 | 2.72 | 5.31 | 40 | 5.80 | 10.84 | 11.73 |
| 20 | 0.51 | 3.06 | 5.66 | | | | |

注：$\varphi_k$——基底下一倍短边宽的深度内土的内摩擦角标准值。

## 思考题与习题

【思考题】

1. 土的抗剪强度与其他建筑材料，比如与钢材、混凝土的强度比较，有何特点？同一种土，当其矿物成分、颗粒级配及密度、含水量完全相同时，这种土的抗剪强度是否为一定值？为什么？

2. 土的抗剪强度指标是如何确定的？简述直接剪切试验的原理，其具有操作简单方便的优点，是否可应用在各类工程中？

3. 简述三轴剪切试验的原理。三轴剪切试验有哪些优点？其适用在什么范围？

4. 十字板剪切试验有何优点？适用于什么条件？试验结果如何计算？

5. 为什么土的颗粒越粗，其内摩擦角越大？相对应土的颗粒越细，其黏聚力越大吗？

6. 试阐述土体在荷载作用下，处于极限平衡的概念。

7. 在外部荷载作用下，是否是切向应力最大的平面首先发生剪切破坏？在通常情况下，剪切破坏面与大主应力之间的夹角是多少？

8. 什么是地基的临塑荷载？要如何区分地基的临塑荷载与临界荷载？

9. 什么是地基的极限荷载？常用的理论计算公式有哪些？影响极限荷载的因素有哪些？地基的极限荷载能否作为地基承载力？理论计算得到的地基的极限荷载如何应用于工程设计？

10. 建筑物的地基发生破坏的形式有哪些？各破坏类型发生的条件是什么？如何防止地基发生强度破坏？

【习题】

1. 某建筑物地基取砂土试样进行直剪试验，当法向压力为 200 kPa 时，测得砂样破坏的抗剪强度 $\tau_f$ = 93 kPa。求：①此砂土的内摩擦角 $\varphi$；②破坏时的最大主应力与最小主应力；③最大主应力与剪切面的夹角。(答案：25°；346 kPa，141 kPa；32.5°)

2. 某建筑地基取原状土进行直剪试验，4 个试样的法向压力分别是 100 kPa、200 kPa、300 kPa、400 kPa，测得试样破坏时相应的抗剪强度 $\tau_f$ = 51 kPa、88 kPa、124 kPa、161 kPa。用作图法求此土的抗剪强度指标。(答案：$c$ = 15 kPa，$\varphi$ = 20°)

3. 根据《建筑地基基础设计规范》(GB 50007—2011)，按强度指标计算例 3.3 中地基承载力特征值 $f_a$。(答案：203.7 kPa；提示：根据表 3.4，按插值确定 $M_b$、$M_d$、$M_c$)

第 3 章
课后习题答案

# 第4章 土压力与土坡稳定分析

扩展图片

> **学习目标**
>
> (1) 掌握静止、主动和被动土压力的概念及形成条件。
> (2) 掌握用朗肯土压力理论计算土压力的方法。
> (3) 熟悉用库仑土压力理论计算土压力的方法。
> (4) 熟悉挡土墙的类型、构造和设计,掌握重力式挡土墙稳定性的分析方法。
> (5) 熟悉土坡稳定的概念,掌握简单土坡稳定性的分析方法。

> **教学要求**

| 章节知识 | 掌握程度 | 相关知识点 |
| --- | --- | --- |
| 概述 | 了解挡土墙基础知识 | 挡土墙结构构造 |
| 土压力的类型和土压力的比较 | 熟悉土压力的类型与土压力的比较 | 土压力各类型之间的联系 |
| 土压力的计算 | 掌握土压力的各个计算方法 | 库仑土压力计算方法 |
| 挡土墙的设计 | 熟悉挡土墙的设计 | 挡土墙的分类及稳定性分析 |
| 土坡稳定性分析 | 了解土坡稳定分析 | 加强土坡稳定的措施 |

> **课程思政**
>
> 在本章通过学习土体受力分析的原理,引导学生更深入地理解和尊重自然规律。土体受力是地球自然界中普遍存在的现象,而学习土压力与土坡稳定分析,让学生能够了解土地的受力状态和土体力学性质。这样的学习过程可以让学生更加意识到大自然的伟大和复杂性,并从中汲取到一种敬畏和谦虚的态度。

> **案例导入**
>
> 在某市城建工程中,需要进行一座边坡的设计与施工。边坡的高度、坡度和土体条件是设计与施工中需要考虑的重要因素。为了确保边坡的稳定性,工程师需要了解土压力的作用以及其对边坡稳定性的影响。所以基于本案例,让学生们学会应用土压力和土坡稳定的分析方法,对实际工程问题进行具体分析和解决。

# 第4章 土压力与土坡稳定分析

【本章思维导图(概要)】

## 4.1 挡土墙与土坡稳定性概述

【本节思维导图】

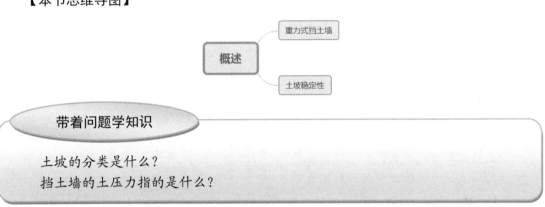

> 带着问题学知识
>
> 土坡的分类是什么？
> 挡土墙的土压力指的是什么？

挡土墙是防止土体坍塌或作为贮藏粒状材料的构筑物，在工程建设领域得到广泛应用，例如，房屋建筑铁路工程、公路桥梁工程以及水利工程，如图 4.1 所示。挡土墙的土压力是指挡土墙后的填土因自重或外荷载作用对墙背产生的侧向压力。挡土墙的土压力计算很复杂，它与挡土墙后土体的性质、挡土墙的形状和位移方向、地基土质等有关。

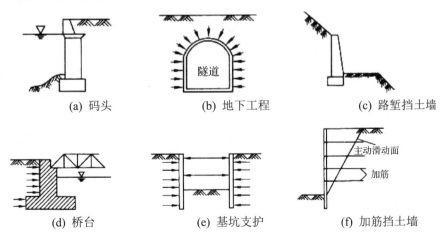

图 4.1　挡土墙的工程应用

土坡可分为天然土坡和人工土坡，由于某些外界不利因素，土坡可能发生局部土体滑动而失去其稳定性，土坡的坍塌经常造成严重的工程事故，并危及到人们的人身安全。因此，须验算边坡的稳定性以及采取适当的工程措施。挡土墙的土压力计算和土坡稳定分析都是建立在土的强度理论基础上的。本章主要用朗肯和库仑土压力理论计算土压力的方法，来简要介绍重力式挡土墙和土坡稳定性的分析方法。

## 4.2 土压力的类型和土压力的比较

【本节思维导图】

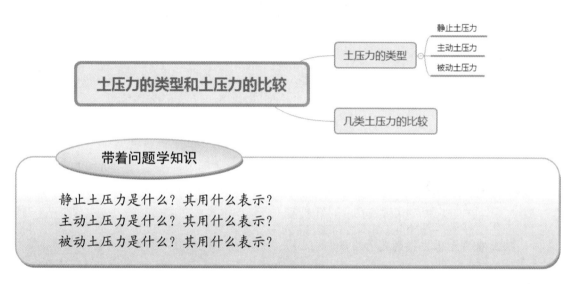

### 4.2.1 土压力的类型

1. 静止土压力

当挡土墙静止不动，在土压力作用下不向任何方向发生移动或转动，墙后土体处于静止状态(即弹性平衡状态)，则此时作用在墙背上的土压力称为静止土压力，以 $E_0$ 表示，如图 4.2(a)所示。

音频 1.
静止土压力的
特点及作用

2. 主动土压力

当挡土墙向离开墙后土体方向移动或转动，墙后土压力逐渐减小，当位移达到一定值时，墙后土体即将出现滑裂面(即墙后土体处于主动极限平衡状态)，则此时作用在墙背上的土压力称为主动土压力，以 $E_a$ 表示，如图 4.2(b)所示。需注意，所有土压力中，主动土压力小。

3. 被动土压力

当挡土墙在外荷载作用下，向靠近墙后土体方向移动或转动，墙挤压土体，墙后土压力逐渐增大，当位移达到一定值时，墙后土体开始上隆(即墙后土体处于被动极限平衡状态)，则此时作用在墙背上的土压力称为被动土压力，以 $E_p$ 表示，如图 4.2(c)所示。在所有土压力中，被动土压力最大。

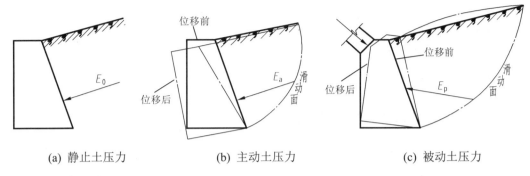

图 4.2 挡土墙的三种土压力

## 4.2.2 几类土压力的比较

在相同条件下，产生被动土压力所需要的位移量 $\Delta\delta_p$ 比产生主动土压力所需要的位移量 $\Delta\delta_a$ 要大得多。一般来说，$\Delta\delta_a$ 为 0.001～0.005 倍的挡土墙墙高，$\Delta\delta_p$ 为 0.01～0.1 倍的挡土墙墙高。

扩展资源 1.
三类土压力的比较

通过理论分析与挡土墙的模型试验表明：对同一挡土墙，在墙后土体的物理力学性质相同的条件下，主动土压力小于静止土压力，而静止土压力小于被动土压力，即 $E_a < E_0 < E_p$。

# 4.3 土压力的计算

【本节思维导图】

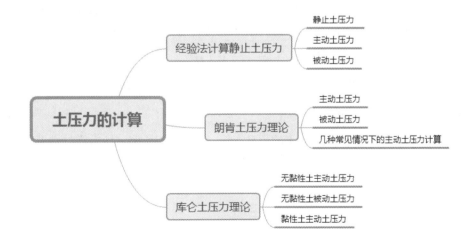

> **带着问题学知识**
>
> 经验法计算静止土压力的方法有哪些？
> 朗肯土压力理论是什么？
> 库仑土压力理论是什么？

## 4.3.1 经验法计算静止土压力

修筑在坚硬地基上的重力式挡土墙，往往墙体静止不动，墙背面填土处于弹性平衡状态。当墙后填土表面水平时，填土表面下任意深度 $z$ 处的竖直方向的土压力(见图 4.3)等于该点土的自重应力，即 $\sigma_z = \gamma z$。该点处的静止土压力(侧向土压力) $\sigma_0$ 与竖向土压力 $\sigma_z$ 成正比，即

$$\sigma_0 = \sigma_x = K_0 \sigma_z = K_0 \gamma z \tag{4-1}$$

式中：$\sigma_0$——填土面以下深度处的静止土压力，kPa；

$K_0$——静止土压力系数，可按表 4.1 提供的经验值酌定，《建筑边坡工程技术规范》(GB 50330—2013)规定砂土取 0.34～0.45，黏性土取 0.5～0.7；

$\gamma$——墙后填土的重度，kN/m³；

$z$——计算点在填土下面的深度，m。

表 4.1 $K_0$ 的经验值

| 土的种类及状态 | $K_0$ | 土的种类及状态 | $K_0$ | 土的种类及状态 | $K_0$ |
|---|---|---|---|---|---|
| 碎石土 | 0.18～0.25 | 粉质黏土：坚硬状态 | 0.33 | 黏土：坚硬状态 | 0.33 |
| 砂土 | 0.25～0.33 | 可塑状态 | 0.43 | 可塑状态 | 0.53 |
| 粉土 | 0.33 | 软塑状态 | 0.53 | 软塑状态 | 0.72 |

由式(4-1)可分析出，静止土压力 $\sigma_0$ 沿墙高呈三角形分布。若取单位挡土墙长度为计算单元，则整个墙背上作用的土压力 $E_0$ 应为土压力强度分布图形面积：

$$E_0 = \frac{1}{2} K_0 \gamma H^2 \tag{4-2}$$

式中：$E_0$——单位墙长的静止土压力，kN/m；

$H$——挡土墙墙高，m。

静止土压力 $E_0$ 的作用点在距墙底的 $\frac{1}{3}H$ 处，方向指向墙背，且始终与墙背面垂直，即三角形的形心处。

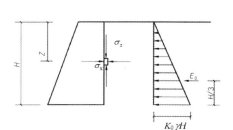

图 4.3　静止土压力分布图

## 4.3.2　朗肯土压力理论

朗肯土压力理论是英国科学家朗肯(W. J. M. Rankine，1820—1872)于 1857 年根据半空间的应力状态和土体极限平衡理论建立的，即将土中某一点的极限平衡条件应用到挡土墙的土压力计算中，其基本假设为以下三种。

(1) 挡土墙背垂直。
(2) 墙后填土表面是水平的。
(3) 挡土墙背面光滑，即不考虑墙与土之间的摩擦力。

当挡土墙没有位移时，墙后土体处于弹性平衡状态。当挡土墙发生离开土体或趋向土体的位移并发展到一定程度时，土体将达到极限平衡状态。根据土的强度理论，土体某点达到极限平衡状态时，大小主应力 $\sigma_1$ 和 $\sigma_3$ 应满足以下关系式。

黏性土：
$$\sigma_1 = \sigma_3 \tan^2\left(45° + \frac{\varphi}{2}\right) + 2c\tan\left(45° + \frac{\varphi}{2}\right) \tag{4-3}$$

$$\sigma_3 = \sigma_1 \tan^2\left(45° - \frac{\varphi}{2}\right) - 2c\tan\left(45° - \frac{\varphi}{2}\right) \tag{4-4}$$

无黏性土：
$$\sigma_1 = \sigma_3 \tan^2\left(45° + \frac{\varphi}{2}\right) \tag{4-5}$$

$$\sigma_3 = \sigma_1 \tan^2\left(45° - \frac{\varphi}{2}\right) \tag{4-6}$$

### 1. 主动土压力

当挡土墙发生离开土体的位移时，墙后填土逐渐变松，相当于土体侧向伸长而使侧向压力 $\sigma_x$ 逐渐减少。当土中某点达到极限平衡条件时，$\sigma_x$ 为最小值，此时 $\sigma_x = \sigma_3$ 为最小主应力，$\sigma_z = \sigma_1$ 为最大主应力。

墙后填土任一深度 $z$ 处的竖向应力 $\sigma_z = \gamma z$，水平方向应力 $\sigma_x = \sigma_a$，即为朗肯主动土压力 $\sigma_a$，如图 4.4 所示。

由式(4-4)、式(4-6)得以下关系式。

黏性土：
$$\sigma_a = \gamma z \tan^2\left(45° - \frac{\varphi}{2}\right) - 2c\tan\left(45° - \frac{\varphi}{2}\right) \tag{4-7}$$

无黏性土：
$$\sigma_a = \gamma z \tan^2\left(45° - \frac{\varphi}{2}\right) \tag{4-8}$$

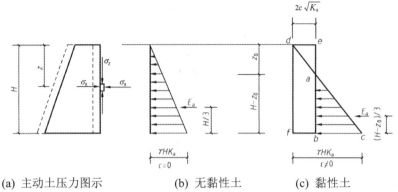

(a) 主动土压力图示　　　(b) 无黏性土　　　(c) 黏性土

图 4.4　朗肯主动土压力强度分布图

令 $K_a = \tan^2\left(45° - \dfrac{\varphi}{2}\right)$，则式(4-7)、式(4-8)变为以下形式。

黏性土：
$$\sigma_a = \gamma z K_a - 2c\sqrt{K_a} \tag{4-9}$$

无黏性土：
$$\sigma_a = \gamma z K_a \tag{4-10}$$

式中：$\sigma_a$——主动土压力，kPa；

$K_a$——主动土压力系数，$K_a = \tan^2\left(45° - \dfrac{\varphi}{2}\right)$；

$\varphi$——填土的内摩擦角，°(度)；

$c$——填土的黏聚力，kPa。

黏性土的主动土压力包括两部分：一部分是由土的自重引起的正的土压力 $\gamma z K_a$，另一部分是由土体黏聚力引起的负的土压力 $2c\sqrt{K_a}$。这两部分土压力叠加的结果如图 4.4(c)所示，图中△ade 部分为负的土压力。由于挡土墙表面光滑，土体对墙面产生的拉力将使土脱离墙体，所以在计算土压力时，该部分应省略不计，而黏性土的土压力分布实际上仅是△abc 部分。a 点离填土表面的深度 $z_0$ 称为临界深度，在填土面无荷载的条件下，可令式(4-9)中的 $\sigma_a$ 为零来计算 $z_0$，即 $\gamma z K_a - 2c\sqrt{K_a} = 0$。故临界深度为

$$z_0 = \dfrac{2c}{\gamma\sqrt{K_a}} \tag{4-11}$$

如图 4.4(b)、(c)所示，若取单位墙体长度计算，则主动土压力的合力 $E_a$ 为

黏性土：
$$E_a = \varphi_c\left[\dfrac{1}{2}(H-z_0)(\gamma H K_a - 2c\sqrt{K_a})\right]$$
$$= \varphi_c\left(\dfrac{1}{2}\gamma H^2 K_a - 2cH\sqrt{K_a} + \dfrac{2C^2}{\gamma}\right) \tag{4-12}$$

合力作用点在离墙底 $\dfrac{H-z_0}{3}$ 处。

无黏性土：
$$E_a = \varphi_c \dfrac{1}{2}\gamma H^2 K_a \tag{4-13}$$

合力作用点在离墙底 $H/3$ 处。

式中，$\varphi_c$ 为主动土压力增大系数，按《建筑地基基础设计规范》(GB 50007—2011)，土坡高度小于 5 m 时，取 1.0；土坡高度为 5~8 m 时，取 1.1；土坡高度大于 8 m 时，取 1.2。按《建筑基坑支护技术规程》(JGJ 120—2012)、《建筑边坡工程技术规范》(GB 50330—2013)，则统一取为 1.0。

### 2. 被动土压力

当挡土墙发生趋向墙后土体的位移并发展到一定程度时，墙后一定范围内填土达到被动极限平衡状态，此时土体对墙体的侧向土压力称为被动土压力。分析墙后任一深度处的微元体时，与主动土压力相反，水平方向土压力相当于大主应力 $\sigma_1$，即被动土压力 $\sigma_p = \sigma_1$，而竖直方向应力相当于小主应力 $\sigma_3$，即 $\sigma_x = \sigma_3$，如图 4.5(a)所示。由式(4-3)、式(4-5)得

黏性土： $$\sigma_p = \gamma z \tan^2\left(45° + \frac{\varphi}{2}\right) + 2c\tan\left(45° + \frac{\varphi}{2}\right) \quad (4\text{-}14)$$

无黏性土： $$\sigma_p = \gamma z \tan^2\left(45° + \frac{\varphi}{2}\right) \quad (4\text{-}15)$$

令 $K_p = \tan^2\left(45° + \frac{\varphi}{2}\right)$，则式(4-14)、式(4-15)变为

黏性土： $$\sigma_p = \gamma z K_p + 2c\sqrt{K_p} \quad (4\text{-}16)$$

无黏性土： $$\sigma_p = \gamma z K_p \quad (4\text{-}17)$$

式中：$\sigma_p$——被动土压力，kPa；

$K_p$——被动土压力系数，$K_p = \tan^2\left(45° + \frac{\varphi}{2}\right)$。

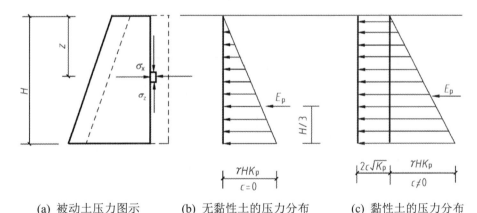

(a) 被动土压力图示　　(b) 无黏性土的压力分布　　(c) 黏性土的压力分布

图 4.5　朗肯被动土压力强度分布图

被动土压力分布如图 4.5(b)、(c)所示，其合力为

黏性土： $$E_p = \frac{1}{2}\gamma H^2 K_p + 2cH\sqrt{K_p} \quad (4\text{-}18)$$

无黏性土： $$E_p = \frac{1}{2}\gamma H^2 K_p \quad (4\text{-}19)$$

无黏性土的被动土压力合力作用点距墙底 $H/3$，方向垂直于挡土墙背面。黏性土的被动

土压力合力作用点在梯形的形心处，方向也垂直于挡土墙背面。

**3. 几种常见情况下的主动土压力计算**

1) 填土面有均布荷载

当挡土墙后填土面上有连续均布荷载 $q$ 时，我们先假设填土为无黏性土，实际相当于在填土表面就存在土的竖向自重应力 $q$，所以填土表面 $a$ 点侧向土压力为 $qK_a$，挡土墙 $b$ 处土压力为 $qK_a + \gamma H K_a$。土压力的分布呈梯形，合力作用点在梯形形心。压力分布图如图 4.6 所示，实际的土压力分布为梯形 abcd 部分，土压力作用点在梯形的重心。

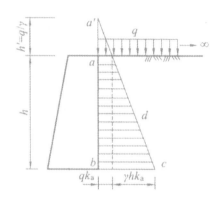

图 4.6 无黏性填土面有均布荷载的土压力计算

2) 墙后填土分层

如图 4.7 所示，当墙后填土有几种不同种类的水平土层时，第一层土压力按照均质土计算。计算第二层土压力时，将上层土按重度换算成与第二层土相同的当量土层计算，当量土层厚度 $H_1' = H_1 \gamma_1 / \gamma_2$，以下各层也同样计算。

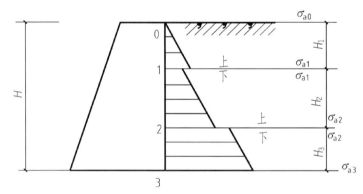

$\sigma_{a0} = 0$，$\sigma_{a1上} = \gamma_1 H_1 K_{a1}$，$\sigma_{a1下} = \gamma_1 H_1 K_{a2}$，$\sigma_{a2上} = (\gamma_1 H_1 + \gamma_2 H_2) K_{a2}$，
$\sigma_{a2下} = (\gamma_1 H_1 + \gamma_2 H_2) K_{a3}$，$\sigma_{a3} = (\gamma_1 H_1 + \gamma_2 H_2 + \gamma_3 H_3) K_{a3}$

图 4.7 成层无黏性填土的土压力计算

3) 墙后填土有地下水

当墙后填土中出现地下水时，土体抗剪强度会降低，这时墙背所受的总压力由土压力与水压力共同组成。如图 4.7 所示在计算土压力时，假定地下水位以上、以下土体的 $\varphi$、$c$

均不变,地下水位以上的土体取天然重度,地下水位以下的土体取有效重度进行计算。对于墙后填土为砂质粉土、砂土、碎石土等无黏性土,其土压力、水压力的分布如图4.8所示,其土压力分布为 $abdec$,水压力分布为 $cef$,得出总水压力 $E_w=\gamma_w H_w$。墙底土压力(强度)=$(\gamma H_1+\gamma' H_2)K_a$,墙底水压力(强度)=$\gamma_w H_2$。

将上述三种特殊情况推广到黏性土中,结论同样成立,只需将 $\sigma_a=\gamma z K_a-2c\sqrt{K_a}$ 代入计算过程即可。

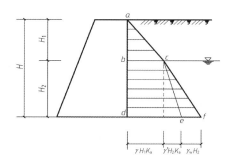

图4.8 无黏性填土中有地下水的土压力计算

但是对于第三种情况,即墙后填土有地下水时,若图4.8中的墙后填土为黏性土,国内现行规范一般认为,墙后填土地下水位以下的土压力和水压力宜合算,即地下水位以下土体宜取总容重,假设地下水位以上、以下土的 $\varphi$、$c$ 均不变,则图4.8中的墙底水土总压力(强度)为 $\gamma H_1 K_a+\gamma_{sat}H_2 K_a-2c\sqrt{K_a}$。

## 4.3.3 库仑土压力理论

库仑土压力理论是由库仑(C.A.Coulomb)于1773年建立的,其基本假设如下。
(1) 挡土墙是刚性的,墙后填土是理想的散粒体,即黏聚力 $c=0$。
(2) 当墙身向前或向后移动以产生主动土压力或被动土压力时的滑动楔体是沿着墙背和一个通过墙踵的平面发生滑动。
(3) 滑动土楔体可视为刚体。

库仑土压力理论是根据墙后滑动楔体处于极限平衡状态的静力平衡条件来求得主动土压力的。

**1. 无黏性土主动土压力**

如图4.9所示,设挡土墙高为 $H$,墙后填土为无黏性土($c=0$),填土表面与水平面的夹角为 $\beta$;土对挡土墙墙背的摩擦角为 $\delta$。挡土墙在土压力作用下将向远离土体的方向平移或转动,这时土体处于极限平衡状态,墙后土体形成滑动土楔体,如图4.9(a)所示,以土楔体 $ABC$ 为研究对象,其重力为 $G$,主动土压力为 $E_a$($AB$ 面上有正压力及向上的摩擦力所引起的合力 $E_a$,且在法线以下),土体之间摩擦力为 $R$($AC$ 面上有正压力及向上的摩擦力所引起的合力 $R$,且在法线以下)。土楔体 $ABC$ 在 $G$、$R$、$E_a$ 三个力的作用下处于静力平衡状态,如图4.9(b)所示。对于封闭矢量三角形并根据正弦定律可得出:

$$E_a = G \frac{\sin(\theta - \varphi)}{\sin(\theta + \alpha - \varphi - \delta)} \tag{4-20}$$

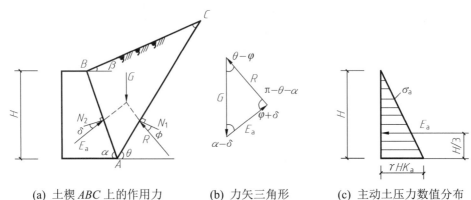

(a) 土楔 ABC 上的作用力　　(b) 力矢三角形　　(c) 主动土压力数值分布

图 4.9　库仑主动土压力计算图

从式(4-20)可知，不同的 $\theta$ 可求出不同的 $E_a$，即 $E_a$ 是滑裂面倾角 $\theta$ 的函数。而土楔体处于极限平衡状态时，主动土压力 $E_a$ 为最大值 $E_{a\max}$。由 $dE_a/d\theta = 0$ 可求出 $E_{a\max}$ 相应的 $\theta$ 角。将求出的滑裂角 $\theta$ 和重力 $G = \gamma V_{ABC}$ 代入式(4-20)，即可求出主动土压力计算公式：

$$E_a = \frac{1}{2}\gamma H^2 \frac{\sin^2(\alpha + \varphi)}{\sin^2\alpha \sin(\alpha - \delta)\left[1 + \sqrt{\frac{\sin(\varphi + \delta)\sin(\varphi - \beta)}{\sin(\alpha - \delta)\sin(\alpha + \beta)}}\right]^2} \times \varphi_c \tag{4-21}$$

$$K_a = \frac{\sin^2(\alpha + \varphi)}{\sin^2\alpha \sin(\alpha - \delta)\left[1 + \sqrt{\frac{\sin(\varphi + \delta)\sin(\varphi - \beta)}{\sin(\alpha - \delta)\sin(\alpha + \beta)}}\right]^2} \tag{4-22}$$

式中：$K_a$——库仑主动土压力系数，按式(4-22)确定可得；

$\alpha$——墙背与水平面的夹角，°(度)；

$\beta$——墙后填土面的倾角，°(度)；

$\delta$——填土对挡土墙的摩擦角，°(度)，可查表 4.2 确定；

$\varphi_c$——主动土压力增大系数。

表 4.2　土对挡土墙墙背的摩擦角 $\delta$

| 挡土墙情况 | 摩擦角 $\delta$ |
| --- | --- |
| 墙背平滑，排水不良 | $(0 \sim 0.33)\varphi$ |
| 墙背粗糙，排水良好 | $(0.33 \sim 0.5)\varphi$ |
| 墙背很粗糙，排水良好 | $(0.5 \sim 0.67)\varphi$ |
| 墙背与填土间不可能滑动 | $(0.67 \sim 1.0)\varphi$ |

当墙背垂直($\alpha = 90°$)，光滑($\delta = 0$)，填土面水平($\beta = 0$)时，式(4-21)变为 $E_a = \frac{1}{2}\gamma H^2$

$\tan^2\left(45°-\dfrac{\varphi}{2}\right)$，此时，$K_a = \tan^2\left(45°-\dfrac{\varphi}{2}\right)$，由此可见在此条件下库仑理论公式和朗肯理论公式相同。

### 2. 无黏性土被动土压力

如图 4.10 所示，设挡土墙高为 $H$，墙后填土为无黏性土($c = 0$)，填土表面与水平面的夹角为 $\beta$；土对挡土墙墙背的摩擦角为 $\delta$。挡土墙在外部荷载作用下将向着土体的方向平移或转动，当土体处于极限平衡状态时，墙后土体形成滑动土楔体。

音频2.
无黏性土
被动土压力

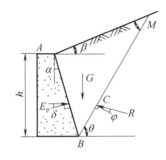  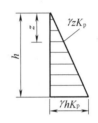

(a) 土楔体 $ABC$ 上的作用力　　(b) 力矢三角形　　(c) 被动土压力分布

图 4.10　库仑被动土压力计算图

按求主动土压力 $E_a$ 同样的方法可求得被动土压力的库仑公式为

$$E_p = \dfrac{1}{2}\gamma H^2 \dfrac{\sin^2(\alpha-\varphi)}{\sin^2\alpha\sin(\alpha+\delta)\left[1-\sqrt{\dfrac{\sin(\varphi+\delta)\sin(\varphi+\beta)}{\sin(\alpha+\delta)\sin(\alpha+\beta)}}\right]^2} \tag{4-23}$$

$$K_p = \dfrac{\sin^2(\alpha-\varphi)}{\sin^2\alpha\sin(\alpha+\delta)\left[1-\sqrt{\dfrac{\sin(\varphi+\delta)\sin(\varphi+\beta)}{\sin(\alpha+\delta)\sin(\alpha+\beta)}}\right]^2} \tag{4-24}$$

式中：$K_p$——库仑被动土压力系数；其他符号含义同前。

当墙背垂直($\alpha = 90°$)，光滑($\delta = 0$)，填土面水平($\beta = 0$)时，式(4-23)变为 $E_p = \dfrac{1}{2}\gamma H^2 \tan^2\left(45°+\dfrac{\varphi}{2}\right)$，此时，$K_p = \tan^2\left(45°+\dfrac{\varphi}{2}\right)$，由此可见在此条件下库仑理论公式和朗肯理论公式相同。

### 3. 黏性土主动土压力

对于黏性土，考虑黏聚力转化为等效内摩擦角，《建筑地基基础设计规范》(GB 50007—2011)、《建筑边坡工程技术规范》(GB 50330—2013)给出了统一的库仑主动土压力系数：

$$K_a = \frac{\sin(\alpha+\beta)}{\sin^2\alpha\sin^2(\alpha+\beta-\varphi-\delta)}\{K_q[\sin(\alpha+\beta)\sin(\alpha-\delta)$$
$$+\sin(\varphi+\delta)\sin(\varphi-\beta)]+2\eta\sin\alpha\cos\varphi\cos(\alpha+\beta-\varphi-\delta)$$
$$-2[(K_q\sin(\alpha+\beta)\sin(\varphi-\beta)+\eta\sin\alpha\cos\varphi)$$
$$(K_q\sin(\alpha-\delta)\sin(\varphi+\delta)+\eta\sin\alpha\cos\varphi)]^{1/2}\}$$

$$K_q = 1 + \frac{2q}{\gamma h}\frac{\sin\alpha\cos\beta}{\sin(\alpha+\beta)}$$

$$\eta = \frac{2c}{\gamma h}$$

式中：$E_a$——相应于荷载标准组合的主动土压力合力，kN/m；

$K_a$——主动土压力系数；

$H$——挡土墙高度，m；

$\gamma$——土体重度，kN/m³；

$c$——土的黏聚力，kPa；

$\varphi$——土的内摩擦角，°(度)；

$q$——地表均布荷载标准值，kN/m²；

$\delta$——土对挡土墙墙背的摩擦角，°(度)；

$\beta$——填土表面与水平面的夹角，°(度)；

$\alpha$——支挡结构墙背与水平面的夹角，°(度)。

## 4.4 挡土墙的设计

【本节思维导图】

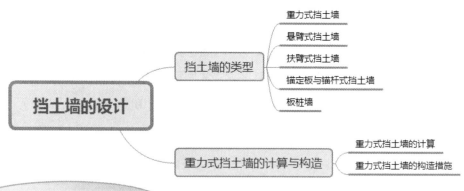

【带着问题学知识】

挡土墙都的类型有哪些？
重力式挡土墙的计算方法是什么？
挡土墙排水措施是什么？

## 4.4.1 挡土墙的类型

重力式挡土墙

**1. 重力式挡土墙**

重力式挡土墙如图 4.11(a)所示，当采用重力式挡土墙时土质边坡高度不宜大于 10m，岩质边坡高度不适宜大于 12m；对变形有严格要求或开挖土石方可能危及边坡稳定的边坡不适宜采用重力式挡土墙，开挖土石方危及相邻建筑物安全的边坡不应采用重力式挡土墙。重力式挡土墙类型应根据使用要求、地形、地质及施工条件等综合考虑确定，对岩质边坡和挖方形成的土质边坡可以优先采用仰斜式挡土墙，高度较大的土质边坡适合采用衡重式或仰斜式挡土墙。

(a) 重力式挡土墙　(b) 悬臂式挡土墙　(c) 扶臂式挡土墙　(d) 锚杆、锚定板式挡土墙　(e) 板桩墙

图 4.11 挡土墙的主要类型

重力式挡土墙依墙背倾斜情况可分为仰斜式挡土墙、俯斜式挡土墙、直立式挡土墙等类型，如图 4.12 所示。

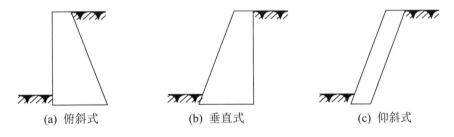

(a) 俯斜式　(b) 垂直式　(c) 仰斜式

图 4.12 重力式挡土墙的主要类型

**2. 悬臂式挡土墙**

悬臂式挡土墙一般用钢筋混凝土建造，它由直立壁、墙趾悬臂和墙踵悬臂组成。悬臂式挡土墙的墙体稳定主要由墙踵悬臂上的土重维持，墙体内部拉应力由钢筋承受。由于钢筋混凝土的受力特性被充分利用，故此类挡土墙的墙身截面尺寸小，常用在地基土质较差的市政工程及贮料仓库中。悬臂式挡土墙如图 4.11(b)所示，一般墙高 $H \leqslant 6m$。

**3. 扶臂式挡土墙**

当墙高较大，产生的弯矩与挠度均较大时，为了增加悬臂的抗弯刚度，可在悬臂式挡土墙的墙长方向每隔$(0.8 \sim 1)H$处设置一道扶臂，故称为扶臂式挡土墙，如图 4.11(c)所示。

墙体稳定主要由扶臂间填土的土重维持,多用于较重要的大型土建工程。扶臂式挡土墙一般墙高 $H\leqslant10\mathrm{m}$。

#### 4. 锚定板与锚杆式挡土墙

锚定板挡土墙是由预制的钢筋混凝土面板立柱、钢拉杆及埋入土中的锚定板组成,挡土墙的稳定性由拉杆和锚定板保证。锚杆式挡土墙则由伸入岩层的锚杆承受土压力的挡土结构,如图 4.11(d)所示。这两种结构有时联合使用。一般墙高 $H\leqslant15\mathrm{m}$,特别适合于地基承载力不大的地区。但太原至焦作铁路线的稍远段修建了高达 27m 的锚杆、锚定板挡土墙。

#### 5. 板桩墙

板桩墙是深基坑开挖的一种临时性支护结构,由钢板桩或预制钢筋混凝土桩组成。为了改善板桩墙受力性能,可在板桩墙上加设支撑。板桩墙如图 4.11(e)所示。

### 4.4.2 重力式挡土墙的计算与构造

#### 1. 重力式挡土墙的计算

重力式挡土墙的设计与计算,主要应验算挡土墙自身的强度,地基承载力与变形,挡土墙的抗滑移、抗倾覆稳定性,以及挡土墙的整体滑动稳定性等项目。挡土墙自身强度验算,应符合《砌体结构设计规范》(GB 50003—2011)或《混凝土结构设计规范》(GB 50010—2010)的要求。地基承载力与变形验算,应符合《建筑地基基础设计规范》(GB 50007—2011)有关承载力计算的要求,但其基底合力偏心距不应大于 1/4 倍的基础底面宽度。

下面主要进行挡土墙的稳定性验算。

1) 重力式挡土墙抗滑移稳定性验算

如图 4.13 所示,将土压力 $E_a$ 及墙重力 $G$ 均分解成平行及垂直于基底的两个分力($E_{at}$、$E_{an}$ 及 $G_t$、$G_n$)。分力($E_{at} - G_t$)使墙沿基底平面滑移,$E_{an}$ 和 $G_n$ 产生摩擦力抵抗滑移,抗滑移稳定性应按下式验算:

$$F_s = \frac{(G_n + E_{an})\mu}{E_{at} - G_t} \geqslant 1.3 \tag{4-25}$$

$$G_n = G\cos\alpha_0$$
$$G_t = G\sin\alpha_0$$
$$E_{an} = E_a\cos(\alpha - \alpha_0 - \delta)$$
$$E_{at} = E_a\sin(\alpha - \alpha_0 - \delta)$$

式中:$E_a$——每延米主动岩土压力合力,kN/m;

$F_s$——挡墙抗滑移稳定系数;

$G$——挡土墙每延米的自重,kN/m;

$\alpha_0$——挡土墙基底的倾角,°(度);

$\alpha$——挡土墙墙背的倾角,°(度);

$\delta$——墙背与岩石的摩擦角;

$\mu$——挡墙底与地基岩土体的摩擦系数,由试验确定,也可按表 4.3 选用。

2) 倾覆稳定性验算

如图 4.14 所示,在土压力作用下墙将绕墙趾 $O$ 点向外转动而失稳。将 $E_a$ 分解成水平及垂直两个分力。水平分力 $E_{ax}$ 使墙发生倾覆;垂直分力 $E_{az}$ 使墙重力 $G$ 抵抗倾覆。抗倾覆稳定性应按下式验算:

$$F_t = \frac{Gx_0 + E_{az}x_f}{E_{ax}z_f} \geqslant 1.6 \tag{4-26}$$

$$E_{ax} = E_a \sin(\alpha - \delta)$$

$$E_{az} = E_a \cos(\alpha - \delta)$$

$$x_f = b - z\cot\alpha$$

$$z_f = z - b\tan\alpha_0$$

式中:$F_t$——挡墙抗倾覆稳定系数;
　　　$z$——岩土压力作用点到墙踵的竖直距离,m;
　　　$x_0$——挡土墙中心离墙趾的水平距离,m;
　　　$b$——基底的水平投影宽度,m;
　　　$\alpha_0$——挡土墙基底的倾角;
　　　$\alpha$——挡土墙墙背的倾角;
　　　$G$——挡土墙每延米的自重。

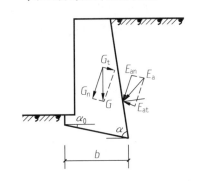

图 4.13　挡土墙抗滑移稳定性验算示意

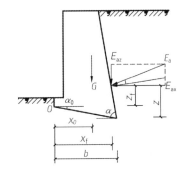

图 4.14　挡土墙抗倾覆稳定验算示意

表 4.3　岩土与挡墙底面的摩擦系数 $\mu$

| 土的类别 | | 摩擦系数 $\mu$ |
|---|---|---|
| 黏土 | 可塑 | 0.20～0.25 |
| | 硬塑 | 0.25～0.30 |
| | 坚硬 | 0.30～0.40 |
| 粉土 | | 0.25～0.35 |
| 中砂、粗砂、砾砂 | | 0.35～0.40 |
| 碎石土 | | 0.40～0.50 |
| 极软岩、软岩、较软岩 | | 0.40～0.60 |
| 表面粗糙的坚硬岩、较硬岩 | | 0.65～0.75 |

3) 重力式挡土墙整体稳定性验算

重力式挡土墙的整体稳定性验算，是一项非常重要的验算工序，特别是仰斜式挡土墙出现整体稳定性破坏的概率较高。挡土墙整体的稳定性验算，通常是按照圆弧滑动面采用条分法进行的，要求稳定安全系数应大于 1.10，抗倾覆稳定性不应小于 1.30。

需要注意的是，在设计重力式挡土墙时，一般是先根据荷载大小、地基土工程地质条件、填土的性质以及建筑材料等条件凭经验初步拟定截面尺寸(底宽取挡土墙高度的 0.5～0.7 倍，顶宽大于 0.5m)，然后逐项进行验算。当不满足时，则修改截面尺寸或采取其他措施。

## 2．重力式挡土墙的构造措施

(1) 重力式挡土墙适用于高度小于 8m、地层稳定且土质较好、开挖土石方时不会危及相邻建筑物安全的地段。

(2) 重力式挡土墙的基底可做成逆坡；对于土质地基，基底逆坡坡度不宜大于 1∶10；对于岩质地基，基底逆坡坡度不宜大于 1∶5。

(3) 重力式挡土墙应每间隔 10～20m 设置一道伸缩缝。当地基有变化时宜加设沉降缝。在挡土结构的拐角处，应采取加强的构造措施。

(4) 重力式挡墙的基础埋置深度，应根据地基稳定性、地基承载力、冻结深度、水流冲刷情况以及岩石风化程度等因素确定。在土质地基中，基础最小埋置深度不宜小于 0.50 m，在岩质地基中，基础最小埋置深度不宜小于 0.30 m。基础埋置深度应从坡脚排水沟底算起。受水流冲刷时，基础埋置深度应从预计冲刷底面算起。

(5) 重力式挡土墙的排水措施。挡土墙的排水措施至关重要，当墙高 $H>12$ m 时，可在墙的中部布置泄水孔，其做法是在挡土墙墙面上按纵横两个方向，每间隔 2～3 m 设置一个泄水孔，泄水孔直径一般为 5～10 cm。在排水过程中为了防止墙背填土的土颗粒流失和堵塞泄水孔，可在墙后泄水孔所在位置设置易渗的粗粒材料作反滤层，并在泄水孔入口下方铺设黏土夯实层，防止积水渗入地基影响墙的稳定性。挡墙土前面最好做散水、排水沟或黏土夯实隔水层，避免墙前水渗入地基，如图 4.15 所示。

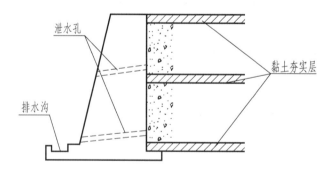

图 4.15 挡土墙排水措施

(6) 块石或条石挡土墙的墙顶宽度不宜小于 400mm，毛石混凝土、素混凝土挡土墙的墙顶宽度不宜小于 200mm。

## 4.5 土坡稳定分析

【本节思维导图】

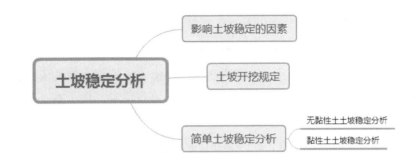

带着问题学知识

影响土坡的稳定都有哪些因素？
土质边坡在山坡整体稳定的条件下，开挖有什么规定？
黏性土土坡稳定性分析是什么？

扩展资源 2.
土坡稳定的
加强措施

### 4.5.1 影响土坡稳定的因素

土坡包括天然的山坡和由于平整场地或开挖基坑而形成的人工土坡。在建筑工程中，由于开挖土方或填方常会形成土坡。由于土坡表面倾斜，在岩土体自重及其他外力作用下，整个岩土体都具有从高处向低处滑动的趋势。如果土坡太陡，很容易发生塌方或滑坡；如果土坡太平缓，则又会增加许多土方施工量，或超出建筑界线。故边坡稳定在建筑工程中也是一个非常重要和实际的问题。本节简单介绍边坡稳定的影响因素和分析方法等问题。

土坡的滑动一般是指边坡在一定范围内整体地沿某一滑动面向下滑动和向外滑动从而丧失稳定性。影响土坡稳定的主要因素如下。

(1) 边坡作用力发生变化。例如在天然坡顶堆放材料或建造建筑物使坡顶受到荷载，或因打桩、车辆行驶、爆破以及地震等引起振动而改变原有的平衡状态。

(2) 土体抗剪强度降低。例如受雨、雪等自然天气的影响，土中含水量或孔隙水压力增加，有效应力降低，导致土体抗剪强度降低，抗滑力减小。此外，饱和粉细砂的振动液化等，也会导致使土体抗剪强度急剧下降。

(3) 水压力的作用。如雨水、地表水流入边坡中的竖向裂缝，将对边坡产生侧向压力；侵入坡体的水还将对滑动面起到润滑作用，使抗滑力进一步降低。另外，若地下水丰富，地下水将向低处渗流，对边坡土体产生动水力。动水力对土体稳定极为不利。

(4) 施工不合理。对坡脚的不合理开挖或超挖,将使坡体的被动抗力减少。这种现象在平整场地过程中经常遇到。

故边坡失稳,将会影响工程的顺利进行和施工安全,对相邻建筑物构成威胁,甚至危及施工人员的生命安全。

### 4.5.2 土坡开挖规定

在山坡整体稳定的条件下,土质边坡的开挖应符合下列规定。

(1) 在山坡整体稳定的条件下,边坡的坡度允许值,应根据当地的实践经验,参照同类土层的稳定坡度确定。当土质良好且均匀、无不良地质现象,地下水不丰富时,边坡坡度允许值可按表 4.4 确定。

表 4.4 土质边坡坡度允许值

| 土的类别 | 密实度或状态 | 坡度允许值(高宽比) | |
|---|---|---|---|
| | | 坡高在 5m 以内 | 坡高 5~10m |
| 碎石土 | 密实 | 1:0.35~1:0.50 | 1:0.50~1:0.75 |
| | 中密 | 1:0.50~1:0.75 | 1:0.75~1:1.00 |
| | 稍密 | 1:0.75~1:1.00 | 1:1.00~1:1.25 |
| 黏性土 | 坚硬 | 1:0.75~1:1.00 | 1:1.00~1:1.25 |
| | 硬塑 | 1:1.00~1:1.25 | 1:1.25~1:1.50 |

注:① 表中碎石土的充填物为坚硬或硬塑状态的黏性土。
② 对于充填物为砂土的碎石土,其边坡坡度允许值均按自然休止角确定。

(2) 土质边坡开挖时,应采取排水措施,边坡的顶部应设置截水沟。在任何情况下,都不允许在坡脚及坡面上积水。

(3) 边坡开挖时,应由上往下开挖,依次进行。弃土应分散处理,不得将弃土堆置在坡顶及坡面上。当必须在坡顶或坡面上设置弃土转运站时,应进行坡体稳定性验算,严格控制堆积的土方量。

扩展资源 3.
土坡开挖
边坡防护

(4) 边坡开挖后,应立即对边坡进行防护处理。

### 4.5.3 简单土坡稳定分析

简单土坡是指土坡的坡度不变、坡顶面水平、坡体土质均匀且无地下水。比较复杂的土坡稳定分析可根据简单土坡稳定分析进行引申。

#### 1. 无黏性土土坡稳定分析

如图 4.16 所示的无黏性土土坡,坡角为 $\beta$,土的内摩擦角为 $\varphi$,由于是无黏性土土坡,因此土的黏聚力 $c=0$,现取坡面上重力为 $W$ 的土颗粒,将重力 $W$ 在垂直和平行于坡面方向进行分解,得到下滑力 $T$ 和压力 $N$,即

$$N = W\cos\beta, \quad T = W\sin\beta \tag{4-27}$$

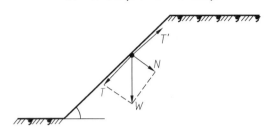

图 4.16 无黏性土坡的稳定性 $\beta$ 分析图

而土颗粒所受到的摩擦力 $T' = N\tan\varphi = W\cos\beta\tan\varphi$

下滑力和摩擦力的比值用稳定安全系数 $F_s$ 来表示:

$$F_s = \frac{T'}{T} = \frac{W\cos\beta\tan\varphi}{W\sin\beta} = \frac{\tan\varphi}{\tan\beta} \tag{4-28}$$

由式(4-28)可知,当 $\beta = \varphi$ 时,$F_s = 1$,此时土坡处于极限平衡状态。无黏性土土坡是否稳定仅取决于坡角,只要 $\beta \leq \varphi$,土坡就稳定。为了保证土坡有足够的安全储备,可取 $F_s = 1.1 \sim 1.5$。

## 2. 黏性土土坡稳定分析

均质黏性土土坡发生滑坡时,其滑动面形状一般为近似圆弧的曲面。黏性土土坡稳定分析的方法通常采用圆弧滑动法。瑞典的彼得森(K. E. Petterson)于 1915 年采用圆弧滑动法分析了边坡的稳定性,被称为整体圆弧滑动法(也称瑞典圆弧法)。

如图 4.17 所示,表示一个均质的黏性土土坡,它可能沿圆弧面 $AC$ 滑动。土坡失去稳定就是因为滑动土体绕圆心 $O$ 发生转动。将滑动土体竖直分成若干个土条,然后把土条看成是刚体,分别求出作用于各个土条上的力对圆心的滑动力矩和抗滑力矩,进而得到土坡的稳定性。

$i$ 土条切向力: $\quad T_i = W_i \sin\beta_i \tag{4-29}$

$i$ 土条法向力: $\quad N_i = W_i \cos\beta_i \tag{4-30}$

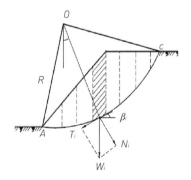

图 4.17 黏性土土坡的稳定性分析

各土条对圆心的滑动力矩为 $\sum_{i=1}^{n} T_i R$，各土条对圆心的抗滑力矩由两部分组成：由黏聚力 $c$ 产生的抗滑力矩 $\sum_{i=1}^{n} c \Delta l_i R$；由 $N_i$ 引起的摩擦力对圆心的抗滑力矩 $\sum_{i=1}^{n} T_i' R = \sum_{i=1}^{n} N_i R \tan \varphi$。这时，黏性土土坡的稳定安全系数 $F_S$ 为

$$F_S = \frac{\sum_{i=1}^{n} W_i \cos \beta_i \tan \varphi + \sum_{i=1}^{n} c \Delta l_i}{\sum_{i=1}^{n} W_i \sin \beta_i} \tag{4-31}$$

式中：$\varphi$——土的内摩擦角，°(度)；

$\beta_i$——土条弧面的切线与水平线的夹角，°(度)；

$c$——土的黏聚力标准值，kPa；

$\Delta l_i$——土条的弧面长度，m；

$W_i$——土条自重，kN；

$n$——土条个数。

变换弧心位置，可绘出不同的圆弧滑动面及相应的稳定安全系数 $F_S$，其中 $F_{S\min}$ 所对应的滑动面即为最危险的圆弧滑动面。《建筑边坡工程技术规范》(GB 50330—2013)规定永久边坡在一般工况下取 $F_S$ =1.25～1.35。条分法实际上是一种试算法，由于计算工作量大，一般由计算机完成。

# 思考题与习题

【思考题】

1. 土压力有哪些种类？各种土压力产生的条件是什么？试比较在相同条件下三种土压力的大小。
2. 比较朗肯土压力理论和库仑土压力理论的基本假设和适用条件。
3. 当填土表面有均布荷载、成层填土和地下水时，土压力应如何计算？
4. 挡土墙主要有哪些类型？各类型有何适用性？
5. 重力式挡土墙的截面尺寸如何确定？要进行哪些验算？
6. 无黏性土土坡和黏性土土坡稳定的条件是什么？
7. 影响土坡稳定的因素有哪些？
8. 挡土墙后填土质量有何要求？

【习题】

1. 已知一挡土墙高 $H = 6$ m。墙背光滑垂直，墙后填土面水平。黏性填土的物理力学指标为：$\gamma = 18$ kN/m，$c = 12$ kPa，$\varphi = 18°$。试按库仑理论和《建筑地基基础设计规范》(GB 50007—2011)，求主动土压力合力及其作用点位置，并绘出主动土压力分布图(答案：$E_a$= 90.75 kN/m；合力作用点距离墙底 1.39 m。提示：主动土压力增大系数为 1.1)。

2. 有一挡土墙高 $H = 5$ m，墙背光滑垂直，墙后填土面水平并有均布荷载 $q = 20$ kN/m²，墙后土质均匀，$\gamma = 18$ kN/m³，$c = 12$ kPa，$\varphi = 20°$，试按库仑理论和《建筑地基基础设计规范》(GB 50007—2011)，求主动土压力合力 $E_a$ 及其作用点(答案：$E_a = 85.9$ kN/m；合力作用点距离墙底 1.4m。提示：主动土压力增大系数为 1.1)。

第 4 章
课后习题答案

# 第 5 章 浅基础设计与施工

扩展图片

### 学习目标

(1) 了解地基基础的设计等级、内容,设计所需资料,设计步骤。
(2) 掌握基础方面荷载效应组合规定。
(3) 掌握浅基础类型。
(4) 掌握基础埋置深度的选择。
(5) 熟练掌握基础底面尺寸的确定及软弱下卧层的计算。
(6) 熟练掌握无筋扩展基础设计。

### 教学要求

| 章节知识 | 掌握程度 | 相关知识点 |
| --- | --- | --- |
| 概述 | 了解浅地基的分类 | 地基的其他分类方式 |
| 基础埋置深度选择 | 熟悉地基埋置深度的选择 | 地基埋置深度的计算 |
| 地基计算 | 掌握地基计算的方法 | 地基承载力计算方法 |
| 基础底面尺寸设计 | 熟悉基础地面尺寸设计 | 基础地面尺寸设计方法 |
| 无筋扩展基础设计 | 掌握无筋扩展基础设计 | 无筋扩展基础尺寸计算 |
| 扩展基础设计 | 掌握扩展基础设计的构造及计算 | 扩展基础的适用范围 |
| 天然地基上浅基础的施工 | 了解天然地基上浅基础的施工 | 毛石基础的设计计算 |

### 课程思政

在这门课程中,学生将接触到不同的建筑材料和工程技术,同时也面临着各种问题和挑战。通过解决实际工程问题的过程,学生将被激发出挑战传统观念、勇于创新的精神。他们将学会在有限的资源和时间下寻找创新解决方案,为解决工程问题带来新的思路和方法。这种创新精神将贯穿于他们未来的职业生涯,并成为他们成功的关键。

### 案例导入

某城市高层办公楼的浅基础设计施工。在该项目中,设计师采用了承载力强、经济实用的桩基础方案,通过对土壤力学性质的详细研究和钻孔取样分析,确定了合适的桩型和桩径。施工过程中,工人们遵循工程设计要求,进行了严密的桩基础施工,确保了建筑的稳定性和安全性。

## 【本章思维导图(概要)】

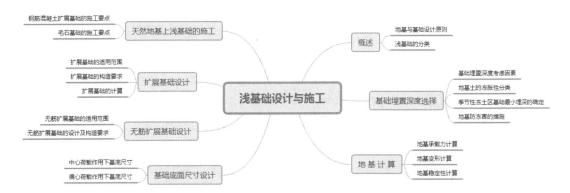

# 5.1 地基与基础设计概述

## 【本节思维导图】

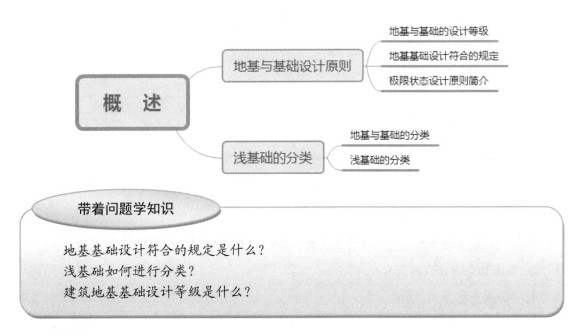

**带着问题学知识**

地基基础设计符合的规定是什么？
浅基础如何进行分类？
建筑地基基础设计等级是什么？

## 5.1.1 地基与基础设计原则

### 1. 地基与基础的设计等级

《建筑地基基础设计规范》(GB 50007—2011)根据地基复杂程度、建筑物规模和功能特征以及由于地基问题可能造成建筑物破坏或影响正常使用的程度，将地基基础设计分为三个等级，设计时应根据具体情况，按表 5.1 所示选用。

表 5.1 建筑地基基础设计等级

| 设计等级 | 建筑和地基类型 |
|---|---|
| 甲级 | 重要的工业与民用建筑物；30 层以上的高层建筑；体型复杂、层数相差超过 10 层的高低层连成一体的建筑物；大面积的多层地下建筑物(如地下车库、商场、运动场等)；对地基变形有特殊要求的建筑物；复杂地质条件下的坡上建筑物(包括高边坡)；对原有工程影响较大的新建筑物；场地和地基条件复杂的一般建筑物；位于复杂地质条件及软土地区的二层及二层以上地下室的基坑工程；开挖深度大于 15 m 的基坑工程；周边环境条件复杂、环境保护要求高的基坑工程 |
| 乙级 | 除甲级、丙级以外的工业与民用建筑物；除甲级、丙级以外的基坑工程 |
| 丙级 | 场地和地基条件简单、荷载分布均匀的七层及七层以下民用建筑及一般工业建筑；次要的轻型建筑物；非软土地区且场地地质条件简单、基坑周边环境条件简单、环境保护要求不高且开挖深度小于 5.0 m 的基坑工程 |

**2. 地基基础设计符合的规定**

(1) 所有建筑物的地基计算均应满足承载力计算的有关规定。

(2) 设计等级为甲级、乙级的建筑物，均应按地基变形设计。

(3) 设计等级为丙级的建筑物有下列情况之一时应作变形验算。

① 地基承载力特征值小于 130 kPa，且体型复杂的建筑。

② 在基础上及其附近有地面堆载或相邻基础荷载差异较大，可能引起地基产生过大的不均匀沉降时。

③ 软弱地基上的建筑物存在偏心荷载时。

④ 相邻建筑距离近，可能发生倾斜时。

⑤ 地基内有厚度较大或厚薄不均的填土，其自重固结未完成时。

(4) 对经常受水平荷载作用的高层建筑、高耸结构和挡土墙等，以及建造在斜坡上或边坡附近的建筑物和构筑物，尚应验算其稳定性。

(5) 基坑工程应进行稳定性验算。

(6) 建筑地下室或地下构筑物存在上浮问题时，尚应进行抗浮验算。

**3. 极限状态设计原则简介**

1) 荷载分类

结构上的荷载或作用可分为三类：永久荷载、可变荷载和偶然荷载。

2) 两种极限状态

建筑结构设计应根据使用过程中在结构上可能同时出现的荷载，按承载能力极限状态和正常使用极限状态分别进行作用组合，并应取各自最不利的作用组合进行设计。

音频 1. 荷载

3) 荷载效应组合计算

(1) 正常使用极限状态下，标准组合的效应设计值 $S_k$ 应用式(5-1)表示：

$$S_k = S_{GK} + S_{Q1K} + \varphi_{c2}S_{Q2K} + \cdots + \varphi_{ci}S_{QiK} + \cdots + \varphi_{cn}S_{QnK} \tag{5-1}$$

式中：$S_{GK}$——永久作用标准值 $G_K$ 的效应；

$S_{Q1K}$——第 $i$ 个可变作用标准值 $Q_{1K}$ 的效应；

$\varphi_{ci}$——第 $i$ 个可变作用 $Q_i$ 的组合值系数，按国家标准《建筑结构荷载规范》(GB 50009—2012)取值。

(2) 准永久组合的效应设计值 $S_k$ 应用式(5-2)表示：

$$S_k = S_{GK} + \varphi_{q1}S_{Q1K} + \varphi_{q2}S_{Q2K} + \cdots + \varphi_{qi}S_{QiK} + \cdots + \varphi_{qn}S_{Qnk} \qquad (5-2)$$

式中：$\varphi_{qi}$——第 $i$ 个可变作用的准永久值系数，按国家标准《建筑结构荷载规范》(GB 50009—2012)取值。

(3) 在承载能力极限状态下，由可变作用控制的基本组合的效应设计值 $S_d$ 应用式(5-3)表示：

$$S_d = \gamma_G S_{GK} + \gamma_{Q1}S_{Q1K} + \gamma_{Q2}\varphi_{c2}S_{Q2K} + \cdots + \gamma_{Qi}\varphi_{ci}S_{QiK} + \cdots + \gamma_{Qn}\varphi_{cn}S_{QnK} \qquad (5-3)$$

式中：$\gamma_G$——永久作用的分项系数，按国家标准《建筑结构荷载规范》(GB 50009—2012)取值；

$\gamma_{Qi}$——第 $i$ 个可变作用的分项系数，按国家标准《建筑结构荷载规范》(GB 50009—2012)取值。

(4) 对由永久作用控制的基本组合，也可采用简化规则，基本组合的效应设计值 $S_d$ 按式(5-4)确定：

$$S_d = 1.35 S_k \qquad (5-4)$$

式中：$S_k$——标准组合的作用效应设计值。

## 5.1.2 浅基础的分类

### 1. 地基与基础的分类

建筑物(构筑物)都建造在一定地层上，如果基础直接建造在未经加固处理的地层上，这种地基称为天然地基。若天然地层较软弱，不足以承受建筑物荷载，则需要经过人工加固，才能在其上建造基础，这种地基称为人工地基。

根据基础的埋置深度不同，基础分为浅基础和深基础。常把位于天然地基上、埋置深度小于 5 m 的一般基础(柱基或墙基)以及埋置深度虽超过 5 m，但小于基础宽度的大尺寸基础(如箱形基础)，统称为天然地基上的浅基础。位于地基深处承载力较高的土层上、埋置深度大于 5 m 或大于基础宽度的基础，称为深基础，如桩基、地下连续墙和沉井。

音频 2. 深基础

### 2. 浅基础的分类

浅基础可按基础材料、刚度及构造分类。了解了各种类型基础的特点及适用范围后，就能合理地选择基础类型。

1) 按材料分类

(1) 砖基础。砖基础多用于低层建筑的墙下基础，其剖面一般做成阶梯形，通常称为大放脚。一般来说，在砖基础下面，先做 100 mm 厚的混凝土垫层。大放脚从垫层上开始砌筑，在地基反力作用下，为保证基础不发生破

砖基础

坏，大放脚应做成两皮一收或一皮一收与两皮一收相间隔。一皮即一层砖，标志尺寸为 60 mm。一次两边各收进 1/4 砖长，如图 5.1 所示。

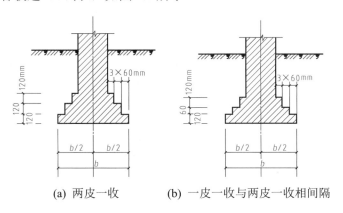

(a) 两皮一收　　(b) 一皮一收与两皮一收相间隔

图 5.1　砖基础

砖基础的优点是可就地取材、价格低、砌筑方便，缺点是强度低且抗冻性差。

设计使用年限为 50 年时，砌体材料的耐久性应符合下列规定：地面以下或防潮层以下的砌体、潮湿房间的墙或环境类别 2 的砌体，所用材料的最低强度等级应符合表 5.2 的规定。

表 5.2　地面以下或防潮层以下的砌体、潮湿房间所用材料最低强度等级

| 潮湿程度 | 烧结普通砖 | 混凝土普通砖、蒸压普通砖 | 混凝土砌块 | 石材 | 水泥砂浆 |
| --- | --- | --- | --- | --- | --- |
| 稍潮湿的 | MU15 | MU20 | MU7.5 | MU30 | M5 |
| 很潮湿的 | MU20 | MU20 | MU10 | MU30 | M7.5 |
| 含水饱和的 | MU20 | MU25 | MU15 | MU40 | M10 |

注：① 在冻胀地区，地面以下或防潮层以下的砌体，不宜采用多孔砖，如采用时，其孔洞应用水泥砂浆灌实。当采用混凝土砌块砌体时，其孔洞应采用强度等级不低于 Cb20 的混凝土灌实。

② 对安全等级为一级或设计使用年限大于 50 年的房屋，表中材料强度等级应至少提高一级。

处于环境类别 3～5 等有侵蚀性介质的砌体材料应符合下列规定：不应采用蒸压灰砂普通砖、蒸压粉煤灰普通砖；应采用实心砖，砖的强度等级不应低于 MU20，水泥砂浆的强度等级不应低于 M10；混凝土砌块的强度等级不应低于 MU15，灌孔混凝土的强度等级不应低于 Cb30，砂浆的强度等级不应低于 Mb10。

(2) 毛石基础。毛石基础用强度等级不低于 MU30 的毛石和不低于 M5 的砂浆砌筑而成。由于毛石尺寸差别较大，为保证砌筑质量，毛石基础每台阶高度和基础墙厚不宜小于 400 mm，每阶两边各伸出宽度不宜大于 200 mm。需要注意：石块应错缝搭砌，缝内砂浆应饱满，如图 5.2 所示。

毛石和砂浆的强度等级应不低于表 5.2 所规定的要求。

由于毛石之间的间隙较大，如果砂浆黏结性能较差，则不能用于多层建筑，也不适宜用于地下水位以下。但由于毛石基础的抗冻性能较好，在北方也有用来作为 7 层以下建筑物的基础。

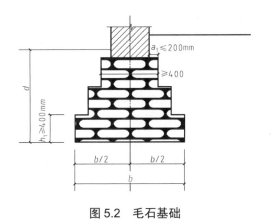

图 5.2　毛石基础

(3) 混凝土和毛石混凝土基础。混凝土基础的强度、耐久性、整体性和抗冻性都不错，工程上混凝土强度等级一般可采用 C15 以上，常用于承受荷载较大、地基均匀性较差以及基础位于地下水位以下时的墙柱基础。由于混凝土基础水泥用量较大，所以其造价较高。当浇筑较大基础时，为了节约混凝土用量，可在混凝土内掺入 15%~25%(体积比)的毛石做成毛石混凝土基础，如图 5.3 和图 5.4 所示，掺入毛石的尺寸不得大于 300 mm。毛石在使用前须冲洗干净。

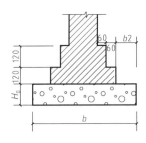 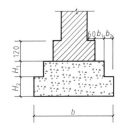

图 5.3　混凝土基础　　　图 5.4　毛石混凝土基础

(4) 灰土基础。灰土是采用石灰和土料配制而成的。石灰一般采用块状为宜，经熟化 1~2 天后过 5 mm 筛立即使用。土料应用塑性指数较低的粉土和黏性土，其土料团粒使用时应过筛，其粒径不得大于 15 mm。石灰和土料按体积配合比为 3∶7 或 2∶8，拌和均匀后，在基槽内分层夯实。灰土基础适宜在比较干燥的土层中使用，灰土基础本身具有一定的抗冻性。灰土基础施工简便，造价便宜，可节约水泥、砖石材料，在我国华北地区和西北地区，广泛应用于 5 层及 5 层以下的民用建筑，如图 5.5 所示。

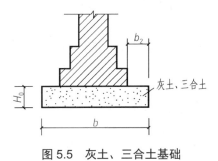

图 5.5　灰土、三合土基础

(5) 三合土基础。三合土是由石灰、砂和骨料(矿渣、碎砖或石子)拌和而成的。按体积比为1∶2∶4或1∶3∶6加适量水拌和均匀，铺在基槽内分层夯实，每层虚铺220 mm厚，夯实厚度至150 mm。三合土基础强度较低，一般用于四层及四层以下的民用房屋，如图5.5所示。

(6) 钢筋混凝土基础。钢筋混凝土基础的强度、耐久性、整体性和抗冻性均很好，由于钢筋的抗拉强度较高，故采用钢筋来承受弯矩引起的拉力，由此得出钢筋混凝土基础具有较好的抗弯性能。钢筋混凝土基础常用于荷载较大、地基均匀性较差以及基础位于地下水位以下时的墙柱基础。

**扩展资源 1. 钢筋混凝土基础**

2) 按结构类型分类

(1) 无筋扩展基础。无筋扩展基础又称刚性基础，是由砖、毛石、混凝土或毛石混凝土、灰土和三合土等材料组成，而且不配置钢筋的墙下条形基础或柱下独立基础。

无筋扩展基础都是用抗弯性能较差的材料建造的，故在受弯时很容易因弯曲变形过大而拉坏。

(2) 扩展基础。扩展基础分为柱下钢筋混凝土独立基础和墙下钢筋混凝土条形基础。

① 墙下钢筋混凝土条形基础。墙下钢筋混凝土条形基础是承重墙下基础的主要形式之一。当上部结构荷载较大而地基土又较软弱时，可采用墙下钢筋混凝土条形基础。墙下钢筋混凝土条形基础可分为无肋式和有肋式两种，如图5.6所示。当地基土分布不均匀时，经常用有肋式来调整基础的不均匀沉降，增加基础的整体性。

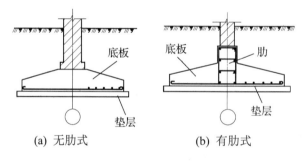

图5.6 墙下钢筋混凝土条形基础

② 柱下独立基础。独立基础是柱下基础的基本形式。现浇柱下独立基础的截面可做成阶梯形和锥形；预制柱一般采用杯形基础。柱下独立基础，如图5.7所示。

(3) 柱下钢筋混凝土条形基础。当荷载较大而地基土软弱或柱距较小，比如当采用柱下独立基础时，基础底面积很大而互相靠近时，为增加基础的整体性和抗弯刚度，这时可将同一柱列的柱下基础连通做成钢筋混凝土条形基础，如图5.8所示。柱下钢筋混凝土条形基础常用于框架结构。

(4) 柱下十字交叉基础。对于荷载较大的建筑物，如果地基土软弱且在两个方向存在分布不均匀的问题时，可采用十字交叉基础来增强基础的整体刚度，减小基础的不均匀沉降问题。柱下十字形基础如图5.9所示。

(5) 筏板基础。如果地基土特别软或在两个方向存在分布不均匀的问题，而上部结构荷载又很大，特别是带有地下室的高层建筑物，采用十字交叉基础仍不满足变形条件要求或相邻基础距离很小时，可将整个基础底板连成一个整体而成为钢筋混凝土筏板基础(俗称满堂基础),筏板基础的整体性很好,所以它能较好地调整基础各部分之间的不均匀沉降。筏板基础按构造不同可以分为平板式筏板基础和梁板式筏板基础两种,如图 5.10 所示。当在柱间设有梁时称为梁板式筏板基础,形如倒置的肋形楼盖。当在柱间没有设置连系梁时则为平板式筏板基础,形如倒置的无梁楼盖。

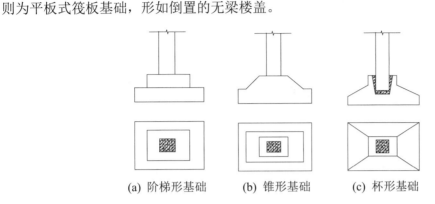

(a) 阶梯形基础　　(b) 锥形基础　　(c) 杯形基础

图 5.7　柱下独立基础

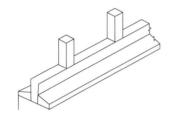

图 5.8　柱下钢筋混凝土条形基础

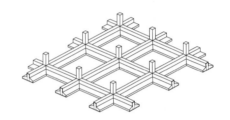

图 5.9　柱下十字形基础

(6) 箱形基础。

当地基特别软弱或分布不均匀、上部荷载又很大时,特别是带有地下室的建筑物。可将基础做成由钢筋混凝土底板、顶板和钢筋混凝土纵横墙组成的箱形基础。它是筏板基础的进一步发展。箱形基础空间刚度大,对抵抗地基的不均匀沉降有利,一般适用于高层建筑或在软弱地基上建造的上部荷载较大的建筑物。当基础的中空部分尺寸较大时,可用作地下室。防人类基础具有刚度大,抗震性能好的特点,可结合地下室,如图 5.11 所示,但箱形基础耗用的钢筋及混凝土用量均较大。故采用这种类型的基础时,应根据地基土质情况、荷载大小及上部结构形式等各方面因素进行技术、经济比较后再确定。

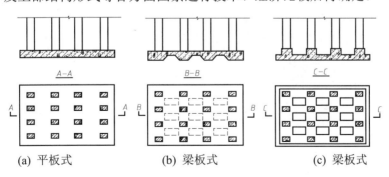

(a) 平板式　　(b) 梁板式　　(c) 梁板式

图 5.10　筏板基础

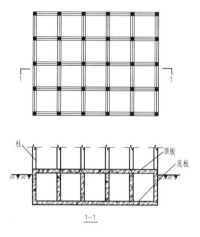

图 5.11 箱形基础

## 5.2 基础埋置深度选择

【本节思维导图】

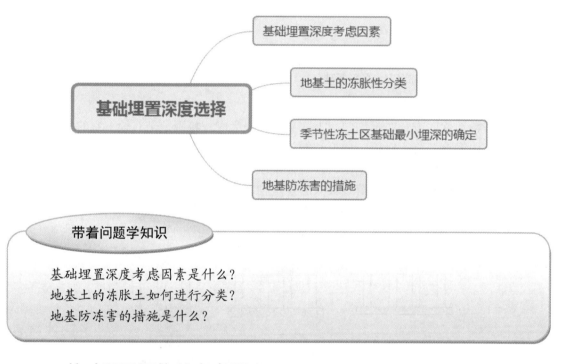

**带着问题学知识**

基础埋置深度考虑因素是什么？
地基土的冻胀土如何进行分类？
地基防冻害的措施是什么？

### 5.2.1 基础埋置深度的考虑因素

一般来说，在保证建筑物安全稳定、耐久适用的前提下，基础应尽量浅埋，以节省工程量、便于施工。如何确定基础的埋置深度，按《建筑地基基础设计规范》(GB 50007—2011)，应综合考虑下列因素。

(1) 建筑物的用途，有无地下室、设备基础和地下设施，基础的形式和构造。

(2) 在满足地基稳定和变形要求的前提下，当上层地基的承载力大于下层土时，宜利用上层土作持力层。除岩石地基外，基础埋深不宜小于 0.5m。

(3) 高层建筑基础的埋置深度应满足地基承载力、变形和稳定性要求。位于岩石地基上的高层建筑，其基础埋深应满足抗滑稳定性要求。

(4) 在抗震设防区，除岩石地基外，天然地基上的箱形和筏形基础其埋置深度不宜小于建筑物高度的 1/15；桩箱或桩筏基础的埋置深度(不计桩长)不宜小于建筑物高度的 1/18。

(5) 基础宜埋置在地下水位以上，当必须埋在地下水位以下时，应采取地基土在施工时不受扰动的措施。当基础埋置在易风化的岩层上，施工时应在基坑开挖后立即铺筑垫层。

若地基表层土较好，下层土软弱，则基础尽量浅埋，如图 5.12(a)所示，利用表层好土作为地基持力层，如某建筑物第①层土是粉土，厚约 4 m，地基承载力特征值为 180 kPa；第②层土是粉砂，厚约 8 m，地基承载力特征值为 120 kPa。因此选择第①层土作为持力层。如果上层土比下层土的承载力大许多，则基础底面离下层土顶面的距离宜尽量大一些，并应验算下卧层的承载力是否满足。若地基表层土软弱，下层土较好，则要权衡利弊，选择合适的方式。当软弱表层土较薄，厚度小于 2 m 时，应将软弱土挖除，将基础置于下层坚实土上，如图 5.12(b)所示。

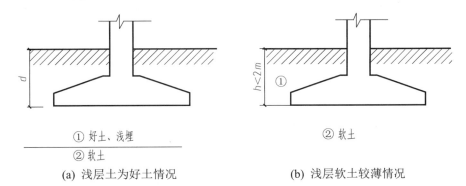

(a) 浅层土为好土情况　　　　　　(b) 浅层软土较薄情况

图 5.12 工程地质条件与基础埋深的关系

当存在相邻建筑物时，新建建筑物的基础埋深不宜大于原有建筑的基础埋深。当新建建筑物的基础埋深大于原有建筑的基础埋深时，两基础间应保持一定净距，其数值应根据建筑荷载大小、基础形式和土质情况确定，如图 5.13 所示。

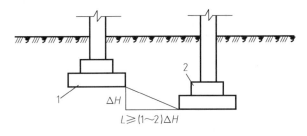

图 5.13 相邻建筑物的基础埋深

1—原有建筑物基础；2—新建建筑物基础

地表以下一定深度的地层温度会随着大气温度而变化的。当地层温度低于 0℃时，土中水冻结，形成冻土。季节性冻土在冻融过程中，反复地产生冻胀(冻土引起土体膨胀)和融陷(冻土融化后产生融陷)，使土的强度降低，压缩性增大。如果基础埋置深度超过冻结深度，则冻胀力只作用在基础的侧面，称为切向冻胀力 $T$；当基础埋置深度浅于冻结深度时，则除了基础侧面上的切向冻胀力外，在基底上还作用有法向冻胀力 $P$，如图 5.14 所示。如果上部结构荷载 $F_K$ 加上基础自重 $G_K$ 小于冻胀力时，则基础将被抬起，冻土融化时冻胀力消失而使基础下陷。

## 5.2.2 地基土的冻胀性分类

冻胀的程度与地基土的类别、冻前含水量以及冻结期间地下水位变化等因素有关。《建筑地基基础设计规范》(GB 50007—2011)将地基的冻胀类别根据冻土层的平均冻胀率 $\eta$ 的大小分为五类，分别是不冻胀、弱冻胀、冻胀、强冻胀、特强冻胀。地基土的冻胀性分类可按表 5.3 所示查取。

扩展资源 2.
不冻胀、弱冻胀、
冻胀、强冻胀、
特强冻胀

表 5.3 地基土的冻胀性分类

| 土的名称 | 冻前天然含水量 $\omega$/% | 冻结期间地下水位距冻结面的最小距离 $H_w$/m | 平均冻胀率 $\eta$/% | 冻胀等级 | 冻胀类别 |
|---|---|---|---|---|---|
| 碎(卵)石，砾、粗砂、中砂(粒径小于0.075mm的颗粒含量大于15%)，细砂(粒径小于0.075mm的颗粒含量大于10%) | $\omega \leqslant 12$ | >1.0 | $\eta \leqslant 1$ | I | 不冻胀 |
| | | ≤1.0 | $1 < \eta \leqslant 3.5$ | II | 弱冻胀 |
| | $12 < \omega \leqslant 18$ | >1.0 | | | |
| | | ≤1.0 | $3.5 < \eta \leqslant 6$ | III | 冻胀 |
| | $\omega > 18$ | >0.5 | | | |
| | | ≤0.5 | $6 < \eta \leqslant 12$ | IV | 强冻胀 |
| 粉砂 | $\omega \leqslant 14$ | >1.0 | $\eta \leqslant 1$ | I | 不冻胀 |
| | | ≤1.0 | $1 < \eta \leqslant 3.5$ | II | 弱冻胀 |
| | $14 < \omega \leqslant 19$ | >1.0 | | | |
| | | ≤1.0 | $3.5 < \eta \leqslant 6$ | III | 冻胀 |
| | $19 < \omega \leqslant 23$ | >1.0 | | | |
| | | ≤1.0 | $6 < \eta \leqslant 12$ | IV | 强冻胀 |
| | $\omega > 23$ | 不考虑 | $\eta > 12$ | V | 特强冻胀 |
| 粉土 | $\omega \leqslant 19$ | >1.5 | $\eta \leqslant 1$ | I | 不冻胀 |
| | | ≤1.5 | $1 < \eta \leqslant 3.5$ | II | 弱冻胀 |
| | $19 < \omega \leqslant 22$ | >1.5 | $1 < \eta \leqslant 3.5$ | II | 弱冻胀 |
| | | ≤1.5 | $3.5 < \eta \leqslant 6$ | III | 冻胀 |
| | $22 < \omega \leqslant 26$ | >1.5 | | | |
| | | ≤1.5 | $6 < \eta \leqslant 12$ | IV | 强冻胀 |
| | $26 < \omega \leqslant 30$ | >1.5 | | | |
| | | ≤1.5 | $\eta > 12$ | V | 特强冻胀 |
| | $\omega > 30$ | 不考虑 | | | |
| 黏性土 | $\omega \leqslant \omega_p + 2$ | >2.0 | $\eta \leqslant 1$ | I | 不冻胀 |
| | | ≤2.0 | $1 < \eta \leqslant 3.5$ | II | 弱冻胀 |
| | $\omega_p + 2 < \omega \leqslant \omega_p + 5$ | >2.0 | | | |
| | | ≤2.0 | $3.5 < \eta \leqslant 6$ | III | 冻胀 |

续表

| 土的名称 | 冻前天然含水量 $\omega$/% | 冻结期间地下水位距冻结面的最小距离 $H_w$/m | 平均冻胀率 $\eta$/% | 冻胀等级 | 冻胀类别 |
|---|---|---|---|---|---|
| 黏性土 | $\omega_p+5<\omega\leqslant\omega_p+9$ | >2.0 | $6<\eta\leqslant12$ | IV | 强冻胀 |
|  |  | ≤2.0 |  |  |  |
|  | $\omega_p+9<\omega\leqslant\omega_p+15$ | >2.0 | $\eta>12$ | V | 特强冻胀 |
|  |  | ≤2.0 |  |  |  |
|  | $\omega>\omega_p+15$ | 不考虑 |  |  |  |

注：① $\omega_p$—塑限含水量(%)，$\omega$—冻前天然含水量。
② 盐渍化冻土不在表列。
③ 塑性指数大于 22 时，冻胀性降低一级。
④ 粒径小于 0.005 mm 的颗粒含量大于 60%，为不冻胀土。
⑤ 碎石类土，当充填物大于全部质量的 40%时，其冻胀性按充填物土的类别判断。
⑥ 碎石土、砾砂、粗砂、中砂(粒径小于 0.075 mm 的颗粒含量不大于 15%)，细砂(粒径小于 0.075 mm 的颗粒含量不大于 10%)均按不冻胀考虑。

## 5.2.3 季节性冻土区基础最小埋深的确定

(1) 基底下允许冻土层最大厚度的确定。冻胀力与冻胀量在冻深范围内，并不是均匀分布的，而是随深度的增加而减小，靠地表上部的冻土称为有效冻胀区。当基础埋深超过有效冻胀区的深度时，尽管基底下还有少量冻土层，但其冻胀力与冻胀量很小，不影响建筑使用，此冻土层厚度称为基底下允许冻土层厚度 $H_{max}$(见图 5.15)，应根据土的冻胀性、基础形式、采暖情况以及基底平均压力等条件确定 $H_{max}$(见表 5.4)。如果有当地经验，基底下允许冻土层最大厚度应根据当地经验确定。

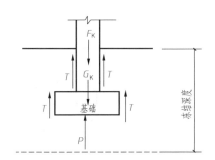

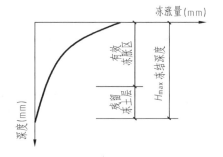

图 5.14 作用在基础上的冻胀力　　　　图 5.15 土的冻胀量示意图

表 5.4 建筑基底下允许冻土层最大厚度 $H_{max}$ (m)

| 冻胀性 | 基础形式 | 采暖情况 | 基底平均压力/kPa | | | | | |
|---|---|---|---|---|---|---|---|---|
|  |  |  | 110 | 130 | 150 | 170 | 190 | 210 |
| 弱冻胀土 | 方形基础 | 采暖 | 0.90 | 0.95 | 1.00 | 1.10 | 1.15 | 1.20 |
|  |  | 不采暖 | 0.70 | 0.80 | 0.95 | 1.00 | 1.05 | 1.10 |
|  | 条形基础 | 采暖 | >2.50 | >2.50 | >2.50 | >2.50 | >2.50 | >2.50 |
|  |  | 不采暖 | 2.2 | 2.5 | >2.50 | >2.50 | >2.50 | >2.50 |

续表

| 冻胀性 | 基础形式 | 采暖情况 | 基底平均压力/kPa | | | | | |
|---|---|---|---|---|---|---|---|---|
| | | | 110 | 130 | 150 | 170 | 190 | 210 |
| 冻胀土 | 方形基础 | 采暖 | 0.65 | 0.70 | 0.75 | 0.80 | 0.85 | — |
| | | 不采暖 | 0.55 | 0.60 | 0.65 | 0.70 | 0.75 | — |
| | 条形基础 | 采暖 | 1.55 | 1.80 | 2.00 | 2.20 | 2.50 | — |
| | | 不采暖 | 1.15 | 1.35 | 1.55 | 1.75 | 1.95 | — |

注：① 本表只计算法向冻胀力，如果基侧存在切向冻胀力，应采取防切向力措施。
② 基础宽度小于 0.6m 时不适用，矩形基础取短边尺寸按方形基础计算。
③ 表中数据不适用于淤泥、淤泥质土和欠固结土。
④ 表中基底平均压力数值为永久作用的标准组合值乘以 0.9，可以内插。

(2) 季节性冻土的场地冻结深度 $z_d$ 的确定。

$$z_d = z_0 \psi_{zs} \psi_{zw} \psi_{ze} \tag{5-5}$$

式中：$z_d$——场地冻结深度(m)，若当地有多年实测资料时，可按 $z_d = h' - \Delta z$ 计算；

$h'$——最大冻深出现时场地最大冻土层厚度，m；

$\Delta z$——最大冻深出现时场地地表冻胀量，m；

$z_0$——标准冻结深度，m。系采用在地表平坦、裸露、城市之外的空旷场地中不少于 10 年实测最大冻深的平均值，m。当无实测资料时，按《建筑地基基础设计规范》(GB 50007—2011)附录 F 采用。

$\psi_{zs}$——土的类别对冻深的影响系数，按表 5.5 查取。

$\psi_{zw}$——土的冻胀性对冻深的影响系数，按表 5.6 查取。

$\psi_{ze}$——环境对冻深的影响系数，按表 5.7 查取。

表 5.5 土的类别对冻深的影响系数

| 土的类别 | 影响系数 $\psi_{zs}$ | 土的类别 | 影响系数 $\psi_{zs}$ |
|---|---|---|---|
| 黏性土 | 1.00 | 中、粗、砾砂 | 1.30 |
| 细砂、粉砂、粉土 | 1.20 | 大块碎石土 | 1.40 |

表 5.6 土的冻胀性对冻深的影响系数

| 冻胀性 | 影响系数 $\psi_{zw}$ | 冻胀性 | 影响系数 $\psi_{zw}$ |
|---|---|---|---|
| 不冻胀 | 1.00 | 强冻胀 | 0.85 |
| 弱冻胀 | 0.95 | 特强冻胀 | 0.80 |
| 冻胀 | 0.90 | | |

表 5.7 环境对冻深的影响系数

| 周围环境 | 影响系数 $\psi_{ze}$ | 周围环境 | 影响系数 $\psi_{ze}$ |
|---|---|---|---|
| 村、镇、旷野 | 1.00 | 城市市区 | 0.90 |
| 城市近郊 | 0.95 | | |

注：环境影响系数一项，当城市市区人口为 20 万～50 万，按城市近郊取值；当城市市区人口大于 50 万小于或等于 100 万时，只计入市区影响；当城市市区人口超过 100 万时，除计入市区影响外，还应考虑 5km 以内的郊区近郊影响系数。

(3) 基础最小埋深的确定。季节性冻土地区基础埋置深度宜大于场地冻结深度。对于深厚季节冻土地区，当建筑基础底面土层为不冻胀、弱冻胀、冻胀土时，基础埋置深度可以小于场地冻结深度，基础底面下允许冻土层最大厚度应根据当地经验确定。没有地区经验时可按《建筑地基基础设计规范》(GB 50007—2011)附录 G 查取。此时，基础最小埋置深度 $d_{min}$ 可按 $z_d-h_{max}$ 计算。$h_{max}$ 为基础底面下允许冻土层最大厚度，单位为 m。

### 5.2.4 地基防冻害的措施

地基土的冻胀类别分为不冻胀、弱冻胀、冻胀、强冻胀和特强冻胀，可按《建筑地基基础设计规范》(GB 50007—2011)附录 G 查取。在冻胀、强冻胀和特强冻胀地基上采用防冻害措施时应符合下列规定。

(1) 对在地下水位以上的基础，基础侧面应回填非冻胀性的中砂或粗砂，其厚度不应小于 200 mm。对在地下水位以下的基础，可采用桩基础、自锚式基础(冻土层下有扩大板或扩底短桩)，也可将独立基础或条形基础做成正梯形的斜面基础。

(2) 宜选择地势高、地下水位低、地表排水良好的建筑场地。对低洼场地，建筑物的室外地坪标高应至少高出自然地面 300～500mm，其范围不宜小于建筑物四周向外各一倍冻结深度距离的范围。

(3) 应做好排水设施，施工和使用期间防止水浸入建筑地基。在山区应设截水沟或在建筑物下设置暗沟，以排走地表水和潜水。

(4) 在强冻胀性土和特强冻胀性地基上，其基础结构应设置钢筋混凝土圈梁和基础梁，并控制上部建筑物长高比。增强房屋整体刚度。

(5) 当独立基础连系梁下或桩基础承台下有冻土时，应在梁或承台下留有相当于该土层冻胀量的空隙，以防止因土的冻胀将梁或承台拱裂。

(6) 外门斗、室外台阶和散水坡等部位应与主体结构断开，散水坡分段不宜超过 1.5m，坡度不宜小于 3%，其下宜填入非冻胀性材料。

(7) 对跨年度施工的建筑，入冬前应对地基采取相应的防护措施；按采暖设计的建筑物，当冬季不能正常采暖时，也应对地基采取保温措施。

## 5.3 地基计算

【本节思维导图】

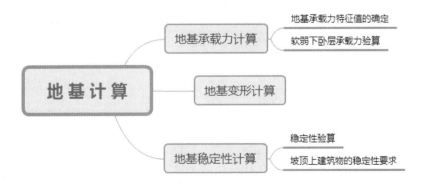

> **带着问题学知识**
>
> 地基承载力如何进行计算？
> 地基稳定性计算方式是什么？
> 坡顶稳定性如何进行计算？

## 5.3.1 地基承载力的计算

**1. 地基承载力特征值的确定**

各类地基承受上部荷载的能力是有一定限度的，如果超过此限度，则地基可能发生事故。地基单位面积所能承受的最大荷载称为地基承载力特征值，以 $f_{ak}$ 表示，单位为 kPa。

地基承载力特征值可由荷载试验或其他原位测试、公式计算，并结合工程实践经验等方法综合确定。

1) 地基承载力特征值的修正

当基础宽度大于 3m 或埋置深度大于 0.5m 时，从荷载试验或其他原位测试等方法确定的地基承载力特征值，尚应按下式修正：

$$f_a = f_{ak} + \eta_b \gamma (b-3) + \eta_d \gamma_m (d-0.5) \tag{5-6}$$

式中：$f_a$——修正后的地基承载力特征值，kPa；

$f_{ak}$——地基承载力特征值，kPa，可由荷载试验或其他原位测试、公式计算；

$\gamma$——基础底面以下土的重度，地下水位以下取有效重度，kN/m³；

$\gamma_m$——基础底面以上土的加权平均重度，地下水位以下取有效重度，kN/m³；

$b$——基底宽度，m，当基底宽度小于 3m 时按 3m 取值，大于 6m 时按 6m 取值；

$\eta_b$、$\eta_d$——基础宽度和埋深的地基承载力修正系数，基底类别查表 5.8 取值；

$d$——基础埋置深度，m，一般自室外地面标高算起。在填方整平地区，可自填土地面标高算起，但填土在上部结构施工后完成时，应从天然地面标高算起。对于地下室，当采用箱形基础或筏形基础时，基础埋置深度自室外地面标高算起；当采用独立基础或条形基础时，应从室内地面标高算起。

表 5.8 承载力修正系数表

| 土的类别 | | $\eta_b$ | $\eta_d$ |
| --- | --- | --- | --- |
| 淤泥和淤泥质土 | | 0 | 1.0 |
| 人工填土，$e$ 或 $I_L$ 大于等于 0.85 的黏性土 | | 0 | 1.0 |
| 红黏土 | 含水比 $\alpha_w > 0.8$ | 0 | 1.2 |
| | 含水比 $\alpha_w \leq 0.8$ | 0.15 | 1.4 |
| 大面积压实填土 | 压实系数大于 0.95、黏粒含量 $\rho_c \geq 10\%$ 的粉土 | 0 | 1.5 |
| | 最大干密度大于 2100 kg/m³ 的级配砂石 | 0 | 2.0 |

续表

| 土的类别 | | $\eta_b$ | $\eta_d$ |
|---|---|---|---|
| 粉土 | 黏粒含量 $\rho_c \geq 10\%$ 的粉土 | 0.3 | 1.5 |
| | 黏粒含量 $\rho_c < 10\%$ 的粉土 | 0.5 | 2.0 |
| $e$ 及 $I_L$ 均小于 0.85 的黏性土 | | 0.3 | 1.6 |
| 粉土、细砂(不包括很湿与饱和时的稍密状态) | | 2.0 | 3.0 |
| 中砂、粗砂、砾石和碎石土 | | 3.0 | 4.4 |

注：① 强风化和全风化的岩石，可参照所风化成的相应土类取值，其他状态下的岩石不修正。
② 地基承载力特征值按《建筑地基基础设计规范》(GB 50007—2011)附录 D 深层平板荷载试验确定时 $\eta_d$ 取 0。
③ 含水比是指土的天然含水量与液限的比值。
④ 大面积压实填土是指填土范围大于两倍基础宽度的填土。

2) 依据抗剪强度指标确定地基承载力特征值

当偏心距 $e$ 小于或等于 0.033 倍基础底面宽度时，根据土的抗剪强度指标确定地基承载力特征值可按下式计算，并应满足变形要求：

$$f_a = M_b \gamma b + M_d \gamma_m d + M_c c_K \tag{5-7}$$

式中：$f_a$——由土的抗剪强度指标标准值确定的地基承载力特征值，kPa；

$M_b$、$M_d$、$M_c$——承载力系数，按第 3 章的表 3.4 确定；

$b$——基础底面宽度，单位为 m，大于 6 m 时按 6 m 取值，对于砂土小于 3m 时按 3m 取值；

$c_K$——基底下一倍短边宽的深度内土的黏聚力标准值，kPa；

3) 岩石地基承载力特征值的确定

对完整、较完整、较破碎的岩石地基承载力特征值，可按《建筑地基基础设计规范》(GB 50007—2011)附录 H 岩石地基荷载试验方法确定；对破碎、极破碎的岩石地基承载力特征值，可根据平板荷载试验确定。对完整、较完整和较破碎的岩石地基承载力特征值，也可根据室内饱和单轴抗压强度按下式计算：

$$f_a = \varphi_r f_{rk} \tag{5-8}$$

式中：$f_a$——岩石地基承载力特征值，kPa；

$f_{rk}$——岩石饱和单轴抗压强度标准值，kPa，可按《建筑地基基础设计规范》(GB 50007—2011)附录 J 确定；

$\varphi_r$——折减系数，根据岩体完整程度以及结构面的间距、宽度、形状以及组合，由地区经验确定。无经验时，对完整岩体可取 0.5；对较完整岩体可取 0.2～0.5；对较破碎岩体可取 0.1～0.2。

① 上述折减系数值未考虑施工因素及建筑物使用风化作用的继续。
② 对于黏土质岩，在确保施工期及使用期不致遭水浸泡时，也可采用天然湿度的试样，不进行饱和处理。

**2. 软弱下卧层承载力验算**

当地基受力层范围内有软弱下卧层时，还应验算软弱下卧层的地基承载力。要求作用在软弱下卧层顶面的全部压应力(附加应力与自重应力之和)不超过软弱下卧层顶面处经深度修正后的地基承载力特征值，即：

$$P_z + P_{cz} \leqslant f_{az} \tag{5-9}$$

式中：$P_z$——相应于作用的标准组合时，软弱下卧层顶面处的附加应力值，kPa；

$P_{cz}$——软弱下卧层顶面处土的自重应力值，kPa；

$f_{az}$——软弱下卧层顶面处经深度修正后地基承载力特征值，kPa。

当上层土与软弱下卧层土的压缩模量比值大于或等于 3 时，对基础可用压力扩散角方法求土中的附加应力。该方法是假设基底处的附加应力 $P_0$ 按某一扩散角 $\theta$ 向下扩散，地基压力扩散角 $\theta$ 如表 5.9 所示。在任意深度的同一水平面上的附加应力均匀分布，如图 5.16 所示。根据扩散前后各面积上的总压力相等的条件，可得深度为 z 处的附加应力 $P_z$。

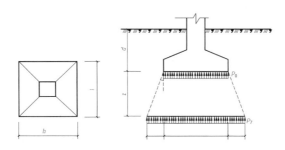

图 5.16 土压力扩散角法计算简图

条形基础：

$$p_z = \frac{b(p_k - p_c)}{b + 2z\tan\theta} \tag{5-10}$$

矩形基础：

$$p_z = \frac{lb(p_k - p_c)}{(b + 2z\tan\theta)(l + 2z\tan\theta)} \tag{5-11}$$

式中：$b$——矩形基础或条形基础底边的宽度，m；

$l$——矩形基础底边的长度，m；

$P_c$——基础底面处土的自重压力值，kPa；

$z$——基础底面至软弱下卧层顶面的距离，m；

$\theta$——地基压力扩散线与垂直线的夹角，°(度)，可按表 5.9 采用；

$P_K$——基底压力，kPa。

表 5.9 地基压力扩散角 $\theta$

| $E_{s1}/E_{s2}$ | z/b | | $E_{s1}/E_{s2}$ | z/b | |
|---|---|---|---|---|---|
| | 0.25 | 0.50 | | 0.25 | 0.50 |
| 3 | 6° | 23° | 10 | 20° | 30° |
| 5 | 10° | 25° | | | |

注：① $E_{s1}$ 为上层土压缩模量；$E_{s2}$ 为下层土压缩模量。

② z/b < 0.25 时一般取 $\theta = 0°$，必要时，宜由试验确定；z/b > 0.5 时，$\theta$ 值不变。

③ z/b 在 0.25 与 0.5 之间时，可插值使用。

## 5.3.2 地基变形的计算

设计等级为甲级、乙级的建筑物,均应按地基变形设计,即在满足承载力条件的同时,还应满足变形条件,建筑物的地基变形计算值,不应大于地基变形允许值,即

$$S \leqslant [S] \quad (5\text{-}12)$$

式中:$S$——地基变形计算值;

$[S]$——地基变形允许值。

另外,表 5.10 所列范围内设计等级为丙级的建筑物,可不做地基变形验算,如有下列情况之一时,仍应作变形验算。

音频 3.
地基变形的危害

① 地基承载力特征值小于 130kPa,且体型复杂的建筑物。
② 在基础上及其附近有地面堆载或相邻基础荷载差异较大,可能引起地基产生过大的不均匀沉降时。
③ 软弱地基上的建筑物存在偏心荷载时。
④ 相邻建筑物距离过近,可能发生倾斜时。
⑤ 地基内有厚度较大或厚薄不均的填土,其自重固结未完成时。

在必要的情况下,需要分别预估建筑物在施工期间和使用期间的地基变形值,以便预留建筑物有关部分之间的净空,选择连接方法和施工顺序。一般多层建筑物在施工期间完成的沉降量,对于砂土或碎石土,可认为其最终沉降量已完成 80%以上,对于其他低压缩性土,可认为已完成最终沉降量的 50%~80%,对于中压缩性土,可认为已完成沉降量的 20%~50%,对于高压缩性土,可认为已完成沉降量的 5%~20%。

表 5.10 可不作地基变形验算的设计等级为丙级的建筑物范围

| 地基主要受力层情况 | 地基承载力特征值 $f_{ak}$/kPa | | $80 \leqslant f_{ak} < 100$ | $1000 \leqslant f_{ak} < 130$ | $130 \leqslant f_{ak} < 160$ | $160 \leqslant f_{ak} < 200$ | $200 \leqslant f_{ak} < 300$ |
|---|---|---|---|---|---|---|---|
| | 各土层坡度/% | | ≤5 | ≤10 | ≤10 | ≤10 | ≤10 |
| 建筑类型 | 砌体承重结构、框架结构(层数) | | ≤5 | ≤5 | ≤6 | ≤6 | ≤7 |
| | 单层排架结构 (6 m 柱距) | 单跨 吊车额定起重量/t | 10~15 | 15~20 | 20~30 | 30~50 | 50~100 |
| | | 单跨 厂房跨度/m | ≤18 | ≤24 | ≤30 | ≤30 | ≤30 |
| | | 多跨 吊车额定起重量/t | 5~10 | 10~15 | 15~20 | 20~30 | 30~75 |
| | | 多跨 厂房跨度/m | ≤18 | ≤24 | ≤30 | ≤30 | ≤30 |
| | 烟囱 | 高度/m | ≤40 | ≤50 | ≤75 | ≤100 | |
| | 水塔 | 高度/m | ≤20 | ≤30 | ≤30 | ≤30 | |
| | | 容积/m³ | 50~100 | 100~200 | 200~300 | 300~500 | 500~1000 |

注:① 地基主要受力层系指条形基础底面下深度为 $3b$($b$ 为基础底面宽度),独立基础下为 $1.5b$,且厚度均不小于 5 m 的范围(二层以下一般的民用建筑除外)。
② 地基主要受力层中如有承载力特征值小于 130 kPa 的土层时,表中砌体承重结构的设计,应符合《建筑地基基础设计规范》(GB 50007—2011)第 7 章的有关要求。
③ 表中砌体承重结构和框架结构均指民用建筑,对于工业建筑可按厂房高度、荷载情况折合成与其相当的民用建筑层数。
④ 表中吊车额定起重量、烟囱高度和水塔容积的数值是指最大值。

### 5.3.3 地基稳定性的计算

**1. 稳定性验算**

一般建筑物不需要进行地基稳定性计算,但遇到下列建筑物,则应进行地基稳定性计算。
(1) 经常受水平荷载作用的高层建筑和高耸结构。
(2) 建造在斜坡或坡顶上的建筑物或构筑物。
(3) 挡土墙。

地基稳定性计算可用圆弧滑动法,与第 4 章 4.5.3 节中土坡稳定分析的方法相同,最危险滑动面上对滑动中心所产生的抗滑力矩与滑动力矩应符合下列要求:

$$\frac{M_R}{M_S} \geqslant 1.2 \tag{5-13}$$

式中:$M_R$——抗滑力矩,kN·m;
$M_S$——滑动力矩,kN·m。

**2. 坡顶上建筑物的稳定性要求**

对于条形基础或矩形基础,当垂直于坡顶边缘线的基础底面边长≤3 m 时,其基础底面外边缘线至坡顶的水平距离(见图 5.17)应符合下式要求,且不得小于 2.5m。

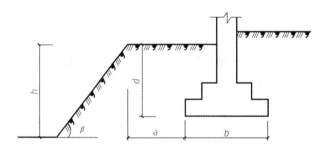

图 5.17 基础底面外边缘线至坡顶的水平距离示意图

条形基础:

$$a \geqslant 3.5b - \frac{d}{\tan \beta} \tag{5-14}$$

矩形基础:

$$a \geqslant 2.5b - \frac{d}{\tan \beta} \tag{5-15}$$

式中:$a$——基础底面外边缘线至坡顶的水平距离,m;
$b$——垂直于坡顶边缘线的基础底面边长,m;
$d$——基础埋置深度,m;
$\beta$——边坡坡角,°(度)。

当基础底面外边缘线至坡顶的水平距离 $a$ 不满足以上要求时,可根据基底平均压力按式(5-13)确定基础距坡顶边缘的距离和基础埋深。

当边坡坡角＞45°、坡高＞8 m 时，尚应按式(5-13)验算边坡稳定性。

## 5.4 基础底面尺寸设计

【本节思维导图】

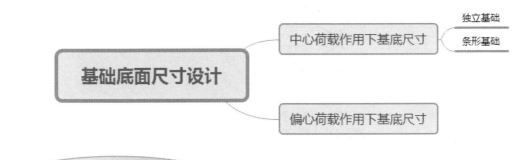

根据修正后的地基承载力特征值、基础埋置深度及作用在基础上的荷载值等条件，就可以计算出基础底面的尺寸。传至基础底面上的作用效应应按正常使用极限状态下作用的标准组合。基础底面尺寸设计分为中心荷载作用和偏心荷载作用两种情况分别进行。

### 5.4.1 中心荷载作用下的基底尺寸

中心荷载亦称轴心荷载。中心荷载作用下基础底面尺寸的确定，依据的公式就是基础底面处的平均压应力值应小于或等于修正后的地基承载力特征值(见图 5.18)，即

$$P_K = \frac{F_K + G_K}{A} = \frac{F_K + \overline{\gamma} A \overline{H}}{A} \leqslant f_a$$

可得基础底面积：
$$A \leqslant \frac{F}{f_a - 20d + 10H_w} \tag{5-16}$$

式中：$F_K$——相应于作用的标准组合时，上部结构传至基础顶面的竖向力值，当为独立基础时，竖向力值单位为 kN，当为墙下条形基础时，竖向力值单位为 kN/m；

$f_a$——基底处修正后的地基承载力特征值，kN/m²；

$G_K$——基础及基础以上填土的重量，近似取 $G_K = \overline{\gamma} A \overline{H}$，kN；

$\overline{\gamma}$——基础及基础以上填土的平均重度，kN/m³，取 $\overline{\gamma} = 20\text{kN/m}^3$；当有地下水时，取 $\overline{\gamma} = 20-10 = 10$；

$\overline{H}$——计算基础及基础以上填土的重量 $G_K$ 时的平均高度，m。

$d$——基础埋深(对于室内外地面有高差的外墙、外柱，取室内外平均埋深，m。

$H_w$——基础底面至地下水位面的距离。若地下水位在基底以下,则取 $h_w=0$。

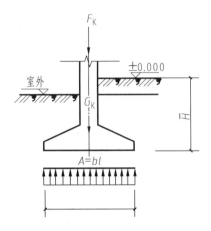

图 5.18 轴心受压基础计算简图

### 1. 独立基础

对于矩形基底的独立基础,基础底面积 $A = l \times b$,$l$ 及 $b$ 分别为基础长度及宽度。一般来说,中心荷载作用下的基础都采用正方形基础,即 $A = b^2$,可得

$$b \geq \sqrt{\frac{F_K}{f_a - 20d + H_w}} \tag{5-17}$$

如因场地限制等情况有必要采用长方形基础时,则取适当的 $l/b$ ($l/b$ 一般小于2),即可求得基础底面尺寸。

### 2. 条形基础

对于条形基础,长度取 $l = 1\ m$ 为计算单元,即 $A = b$,可得

$$b \geq \frac{F_K}{f_a - \overline{\gamma}\overline{H}} \tag{5-18}$$

另外由式(5-17)、式(5-18)可以看出,要确定基础底面宽度 $b$,需要知道修正后的地基承载力特征值 $f_a$,而 $f_a = f_{ak} + \eta_b r(b-3) + \eta_d \gamma_m (d - 0.5)$ 的取值又与基础宽度 $b$ 有关。因此,一般应采用试算法计算。即先假定 $b < 3\ m$,这时仅按埋置深度修正地基承载力特征值,然后按式(5-17)或式(5-18)算出基础宽度 $b$。如 $b < 3\ m$,表示假设正确,算得的基础宽度即为所求;不满足时需重新修正,再进行计算。一般建筑物的基础宽度会小于 $3\ m$,故大多数情况下不需要进行第二次计算。此外,基础底面尺寸还应符合施工要求及构造要求。

## 5.4.2 偏心荷载作用下的基底尺寸

偏心荷载作用下的基础(见图5.18),由于存在弯矩或剪力,基础底面受力不均匀,需要加大基础底面积。基础底面积通常采用试算的方法确定,其具体步骤如下。

(1) 先假定基础底宽 $b < 3\ m$,进行地基承载力特征值深度修正,得到修正后的地基承载力特征值。

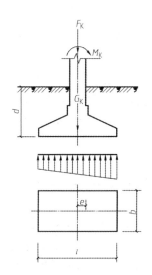

图 5.18 单向偏心受压基础

(2) 按中心荷载作用,用式(5-16)初步算出基础底面积 $A_0$。
(3) 考虑偏心荷载的影响,根据偏心距的大小,将基础底面积 $A_0$ 扩大 10%~40%,即
$$A = (1.1 \sim 1.4)A_0$$
(4) 按适当比例确定基础长度 $l$ 及宽度 $b$。
(5) 将得到的基础底面积 $A$ 用下述承载力条件验算。
$$P_{Kmax} \leqslant 1.2 f_a \tag{5-19}$$
$$P_K \leqslant f_a \tag{5-20}$$

如果不满足地基承载力要求,需重新调整基底尺寸,直到符合要求为止。

## 5.5 无筋扩展基础设计

【本节思维导图】

```
无筋扩展基础设计 ─┬─ 无筋扩展基础的适用范围
                 └─ 无筋扩展基础的设计及构造要求
```

带着问题学知识

无筋扩展基础台阶宽高比的允许值是什么?
当台阶宽度确定时,基础高度如何计算?

## 5.5.1 无筋扩展基础的适用范围

无筋扩展基础适用于居民用建筑和轻型厂房。作为刚性基础一般用的都是抗压性能较高、抗弯及抗剪性能较差的材料建造的，在受弯、剪时很容易因弯曲变形过大而拉坏或剪坏。因此，刚性基础一般设计成轴心抗压基础，当上部结构荷载较小时适用。

扩展资源 3.
无筋扩展基础的
主要特点

## 5.5.2 无筋扩展基础的设计及构造要求

无筋扩展基础构造如图 5.19 所示。在地基反力的作用下，无筋扩展基础实际上相当于倒置的悬臂梁，基础有向上弯曲的趋势，如果弯曲过大，就会使基础有沿危险截面裂开的可能。因此，需要控制基础台阶的宽高比，让基础台阶的宽高比 $b_2/H_0$ 小于等于台阶宽高比的允许值 $[b_2/H_0]$(见表 5.11)，即

$$b_2/H_0 \leqslant [b_2/H_0] = \tan\alpha \tag{5-21}$$

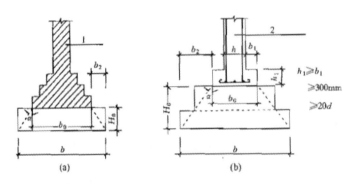

图 5.19 无筋扩展基础构造示意图

$d$—柱中纵向钢筋直径；1—承重墙；2—钢筋混凝土柱

当台阶宽度确定时，基础高度：

$$H_0 \geqslant \frac{b-b_0}{2\left[\dfrac{b_2}{H_0}\right]} = \frac{b_2}{\tan\alpha} \tag{5-22}$$

当台阶高度确定时，台阶宽度：

$$b_2 \leqslant \left[\dfrac{b_2}{H_0}\right]H_0 = \tan\alpha \cdot H_0 \tag{5-23}$$

式中： $b$ ——基础底面宽度，m；
　　　 $b_0$ ——基础顶面的墙体宽度或柱脚宽度，m；
　　　 $H_0$ ——基础高度，m；
　　　 $b_2$ ——基础台阶宽度，m；
　　　 $\tan\alpha$ ——基础台阶宽高比 $b_2:H_0$，其允许值按表 5.11 选用。

无筋扩展基础的设计步骤如下。

(1) 根据上部结构传来的荷载、基础埋置深度以及修正后的地基承载力特征值确定基础底面尺寸。

(2) 根据水文地质条件和材料供应情况，选定基础材料及类型。

(3) 根据基础底面尺寸、表 5.11 所示台阶宽高比的允许值及构造要求确定基础高度和每个台阶的尺寸。

表 5.11  无筋扩展基础台阶宽高比的允许值

| 基础材料 | 质量要求 | 台阶宽高比的允许值 | | |
|---|---|---|---|---|
| | | $p_K \leqslant 100$ | $100 < p_K \leqslant 200$ | $200 < p_K \leqslant 300$ |
| 混凝土基础 | C15 混凝土 | 1∶1.00 | 1∶1.00 | 1∶1.25 |
| 毛石混凝土基础 | C15 混凝土 | 1∶1.00 | 1∶1.25 | 1∶1.50 |
| 砖基础 | 砖不低于 MU10、砂浆不低于 M5 | 1∶1.25 | 1∶1.50 | 1∶1.50 |
| 毛石基础 | 砂浆不低于 M5 | 1∶1.25 | 1∶1.50 | |
| 灰土基础 | 体积比 3∶7 或 2∶8 的灰土，其最小干密度：<br>粉土为 1550 kg/m³；<br>粉质黏土为 1500 kg/m³；<br>黏土为 1450 kg/m³ | 1∶1.25 | 1∶1.50 | |
| 三合土基础 | 体积比 1∶2∶4～1∶3∶6(石灰∶砂∶骨料)，每层约虚铺 220 mm，夯至 150 mm | 1∶1.50 | 1∶2.00 | |

注：① $p_K$ 为作用的标准组合时基础底面处的平均压力值(kPa)。
② 阶梯形毛石基础的每阶伸出宽度，不宜大于 200 mm。
③ 当基础由不同材料叠合组成时，应对接触部分作抗压验算。
④ 混凝土基础单侧扩展范围内基础底面处的平均压力值超过 300kPa 时，尚应进行抗剪验算；对基底反力集中于立柱附近的岩石地基，应进行局部受压承载力验算。

采用无筋扩展基础的钢筋混凝土柱，其柱脚高度 $h_1 \geqslant b_1$（见图 5.19），并 $\geqslant$ 300 mm 且 $\geqslant$ 20$d$。当柱纵向钢筋在柱脚内的竖向锚固长度不满足锚固要求时，可沿水平方向弯折，弯折后的水平锚固长度不应小于 10$d$ 也不应大于 20$d$。

## 5.6  扩展基础设计

【本节思维导图】

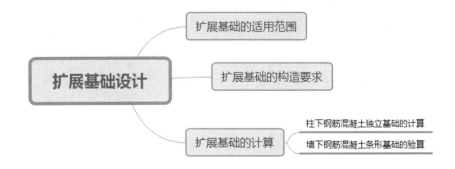

> **带着问题学知识**
>
> 柱插入杯口深度是什么？
> 基础的杯底厚度和杯壁厚度是什么？
> 扩展基础如何进行计算？

## 5.6.1 扩展基础的适用范围

扩展基础主要分为柱下钢筋混凝土独立基础和墙下钢筋混凝土条形基础。

独立基础是柱下基础的基本形式。墙下钢筋混凝土条形基础是承重墙下基础的主要形式之一。当上部结构荷载较大而地基土又较软弱时，需要加大基础的底面积而又不想增加基础高度和埋置深度时可采用扩展基础。

## 5.6.2 扩展基础的构造要求

锥形基础的截面形式如图 5.20 所示。扩展基础的构造，应符合下列要求。

(1) 锥形基础的边缘高度不宜小于 200 mm，且两个方向的坡度不宜大于 1∶3；阶梯形基础的每阶高度，宜为 300～500 mm。

(2) 基础垫层的厚度不宜小于 70 mm；垫层混凝土强度等级不宜低于 C10。

(3) 扩展基础受力钢筋最小配筋率不应小于 0.15%，底板受力钢筋的最小直径不应小于 10 mm，间距不应大于 200 mm，也不应小于 100 mm。墙下钢筋混凝土条形基础纵向分布钢筋的直径不应小于 8 mm；间距不应大于 300 mm；每延米分布钢筋的面积不应小于受力钢筋面积的 15%。当有垫层时钢筋保护层的厚度不应小于 40 mm；无垫层时不应小于 70 mm。

(4) 扩展基础混凝土强度等级不应低于 C20。

(5) 当柱下钢筋混凝土独立基础的边长大于或等于 2.5 m 时，底板受力钢筋的长度可取边长或宽度的 0.9 倍，并宜交错布置，如图 5.21(a)所示。

(6) 钢筋混凝土条形基础底板在 T 形及十字交叉形交接处，底板横向受力钢筋仅沿一个主要受力方向通长布置，另一方向的横向受力钢筋可布置到主要受力方向底板宽度的 1/4 处，如图 5.21(b)所示。在拐角处底板横向受力钢筋应沿两个方向布置，如图 5.21(c)所示。

钢筋混凝土柱和剪力墙纵向受力钢筋在基础内的锚固长度，应按《混凝土结构设计规范》(GB 50010—2010)的有关规定确定。

抗震设防烈度为 6、7、8、9 度地区的建筑工程，纵向受力钢筋最小锚固长度 $l_{aE}$ 应按以下公式计算。

一、二级抗震等级： $$l_{aE} = 1.15 l_a \tag{5-24}$$

三级抗震等级： $$l_{aE} = 1.05 l_a \tag{5-25}$$

四级抗震等级： $$l_{aE} = l_a \tag{5-26}$$

式中：$l_a$——受拉钢筋的锚固长度，m。

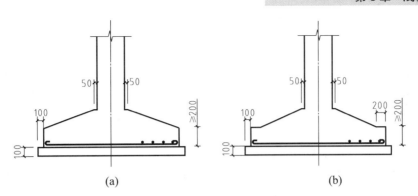

图 5.20 现浇柱锥形基础形式

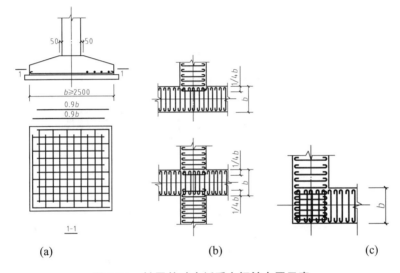

图 5.21 扩展基础底板受力钢筋布置示意

现浇柱的基础,其插筋的数量、直径以及钢筋种类应与柱内纵向受力钢筋相同。插筋的锚固长度应满足式(5-24)、式(5-25)、式(5-26),插筋与柱内纵向受力钢筋的连接方法,应符合现行《混凝土结构设计规范》(GB 50010—2010)的规定。插筋的下端宜做成直钩放在基础底板钢筋网上。当符合下列条件之一时,可仅将四角的插筋伸至底板钢筋网,其余插筋锚固在基础顶面下 $l_n$ 或 $l_{aE}$ 处(有抗震设防要求时),如图 5.22 所示。

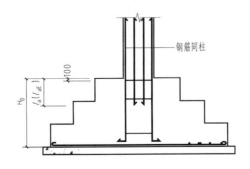

图 5.22 现浇柱的基础中插筋构造示意

(1) 柱为轴心受压或小偏心受压，基础高度≥1200 mm。
(2) 柱为大偏心受压，基础高度≥1400 mm。

预制柱下独立基础通常做成杯形基础，如图 5.23 所示，预制柱与杯形基础的连接，应符合下列要求。

(1) 柱插入杯口深度，可按表 5.12 选用，并应满足钢筋锚固长度的要求及吊装时柱的稳定性(即不小于吊装时柱长的 0.05 倍)。

(2) 基础的杯底厚度和杯壁厚度，可按表 5.13 选用。

(3) 当柱为轴心受压或小偏心受压且 $t/h_2 \geq 0.65$，或大偏心受压且 $t/h_2 \geq 0.75$ 时，杯壁可不配筋；当柱为轴心受压或小偏心受压且 $0.5 \leq t/h_2 < 0.65$ 时，杯壁可按表 5.14 构造配筋；其他情况下，应按计算配筋。

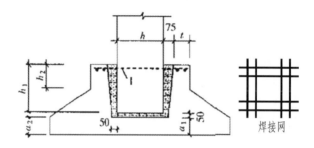

图 5.23 预制钢筋混凝土柱独立基础示意

表 5.12 柱插入杯口深度 $h_1$(mm)

| 矩形或工字形柱 | | | | 双肢柱 |
|---|---|---|---|---|
| $h<500$ | $500 \leq h<800$ | $800 \leq h \leq 1000$ | $h>1000$ | |
| $h\sim1.2h$ | $h$ | $0.9h$ 且≥800 | $0.8h$ 且≥1000 | $(1/3\sim2/3)h_a$ $(1.5\sim1.8)h_b$ |

注：① $h$ 为柱截面长边尺寸；$h_a$ 为双肢柱全截面长边尺寸；$h_b$ 为双肢柱全截面短边尺寸。
② 柱轴心受压或小偏心受压时，$h_1$ 可适当减小，偏心距大于 $2h$ 时，则应适当加大。

表 5.13 基础的杯底厚度和杯壁厚度

| 柱截面长边尺寸 $h$/mm | 杯底厚度 $a_1$/mm | 杯壁厚度 $t$/mm |
|---|---|---|
| $h<500$ | ≥150 | 150～200 |
| $500 \leq h<800$ | ≥200 | ≥200 |
| $800 \leq h<1000$ | ≥200 | ≥300 |
| $1000 \leq h<1500$ | ≥250 | ≥350 |
| $1500 \leq h \leq 2000$ | ≥300 | ≥400 |

注：① 双肢柱的杯底厚度值可适当加大。
② 当有基础梁时，基础梁下的杯壁厚度应满足其支承宽度的要求。
③ 柱子插入杯口部分的表面应凿毛，柱子与杯口之间的空隙，应用比基础混凝土强度等级高一级的细石混凝土充填密实，当达到材料设计强度的 70% 以上时，方能进行上部吊装。

表 5.14  杯壁构造配筋

| 柱截面长边尺寸/mm | $h<1000$ | $1000 \leqslant h<1500$ | $1500 \leqslant h \leqslant 2000$ |
|---|---|---|---|
| 钢筋直筋/mm | 8～10 | 10～12 | 12～16 |

注：表中钢筋置于杯口顶部，每边两根(见图 5.23)。

(4) 对伸缩缝处双柱的杯形基础，两杯口之间的杯壁厚度 $t < 400$ mm 时，杯壁可按图 5.24 所示进行配筋。

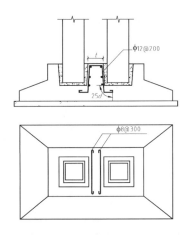

图 5.24  双杯口基础中间杯壁构造配筋示意

(5) 对于预制钢筋混凝土柱(包括双肢柱)与高杯口基础的连接，应满足《建筑地基基础设计规范》(GB 50007—2011)的有关规定，这里不再赘述。

## 5.6.3  扩展基础的计算

**1. 柱下钢筋混凝土独立基础的计算**

柱下钢筋混凝土独立基础的计算，主要包括基础底面尺寸的确定，基础冲切承载力验算以及基础底板配筋，并且在一些情况下还要验算基础受剪切承载力、局部受压承载力。在基础冲切承载力验算和基础底板配筋计算时，上部结构传来的作用的组合和相应的基底反力应按承载能力极限状态下作用的基本组合，采用相应的分项系数。分项系数可按《建筑结构荷载规范》(GB 50009—2012)的规定选用。

1) 柱下钢筋混凝土独立基础冲切承载力验算

当基础承受柱子传来的荷载时，若底板面积较大，而高度较薄时，基础就会发生冲切破坏，即基础从柱子(或变阶处)四周开始，沿着 45°斜面拉裂，从而形成冲切角锥体，如图 5.25 所示。

为了防止这种破坏，基础应进行冲切承载力验算。即在基础冲切角锥体以外，由地基反力产生的冲切荷载 $F_l$ 应小于基础冲切面上的抗冲切强度。对矩形截面柱的矩形基础，在柱与基础交接处以及基础变阶处的冲切强度可按下列公式计算。

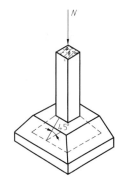

图 5.25  基础冲切破坏

$$F_l \leqslant 0.7\beta_{hp}f_t a_m h_0 \tag{5-27}$$

$$a_m = (a_t + a_b)/2 \tag{5-28}$$

$$F_l = p_j A_l \tag{5-29}$$

式中：$\beta_{hp}$——受冲切承载力截面高度影响系数，当 $h<800$ mm 时，$\beta_{hp}$ 取 1.0；当 $h \geqslant 2000$ mm 时，$\beta_{hp}$ 取 0.9，按间接线性内插法取用；

$f_t$——混凝土轴心抗拉强度设计值，kPa；

$h_0$——基础冲切破坏锥体的有效高度，m；

$a_m$——冲切破坏锥体最不利一侧计算长度，即斜截面上下边长 $a_t$、$a_b$ 的平均值，m，如图 5.27 所示，图中，$b_t$ 实为 $a_t$，$b_b$ 实为 $a_b$；

$a_t$——冲切破坏锥体最不利一侧斜截面的上边长，当计算柱与基础交接处的受冲切承载力时，取柱宽；当计算基础变阶处的受冲切承载力时，取上阶宽，m；

$a_b$——冲切破坏锥体最不利一侧斜截面在基础底面积范围内的下边长，当冲切破坏锥体的底面落在基础底面以内(见图 5.26)，计算柱与基础交接处的受冲切承载力时，取柱宽加两倍基础有效高度；当计算基础变阶处的受冲切承载力时，取上阶宽加两倍该处的基础有效高度；

$P_j$——扣除基础自重及其上土重后相应于作用的基本组合时的地基土单位面积净反力，对偏心受压基础可取基础边缘处最大地基土单位面积净反力，kPa；

$A_l$——冲切验算时取用的部分底面积(见图 5.34 中的阴影面积 ABCDEF)，m²；

$F_l$——相应于荷载效应基本组合时作用在 $A_l$ 上的地基土净反力设计值，kN。

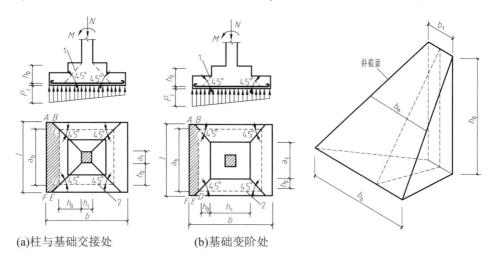

(a)柱与基础交接处　　(b)基础变阶处

图 5.26　基础冲切验算计算图　　　图 5.27　冲切斜截面边长

1—冲切破坏锥体最不利一侧的斜截面；2—冲切破坏锥体的底面线

验算时分下列两种情况。

(1) 当 $l \geqslant a_t + 2H_0$ 时(见图 5.26)：

$$A_l = \left(\frac{b}{2} - \frac{H_c}{2} - H_0\right)l - \left(\frac{l}{2} - \frac{a_t}{2} - H_0\right)^2 \tag{5-30}$$

(2) 当 $l < a_t + 2H_0$ 时：

$$A_l = \left(\frac{b}{2} - \frac{H_c}{2} - H_0\right)l \tag{5-31}$$

对于柱下钢筋混凝土独立基础冲切承载力验算，通常来讲，应先按经验假定基础高度，确定 $H_0$，然后再按式(5-27)进行冲切承载力验算，当不满足要求时，调整基础高度尺寸，直到满足要求为止。

一般锥形基础只需进行柱边的冲切承载力验算，而阶梯形基础需验算柱边及变阶处的冲切承载力。

2) 柱下钢筋混凝土独立基础底板配筋计算

在地基净反力 $P_j$ 作用下，基础底板在两个方向均发生向上的弯曲，分别是底部受到拉力，顶部受到压力。在危险截面内的弯曲应力超过底板的受弯承载力时，底板就会发生弯曲破坏，为了防止这种破坏，需要在基础底板下部配置钢筋。

对于矩形基础，在轴心荷载或单向偏心荷载作用下，当台阶的宽高比小于或等于 2.5 且偏心距小于或等于 1/6 基础宽度时，基础底板任意截面的弯矩可按下列公式进行计算(见图 5.28)。

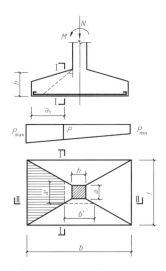

图 5.28 矩形基础底板的计算示意

$$M_{\mathrm{I}} = \frac{1}{12}a_1^2\left[(2l+a')\left(P_{\max}+P-\frac{2G}{A}\right)+(P_{\max}-P)l\right] \tag{5-32}$$

$$M_{\mathrm{II}} = \frac{1}{48}(l-a')^2(2b+b')\left(P_{\max}+P-\frac{2G}{A}\right) \tag{5-33}$$

式中：$M_{\mathrm{I}}$、$M_{\mathrm{II}}$——任意截面 I—I、II—II 处相应于作用的基本组合时的弯矩设计值，kN·m；

$a_1$——任意截面 I—I 至基底边缘最大反力处的距离，m；

$l$、$b$——基础底面的边长，m；

$P_{\max}$、$P_{\min}$——相应于作用的基本组合时的基础底面边缘最大和最小地基反力设计值，kPa；

$P$——相应于作用的基本组合时在任意截面I-I处基础底面地基反力设计值,kPa;

$G$——考虑作用分项系数的基础自重及其上的土重;当组合值由永久荷载控制时,作用分项系数可取1.35。

基础底板的配筋按下式计算:

$$A_s = \frac{M}{0.9 f_y h_0} \tag{5-34}$$

式中:$M$——计算截面的弯矩设计值,N·mm;

$f_y$——钢筋抗拉强度设计值,N/mm²;

$h_0$——基础的有效高度,mm。

一般锥形基础需计算柱边的弯矩及其配筋,阶梯形基础需计算柱边及变阶处的弯矩及其配筋,此时只要用台阶平面尺寸代替柱截面尺寸即可,计算方法同前。

**2. 墙下钢筋混凝土条形基础的验算**

墙下钢筋混凝土条形基础的设计主要包括确定基础宽度、基础危险截面处的抗弯及抗剪验算。在基础危险截面处的抗弯及抗剪验算时,上部结构传来的作用组合和相应的基底反力应按承载能力极限状态下作用的基本组合,采用相应的分项系数。分项系数可按《建筑结构荷载规范》(GB 50009—2012)的规定选用。

1) 墙下钢筋混凝土条形基础抗弯承载力验算

对于墙下钢筋混凝土条形基础任意截面每延米宽度的弯矩(见图5.29),可取 $l = a' = 1\,\text{m}$,按式(5-32)进行计算,即

$$M_1 = \frac{1}{6} a_1^2 \left( 2 p_{max} + p - \frac{3G}{A} \right) \tag{5-35}$$

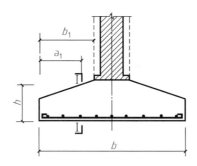

图5.29 墙下条形基础的计算示意

2) 墙下钢筋混凝土条形基础抗剪承载力验算

基础底板在剪力的作用下,应满足下列条件:

$$V \leqslant 0.7 f_t l H_0 \tag{5-36}$$

$$V = P_j l b_1 \tag{5-37}$$

式中:$V$——基础底板危险截面的剪力设计值,kN;

$f_t$——混凝土轴心抗拉强度设计值,kN/m²;

$l$——长度计算单元,取 $l = 1\,\text{m}$;

$b_1$——截面 I-I 至基底边缘最大反力处的距离,单位为 m,当墙体材料为混凝土时,取 $b_1 = \frac{1}{2}(b-a)$,为基底边缘至墙面的距离;当为砖墙且放脚≤1/4 砖长时,取 $b_1$,为基础边缘至墙面距离加上 1/4 砖长;

$a$——基础墙厚,m;

$b$——基础宽度,m;

$P_j$——扣除基础自重及其上土重后相应于作用的基本组合时的地基土单位墙长净反力,对于偏心受压基础,可取基础边缘处最大地基土单位墙长净反力,kN/m。

当扩展基础的混凝土强度等级小于柱的混凝土强度等级时,尚应验算柱下扩展基础顶面的局部受压承载力。

## 5.7 天然地基上浅基础的施工

【本节思维导图】

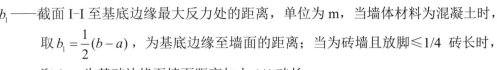

### 5.7.1 钢筋混凝土扩展基础的施工要点

基础施工前,应进行验槽并将地基表面的浮土及垃圾清除干净,要及时浇筑混凝土垫层,以免地基土被扰动。当垫层达到一定强度后,在其上进行弹线、绑扎钢筋、支模。

柱下独立基础的基底钢筋,一般长向钢筋放在下方,短向钢筋放在上方;对于墙下条形基础,沿基础宽度方向的钢筋放在下方,沿基础长度方向的钢筋放在上方。

对于预制柱的基础,柱子插入杯口部分的表面应凿毛,柱子与杯口之间的空隙,应用比基础混凝土强度等级高一级的细石混凝土充填密实,当达到材料设计强度的 70% 以上时,才能进行上部吊装。

需要注意的是,钢筋混凝土扩展基础应一次连续浇灌,不得在基础台阶交接处留水平施工缝。

## 5.7.2 毛石基础的施工要点

(1) 毛石砌体砌筑时，宜分皮卧砌，要做到上下错缝，内外搭砌，不得采用外面侧立石块中间填心的砌筑方法，以免削弱砌体的整体性。

(2) 毛石砌体的灰缝厚度适宜为 20～30 mm，砂浆要选用饱满，石块间较大的空隙应先填塞砂浆然后再用碎石块嵌实。不得采用先摆碎石块、后塞砂浆或干填碎石块的方法，以提高砌体自承载力。

(3) 砌筑毛石基础的第一皮石块应坐浆，并将大面向下，使其稳定。

(4) 毛石砌体每日的砌筑高度不应超过 1.2m。

(5) 毛石砌体的第一皮及转角处、交接处和洞口处，应选用较大的平毛石。基础砌体及每个楼层砌体的最上一皮，宜选用较大的毛石。

# 思考题与习题

**【思考题】**

1. 地基基础的设计有哪些要求和基本规定？
2. 地基变形有几种特征？并说明其意义和应用范围。
3. 地基承载力特征值有哪几种确定方法？
4. 地基基础设计时需具备哪些资料？
5. 天然地基上浅基础的设计，应按哪些步骤进行？
6. 地基允许变形值是怎样确定的？
7. 浅基础有哪些类型？并叙述它们的应用范围。
8. 确定基础埋深时应考虑哪些因素？
9. 在中心荷载及偏心荷载作用下，基础底面积如何确定？
10. 为什么要验算地基软弱下卧层的强度？其具体要求是什么？
11. 为什么现浇筑基础要预留基础插筋？它与柱的搭接位置在何处为宜？
12. 减轻不均匀沉降的危害应采取哪些措施？
13. 为什么基底下可以保留一定厚度的冻土层？
14. 无筋扩展基础有哪些类型？主要应满足哪些构造要求？
15. 扩展基础的概念是什么？它们的基础高度如何确定？

**【习题】**

1. 某综合住宅楼底层内柱截面尺寸为 300 mm × 400 mm，已知相应于荷载效应标准组合时柱传至室内设计标高处的荷载 $F_K = 780$ kN，$M_K = 110$ kN·m，基础两侧及地基土为粉质黏土，$\gamma = 18$ kN/m³，$f_{ak} = 165$ kPa，承载力修正系数 $\eta_b = 0.3$、$\eta_d = 1.6$，基础埋深 $d = 1.3$ m，室内外高差为 0.3 m。试确定基础底面积尺寸(答案：修正后的地基承载力特征值 $f_a = 188.04$ kPa；按中心荷载作用后算出基础底面积 $A_0 \geq 5\text{m}^2$，将基础扩大后可设

$b = l = 2.4$ m，经验算满足要求）。

2. 某承重外墙厚度为 370 mm，已知相应于荷载效应标准组合时柱传至室内设计标高处的荷载 $F_K = 270$ kN/m，基础两侧及地基土为黏土，$\gamma = 18.2$ kN/m³，$f_{ak} = 180$ kPa，承载力修正系数 $\eta_b = 0.3$，$\eta_d = 1.6$，基础埋深 $d = 1.0$ m，室内外高差为 0.3m。采用混凝土强度等级 C20、HPB235 钢筋，试验算基础宽度及底板高度，并计算底板钢筋面积（答案：修正后的地基承载力特征值 $f_a = 194.56$ kPa；基础宽度 $b \geqslant 1.57$m 即可，可取 $b = 1.7$m；底板高度可取 350 mm；底板钢筋面积 $A_s = 769.9$ mm²/m）。

3. 某边柱下单独基础底面积尺寸 $l \times b = 4$ m $\times 2$ m，已知相应于荷载效应标准组合时柱传至室内设计标高处的荷载 $F_K = 1100$ kN，基础埋深 $d = 1.5$ m，室内外高差为 0.45 m。基础两侧及地基土为黏土（$e$、$I_L$ 均小于 0.85），重度 $\gamma = 18$kN/m³，地基承载力特征值 $f_{ak} = 180$ kPa，试求修正后的地基承载力特征值 $f_a$，并验算地基承载力是否满足要求（答案：修正后的地基承载力特征值 $f_a = 208.8$kPa；地基承载力满足要求）。

4. 某住宅砖墙承重，外墙厚度为 0.49 m，已知相应于荷载效应标准组合时柱传至室内设计标高处的荷载 $F_K = 220$ kN/m，基础埋深 $d = 1.6$ m，室内外高差为 0.6 m，基础两侧及地基土为粉土，其重度 $\gamma = 18.5$ kN/m³，经修正后的地基承载力特征值 $f_a = 200$ kPa，基础材料采用毛石，砂浆采用 M5，试设计该墙下条形基础，并绘出基础剖面图形（答案：该墙下条形基础 $b \geqslant 1.35$ m 即可，可取 $b = 1.4$ m）。

第 5 章
课后习题答案

# 第6章　桩基础设计与施工

扩展图片

> **学习目标**
>
> (1) 掌握桩基础的适用性和分类，熟悉桩基的设计原则。
> (2) 了解基桩的质量检测方法：低应变法、声波透射法、钻芯法。
> (3) 掌握单桩竖向极限承载力标准值、特征值的计算，了解考虑承台效应的复合基桩竖向承载力特征值的计算。
> (4) 熟悉常见几种桩基础施工的施工工艺流程。

> **教学要求**

| 章节知识 | 掌握程度 | 相关知识点 |
| --- | --- | --- |
| 概述 | 了解桩基础的特点、设计原则以及桩与桩基础的分类 | 桩基础的特点、设计原则以及桩与桩基础的分类 |
| 基桩的质量检测 | 了解基桩的质量检测技术：低应变法、声波透射法、钻芯法 | 基桩的质量检测技术：低应变法、声波透射法、钻芯法 |
| 竖向承载力 | 掌握单桩竖向极限承载力标准值、特征值的计算 | 单桩竖向极限承载力标准值、特征值的计算 |
| 桩基础设计 | 熟悉桩基础的设计中桩型、桩长的确定以及桩基的计算、承台设计 | 桩基础的设计中桩型、桩长的确定以及桩基的计算、承台设计 |
| 桩基础施工 | 熟悉桩基础施工的施工方法、施工现场质量控制 | 熟悉桩基础施工的施工方法、施工现场质量控制 |

> **课程思政**
>
> 上海龙华塔、杭州湾的石砌岸壁、北京的御河桥及西安灞桥等这些历史上著名的桩基工程，它们见证了我国的桩基础由木桩基础发展到钢筋混凝土桩、钢桩等的历程，使学生们认识到桩基础的发展历史，向学生介绍这些成功的工程典范中技术人员的成长过程、忘我的工作过程，提升学生的社会责任感和使命感，培养正确的人生观和价值观，培养学生的拼搏奉献精神，让学生热爱专业、形成积极向上的良好精神风貌。

# 第6章 桩基础设计与施工

> **案例导入**
>
> 桩基础是一种历史悠久且应用广泛的深基础形式。随着工业技术和工程建设的发展，桩的类型和成桩工艺、桩的设计理论和设计方法、桩的承载力和桩体结构的检测技术等方面均有迅猛发展，使得桩与桩基础的应用更广泛。改革开放以后，随着我国经济的持续增长，城市建设向高空发展，市内交通向多层次立体化发展，铁路、公路新线不断延伸，港口、码头、机场不断扩建，如从东海之滨到西部边疆，从黑龙江到三亚湾，全国城乡到处都出现了打桩工地，连年不绝，颇为壮观。由于我国地域辽阔，地质复杂，加之各类工程本身的性质、结构、荷载和沉降要求各不相同，施工环境或施工条件常有差异，因此，我国各地各类工程所采用的桩型名目繁多。近年来随着各项工程对桩的技术要求日新月异，所遇地质、环境条件更趋复杂，桩的类型又有了新的发展。

【本章思维导图(概要)】

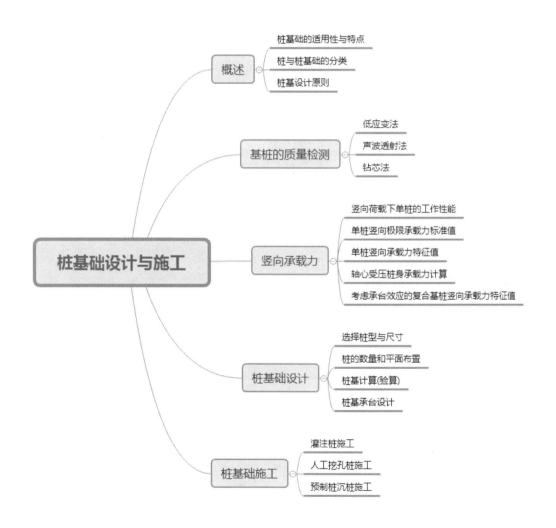

## 6.1 桩基础设计与施工概述

【本节思维导图】

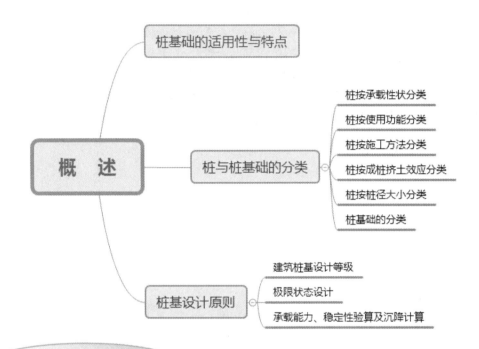

**带着问题学知识**

桩基础的特点是什么？
桩基础的分类有哪些？桩按施工方法分类有哪几类？
桩基的设计原则都有哪些？

为避免混淆，本章的主要依据是《建筑桩基技术规范》(JGJ 94—2008)、《建筑基桩检测技术规范》(JGJ 106—2014)，必要时提及《建筑地基基础设计规范》(GB 50007—2011)中有关桩基础的内容。

桩基础是一种深基础，在高层建筑、桥梁及港口工程中应用极为广泛。本章以桩基础的设计与施工为主线，简要介绍桩基的各种分类方法及其适用性、桩基础的设计内容和原则以及桩基施工、质量检测的常用方法。重点讨论单桩、群桩在竖向极限荷载下的工作性能、竖向承载力计算及桩基布置等，水平荷载作用本章不作讨论。

### 6.1.1 桩基础的适用性与特点

桩基础是一种承载性能好、适用范围广的深基础，在高层建设、桥梁、港口以及近海等结构工程中得到广泛的应用。

桩基础承台直接承受上部结构的各种作用,并且利用其刚度将上部结构的作用传至下部的一根或者多根桩以及承台底面下的土体。桩在使用期间的受力状态属于受压。桩基础的主要功能是将荷载传至地下较深处的密实土层,以满足承载力和沉降要求。因而,桩基础具有承载力高、沉降速率慢、沉降量较小且均匀等特点,能承受较大的竖向荷载、水平荷载、上拔力以及动力作用。在建筑结构荷载的传递过程中,上部结构、桩基础和地基土体之间相互作用,共同工作。此外,桩基础施工的土石方工程量较小,施工机械化和工厂化程度较高,综合造价较低。

根据基础埋置深度和施工方法的不同,建筑物基础可分为浅基础和深基础,桩基础作为深基础。桩基础的施工需要开挖承台埋置深度以内的基坑(槽),施工时要先用桩机施工机械和相应施工工艺在岩土中成桩,再在桩顶浇筑钢筋混凝土承台。桩基础承台的刚度较大,在沉降过程中可以有效地协调群桩中桩与桩之间的荷载分配,因此桩基础沉降均匀。在桩基础的地基承载力计算以及地基变形验算中,不仅要考虑承台底面以下浅层地基土层的工程性质,而且还应考虑桩侧以及桩端以下深层地基土层的承载力和工程性质。

## 6.1.2 桩与桩基础的分类

### 1. 桩按承载性状分类

桩在竖向荷载作用下,桩顶部的荷载由桩端的端阻力和桩与桩侧岩土间的侧阻力共同承担。由于桩侧、桩端岩土的物理力学性质以及桩的尺寸和施工工艺不同,桩侧和桩端阻力的大小以及它们分担荷载的比例有很大差别,据此将桩分为摩擦型桩和端承型桩。

1) 摩擦型桩

(1) 摩擦桩。桩在承载能力极限状态下,桩顶竖向荷载由桩侧阻力承受,桩端阻力小到可忽略不计。

(2) 端承摩擦桩。桩在承载能力极限状态下,桩顶竖向荷载主要由桩侧阻力承受。

2) 端承型桩

(1) 端承桩。桩在承载能力极限状态下,桩顶竖向荷载由桩端阻力承受,桩侧阻力小到可忽略不计。

(2) 摩擦端承桩。桩在承载能力极限状态下,桩顶竖向荷载主要由桩端阻力承受。

### 2. 桩按使用功能分类

当上部结构完工后,承台下的桩不仅要承受上部结构传来的竖向荷载,还担负着因风和振动作用而引起的水平力和力矩。根据桩在使用状态下的抗力性能和工作机理,分为以下几种。

(1) 竖向抗压桩。竖向抗压桩是主要承受竖向荷载的桩。大多数建筑的桩基础为竖向抗压桩。

(2) 竖向抗拔桩。竖向抗拔桩是主要承受上拔荷载的桩。地下水位较高时,抵抗地下室上浮力的桩为竖向抗拔桩。

(3) 水平受荷桩。水平受荷桩主要承受水平荷载的桩。例如深基坑的围护桩就属于水平受荷桩。

(4) 复合受荷桩。复合受荷桩是承受竖向、水平荷载均较大的桩。比如跨江河桥梁的高承台桩既要承受竖向荷载，也要承受风浪引起的水平荷载。

### 3. 桩按桩身材料分类

桩根据材料的不同，分为以下几种。

1) 木桩

木桩常用松木、杉木做成。木桩桩径(小头直径)取值一般为160～260 mm，桩长为4～6 m。木桩自重小，具有一定的弹性和韧性，又便于加工、运输和施工。木桩适合在地下水位以下地层中工作，因为在这种条件下木桩能抵抗真菌的腐蚀而保持耐久性。当地下水位离地面深度较大而桩必须支承于地下水位以下时，这时可在地下水位以上部分以钢筋混凝土桩身代之，同时将其与下段木桩相连接。然而对于地下水位变化幅度大的地区不宜使用木桩。

由于我国木材资源有限，因此工程实践中早已趋向于少用木桩。古代建筑基础，如塔基，常用木桩，桩间充填三合土，可减缓木材腐烂速度。现代木桩的情况一般在局部木材盛产地区可用于小型工程和临时工程，如建设小桥、小型基坑支护。

2) 钢桩

钢桩可根据荷载特征制作成各种有利于提高承载力的断面，管形和箱形断面桩桩端常做成敞口式，以减少沉桩过程中的挤土效应；当桩壁的轴向抗压强度不够时，可将挤土管或箱中的土塞挖除后灌筑混凝土。H型钢桩沉桩过程中的排土量较小，沉桩贯入性能好。此外，H型桩的表面积大，用于承受竖向荷载时能提供较大的摩阻力。为增大桩的摩阻力，还可在H型钢桩的翼缘或腹板上加焊钢板或型钢。对于承受侧向荷载的钢桩，可根据弯矩沿桩身的变化情况局部加强其断面刚度和强度。

钢桩除具有上述断面可变的优点外，还具有抗冲击性能好、节头易于处理、运输方便、施工质量稳定及抗压抗弯强度高等优点。而钢桩的最大缺点是造价高、易腐蚀，其造价一般相当于钢筋混凝土桩的3～4倍。因此，钢桩还只能在极少数深厚软土层上的高重建筑物或海洋平台基础中使用。

3) 混凝土桩

混凝土桩为工程中应用最多的桩，其可以分为普通混凝土桩和预应力混凝土桩。普通混凝土桩的抗压、抗弯和抗剪强度均较高，通常对桩身是根据施工阶段和使用阶段的受力特点进行配筋计算。预应力混凝土桩的最大特点是可以增强桩身强度抵抗施工阶段和使用阶段的抗裂性能，还能充分地利用高强度钢筋的强度，减少了配筋，节约钢筋。

4) 组合材料桩

组合材料桩是指根据不同的入土深度，分段用不同材料组合而成的桩。这类桩只在很特殊的条件下因地制宜地采用。由于缺少实验研究和实践经验，对于新型组合桩采用时应保持慎重态度。

### 3. 桩按施工方法分类

桩按照施工方法可分为预制桩和灌注桩两大类。

1) 预制桩

这里所指的预制桩是混凝土预制桩,其主要有混凝土预制桩和预应力混凝土空心桩两大类。

混凝土预制桩的截面形状、尺寸和长度可以在一定范围内按照需求选择,其截面有方、圆等各种形状,实心方桩的边长不应小于 200 mm,工厂预制时一般每节≤12 m。

预应力混凝土空心桩,按截面形式可分为管桩、空心方桩。对桩身主筋施加预拉应力,混凝土受预压应力,从而提高起吊时桩身的抗弯能力和冲击沉桩时的抗拉能力,改善抗裂性能,减轻自重,节约钢材。预应力混凝土空心桩的制作方法为离心成型的先张法。

成桩方法是按规定的沉桩标准,以锤击、振动或静压方式将桩沉入地层至设计标高。为减少沉桩阻力和沉桩时的挤土影响,可借助预钻孔沉桩,当地层中存在硬夹层时,也可采用水冲方式沉桩,以提高桩的贯入能力和沉桩效率。施工机械包括自由落锤、蒸汽锤、液压锤以及静力压桩机等。

2) 灌注桩

灌注桩是直接在设计的桩位处成孔,通过在孔内下放钢筋笼(或不放)再灌注混凝土而形成的桩。它与预制混凝土桩相比,具有以下优点:①只按桩身内力大小配筋或不配筋,可节约钢材;②桩长按实际长度灌注,省去了接桩的麻烦,可省工省料;③一般无锤击振动和噪声,对邻近已建建筑物的安全性影响较小;④视需要桩径或仅桩底扩大或嵌入岩层,可提高桩的承载力;⑤在现场灌注,无构件运输问题,可用于交通不便的场地。由于灌注桩是在地下隐蔽条件下成型的,因此保证灌注桩承载力的关键在于施工时的成桩质量。

扩展资源 1.
灌注桩分类与施工方法

### 4. 桩按成桩挤土效应分类

成桩过程对建筑场地内的土层结构有扰动,同时产生挤土效应,引发施工环境问题。根据挤土效应的大小可将桩分为以下几种。

(1) 挤土桩。采用锤击、振动等沉桩方法把桩打入土中,将桩位处的土大量排挤开,因而使桩周某一范围内的土结构受到严重扰动破坏。这种桩还会对场地周围环境造成较大影响,因此事先必须制定相应的成桩顺序,采用相应的防护措施。比如沉管灌注桩、沉管夯(挤)扩灌注桩、打入(静压)预制桩、闭口预应力混凝土空心桩以及闭口钢管桩均属挤土桩。

(2) 部分挤土桩。沉桩时对桩周土体有部分排挤作用,但土的强度和变形性质改变不大的桩。成桩过程对桩周土体的强度及变形性质会产生一定的影响。一般底端开口的管桩,比如 H 型钢桩,预钻孔打入式预制桩,冲孔灌注桩,以及钻孔挤扩灌注桩、搅拌劲芯桩均属部分挤土桩。

(3) 非挤土桩。采用钻或挖的方法,在桩的成孔过程中清除孔中土体,故没有成桩时的挤土效应。如干作业法、泥浆护壁法、套管护壁法的钻(挖)孔灌注桩都属非挤土桩。

在不同的地质条件下,按不同方法设置的桩所表现的不同性状是复杂的。大量工程实践表明,沉桩挤土效应对桩的承载力和变形性质等有很大的影响,这是因为排挤作用会改变桩周土体的天然结构和应力状态等,从而使土的性质发生变化。例如在非饱和松散土中采用挤土桩,其承载力明显高于非挤土桩。但在饱和软土中设置挤土桩,可能导致灌注桩身缩小甚至断裂,从而降低桩的承载力;在预制桩中还可能引起桩体上浮,导致孔隙水压力消散,土层产生固结沉降,使桩身产生负摩阻力,增大了桩基沉降。

#### 5．桩按桩径大小分类

(1) 小直径桩。桩直径 $d \leqslant 250$ mm 的桩称为小直径桩。由于桩径小，沉桩的施工机械、施工场地与施工方法都比较简单。小桩适用于中小型工程和基础加固，例如，虎丘塔倾斜加固的树根桩，桩径仅为 90 mm，被称为典型小桩。

(2) 中等直径桩：桩直径 $d$ 为 250 mm$<d<$800 mm 的桩均称为中等直径桩。中等直径桩的承载力较大，故长期以来在工业与民用建筑物中大量使用。中等直径桩的成桩方法和施工工艺种类很多，为量大面广的最主要的桩型。

(3) 大直径桩：桩直径 $d \geqslant 800$ mm 的桩称为大直径桩。因为桩径大，而且桩端还可扩大，因此单桩承载力高。例如上海宝钢一号高炉采用的 $\phi 914$ 钢管桩的大直径桩，又如北京中央彩色电视中心采用的钻孔扩底桩和北京图书馆应用的人工挖孔扩底桩都是大直径桩。大直径桩多为端承型桩。大直径桩可实现一柱一桩的优良结构形式，通常用于高层建筑、重型设备基础。大直径桩每一根桩的施工质量都必须切实保证。施工时要求对每一根桩作施工记录，进行质量检验；须将虚土清除干净，再下钢筋笼，并用商品混凝土一次浇成。

#### 6．桩基础的分类

(1) 单桩基础、群桩基础。由单根桩承接与传递上部结构的荷载，这种独立基础为单桩基础。由两根或两根以上的多根桩组成，多根桩的上部与承台相联结，这种桩基础为群桩基础。群桩基础的单桩称为基桩。

(2) 低承台桩基、高承台桩基。桩承台的底面位于地面以下，其桩基除可承受垂直荷载外，还可在一定程度上承受水平荷载，这种桩基为低承台桩。承台的底面位于地面以上甚至处于水中，其承受水平荷载性能较差，这种桩基为高承台桩基，如跨江跨河桥梁。

## 6.1.3 桩基设计原则

#### 1．建筑桩基设计等级

《建筑桩基技术规范》(JGJ 94—2008)规定，根据建筑规模、功能特征、对差异变形的适应性、场地地基和建筑物体型的复杂性以及由于桩基问题可能造成建筑破坏或影响正常使用的程度，将桩基设计分为以下三个设计等级。

(1) 甲级。①重要的建筑；②30 层以上或高度超过 100 m 的高层建筑；③体型复杂且层数相差超过 10 层的高低层(含纯地下室)连体建筑；④20 层以上框架-核心筒结构及其他对差异沉降有特殊要求的建筑；⑤场地和地基条件复杂的 7 层以上的一般建筑及坡地、岸边建筑；⑥对相邻既有工程影响较大的建筑。

(2) 乙级。除甲级、丙级以外的建筑。

(3) 丙级。场地和地基条件简单、荷载分布均匀的 7 层及 7 层以下的一般建筑。

#### 2．极限状态设计

桩基础应按下列两类极限状态设计。

(1) 承载能力极限状态。当桩基达到最大承载能力、整体失稳或发生不适于继续承载的变形时，桩基就处于承载能力极限状态。

(2) 正常使用极限状态。当桩基达到建筑物正常使用所规定的变形限值或达到耐久性要求的某项限值时，这时桩基处于正常使用极限状态。

### 3．承载能力、稳定性验算及沉降计算

(1) 桩基应根据具体条件分别进行下列承载能力计算和稳定性验算。

① 应根据桩基的使用功能和受力特征分别进行桩基的竖向承载力计算和水平承载力计算。

② 应对桩身和承台结构承载力进行计算；对于桩侧土不排水抗剪强度小于 10kPa、且长径比大于 50 的桩应进行桩身压屈验算；对于混凝土预制桩应按吊装、运输和锤击作用进行桩身承载力验算；对于钢管桩应进行局部压屈验算。

③ 当桩端平面以下存在软弱下卧层时，应进行软弱下卧层承载力验算。

④ 对位于坡地、岸边的桩基应进行整体稳定性验算。

⑤ 对于抗浮、抗拔桩基，应进行基桩和群桩的抗拔承载力计算。

⑥ 对于抗震设防区的桩基应进行抗震承载力验算。

(2) 下列建筑桩基应进行沉降计算。

① 设计等级为甲级的非嵌岩桩和非深厚坚硬持力层的建筑桩基。

② 设计等级为乙级的体型复杂、荷载分布显著不均匀或桩端平面以下存在软弱土层的建筑桩基。

③ 软土地基多层建筑减沉复合疏桩基础。

## 6.2 基桩的质量检测

【本节思维导图】

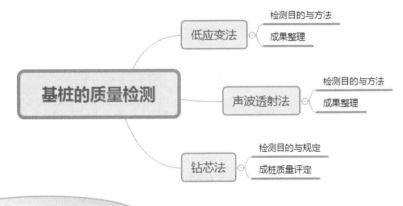

【带着问题学知识】

基桩的质量检测方法有哪些？
基桩质量检测方法中，声波透射法是什么？
钻芯法的检测目的是什么？

近年来，因桩基工程质量问题而直接影响建筑物结构正常使用与安全的事例很多，由于桩基础属于隐蔽工程，容易出现缩径、夹泥、断桩或沉渣过厚等质量缺陷，这些质量缺陷影响单桩承载力和桩身结构的完整性。因此，必须加强基桩施工过程中的质量管理和施工后的质量检测，来提高基桩检测工作的质量和检测评定结果的可靠性，这对确保整个桩基工程的质量和安全具有重要意义。

音频 1. 基桩质量检测方法的分类

按照《建筑基桩检测技术规范》(JGJ 106—2014)，目前较为常用的质量检测技术有低应变法、声波透射法及钻芯法等。下面简单进行介绍。

## 6.2.1 低应变法

### 1. 检测目的与方法

1) 检测目的

低应变法用于检测桩身缺陷及位置，判定桩身完整性类别。桩的有效检测桩长范围应通过现场试验确定。

2) 检测设备

低应变法的瞬态激振设备包括能激发宽脉冲和窄脉冲的力锤和锤垫，力锤和锤垫的材质可通过现场试验确定，多选用工程塑料、高强尼龙、铝、铜、铁、橡皮垫等，锤的质量可为几百克至几十千克不等。稳态激振设备为扫频信号发生器、功率放大器及电磁式激振器。由扫频信号发生器输出等幅值、频率可调的正弦信号扫频范围为10Hz～2000Hz，通过功率放大器放大至电磁激振器来输出同频率正弦激振力作用于桩顶。桩、土处于弹性状态。

低应变动力检测采用的测量响应传感器主要是压电式加速度传感器，对于桩的瞬态响应测量，习惯上将加速计的实测信号曲线积分成速度曲线，并以此进行判读。

### 2. 成果整理

人员水平、测试过程以及测量系统各环节出现异常，均直接影响结论判断的正确性，只有根据原始信号曲线才能鉴别。《建筑基桩检测技术规范》(JGJ 106—2014)规定低应变检测报告应给出桩身完整性检测的实测信号曲线。

检测报告应包含的信息如下。

(1) 委托方名称，工程名称、地点，建设、勘察、设计、监理和施工单位，基础、结构形式，层数，设计要求，检测目的，检测依据，检测数量，检测日期。

(2) 地基条件描述。

(3) 受检桩的桩型、尺寸、桩号、桩位、桩顶标高和相关施工记录。

(4) 检测方法，检测仪器设备，检测过程叙述。

(5) 受检桩的检测数据，实测与计算分析曲线、表格和汇总结果。

(6) 与检测内容相应的检测结论。

(7) 桩身波速取值。

(8) 桩身完整性描述、缺陷的位置及桩身完整性类别。

(9) 时域信号时段所对应的桩身长度标尺、指数或线性放大的范围及倍数；或幅频信号曲线分析的频率范围、桩底或桩身缺陷对应的相邻谐振峰间的频差。

## 6.2.2 声波透射法

### 1. 检测目的与方法

1) 检测目的

声波透射法用于检测混凝土灌注桩的桩身完整性,判定桩身缺陷的位置、范围和程度。对于桩直径小于 0.6 m 的桩,不宜采用声波透射法检测桩身完整性。

2) 检测设备

检测设备主要有声波发射与接收换能器、声波检测仪。声波发射与接收换能器的水密性应满足 1 MPa 水压不渗水,谐振频率应为 30～60 kHz。

3) 方法与特点

声波透射法的基本方法是:基桩成孔后,灌注混凝土之前,在桩内埋入若干根声测管作为声波发射和接收换能器的通道,在桩身混凝土灌注若干天之后开始检测,用声波检测仪沿桩的纵轴方向以一定的间距逐点检测声波穿过桩身各横截面的声学参数,然后对这些检测数据进行处理、分析和判断,确定桩身混凝土的缺陷的位置、范围、程度,从而推断桩身混凝土的连续性、完整性及均匀性状况,评定桩身完整性等级。

声波透射法与其他方法比较,有其明显的特点:检测全面、细致,声波检测的范围可覆盖全桩长的各个横截面,信息量相当丰富,结果准确可靠,且现场操作简便、迅速,不受桩长、长径比的限制,一般也不受场地限制。

### 2. 成果整理

声波透射法检测混凝土灌注桩的成果以及质量检测报告,主要包括以下内容。

(1) 委托方名称,工程名称、地点,建设、勘察、设计、监理和施工单位,基础、结构形式,层数,设计要求,检测目的,检测依据,检测数量,检测日期。

(2) 地基条件描述。

(3) 受检桩的桩型、尺寸、桩号、桩位、桩顶标高和相关施工记录。

(4) 检测方法,检测仪器设备,检测过程叙述。

(5) 受检桩的检测数据,实测与计算分析曲线、表格和汇总结果。

(6) 与检测内容相应的检测结论。

(7) 声测管布置图及声测剖面编号。

(8) 受检桩每个检测剖面声速-深度曲线、波幅-深度曲线,并将相应的临界值所对应的标志线绘制于同一个坐标系中。

(9) 当采用主频值、PSD 值或接收信号能量进行辅助分析判定时,应绘制相应的主频-深度曲线、PSD 曲线或能量-深度曲线。

(10) 各检测剖面实测波列图。

(11) 对加密测试、扇形扫测的有关情况说明。

(12) 当对管距进行修正时,应注明进行管距修正的范围及方法。

### 6.2.3 钻芯法

在实际工程中，可能由于现场条件、当地试验设备能力等条件限制无法进行基桩静荷载试验和低应变法(或高应变法)检测，也可能由于没有预埋声测管而无法进行声波透射检测，这时可采用钻芯法。

钻芯法借鉴了地质勘探技术，在混凝土中抽取芯样，通过芯样表观质量和芯样试件抗压强度试验结果，综合评价钻(冲)孔、人工挖孔等现浇混凝土灌注桩的成桩质量，其不受场地条件限制，特别适合于大直径混凝土灌注桩的成桩质量检测。

**1．检测目的与规定**

1) 检测目的

钻芯法适用于检测混凝土灌注桩的桩长、桩身混凝土强度、柱底沉渣厚度，判定或鉴别桩端持力层岩土性状，判定桩身完整性类别。具体目的如下。

(1) 检测桩身混凝土的质量情况，如桩身混凝土胶结状况、有无气孔、松散或断桩等，桩身混凝土强度是否符合设计要求。

(2) 桩底沉渣是否符合设计规范的要求。

(3) 桩底持力层的岩土性状(强度)和厚度是否符合设计和规范要求。

(4) 测定桩长是否与施工记录桩长一致。

2) 设备

钻机宜采用岩芯钻探的液压高速钻机，采用单动双管钻具钻取芯样，严禁使用单动单管钻具，钻头应根据混凝土设计强度等级选用合适的金刚石钻头，从经济合理的角度考虑，应选用外径为101 mm 和110mm 的钻头。

3) 钻芯孔数与孔位

桩径小于 1.2 m 的桩的钻孔数量可为 1～2 个孔，桩径为 1.2～1.6 m 的桩宜为 2 个孔，桩径大于 1.6 m 的桩宜为 3 个孔。

当钻芯孔为 1 个时，宜在距桩中心 10～15 cm 的位置开孔；当钻芯孔为 2 个或 2 个以上时，宜在距桩中心 $0.15D$～$0.25D$ 范围内均匀对称开孔。

对桩端持力层的钻探，每根受检桩不应少于 1 个孔。

4) 芯样直径

芯样直径为 70～100 mm，一般不宜小于骨料最大粒径的 3 倍，在任何情况下不得小于骨料最大粒径的 2 倍。

**2．成桩质量评定**

由于建筑场地地质条件是复杂多变和非均匀性的，其成桩质量变化较大。除了桩身完整性和芯样抗压强度代表值外，当设计有要求时，应判断桩底的沉渣厚度、持力层强度是否满足设计要求。钻芯法可准确测定桩长和桩身的完整性。

为保证工程质量，应按单桩进行桩身完整性和混凝土强度评价。当出现下列情况之一时，应判定该受检桩不满足设计要求。

(1) 混凝土芯样试件抗压强度检测值小于混凝土设计强度等级。

(2) 桩长、桩底沉渣厚度不满足设计要求。

(3) 桩底持力层的岩土性状(强度)或厚度不满足设计要求。

当桩基设计资料未作具体规定时，应按国家现行标准判定成桩质量。

## 6.3 竖向承载力

【本节思维导图】

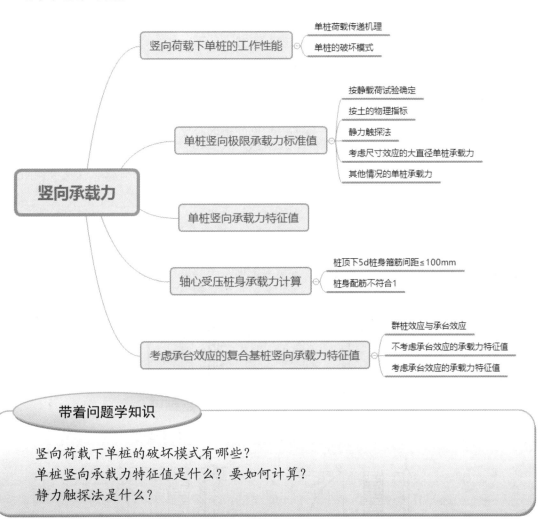

**带着问题学知识**

竖向荷载下单桩的破坏模式有哪些？

单桩竖向承载力特征值是什么？要如何计算？

静力触探法是什么？

### 6.3.1 竖向荷载下单桩的工作性能

桩基承受的荷载是由桩基传递到地基中的，桩的竖向承载力包括桩身结构的承载力和地基土对桩的支承力两种。

**1. 单桩荷载传递机理**

当竖向荷载逐步施加于单桩桩顶，桩身上部受到压缩而产生相对于土的向下位移，与此同时，桩侧表面就会受到土的向上摩阻力。桩顶荷载通过发挥出来的桩侧摩阻力传递到桩周土层中，致使桩身轴向压力和桩身压缩变形随着深度递减。在桩土相对位移等于零处，其摩阻力也等于零。随着荷载的增加，桩身压缩量和位移量增大，桩身下部摩阻力随之逐步调动起来，桩底土层也因受到压缩而产生桩端阻力。桩端土层的压缩加大了桩与土的相对位移，从而使桩身摩阻力进一步发挥出来。当桩身摩阻力全部发挥出来达到极限后，若继续增加荷载，其荷载增量将全部由桩端阻力承担。由于桩端持力层的大量压缩和塑性挤出，位移增加速度显著加大，直至桩端阻力达到极限，位移迅速增大而破坏。此时桩所受的荷载就是桩的极限承载力。

在竖向荷载下，桩的沉降 $S$ 由以下三部分组成。

(1) 桩身在轴向压力作用下的压缩变形 $\delta_p$。

(2) 桩侧荷载传递到桩端平面以下，引起桩端平面以下的土体压缩，桩端随土体压缩而沉降 $S_b$。

(3) 当桩端荷载较大时，桩端土产生剪切破坏或刺入破坏而引起的沉降 $S_c$。

$$S = \delta_p + S_b + S_c \tag{6-1}$$

要计算以上三部分的沉降，就必须知道桩侧、桩端各自分担的荷载，以及桩侧阻力沿桩身的分布。

### 2. 单桩的破坏模式

如图 6.1 所示，单桩在竖向荷载下的破坏由以下两种强度破坏之一而引起：地基土强度破坏或桩身材料强度破坏。通常桩的破坏是由于地基土强度破坏而引起的。

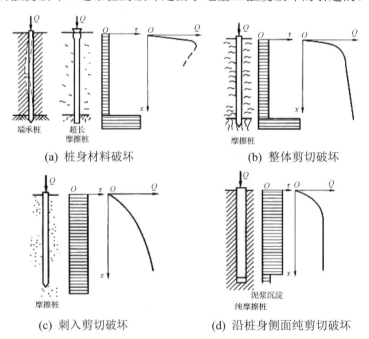

图 6.1 轴向荷载作用下单桩的破坏模式

与桩的承载力相联系的地基土强度包含桩侧阻力和桩端阻力。

单桩在轴向荷载作用下,其破坏的模式主要取决于桩周土的抗剪强度、桩端支承情况、桩的尺寸以及桩的类型等条件。它主要有以下几种破坏模式。

1) 屈曲破坏

当桩支承在坚硬的土层或岩层上,桩周土层极为软弱,桩身无约束或无侧向抵抗力时,桩在轴向荷载作用下,压杆出现纵向挠曲破坏,荷载-沉降($Q$-$S$)关系曲线为"急剧破坏"的陡降型,其沉降量很小,具有明确的破坏荷载,如图6.1(a)所示,桩的承载力取决于桩身的材料强度。如穿越深厚淤泥质土层中的小直径端承桩或嵌岩桩,细长的木桩等多属于此种破坏。

2) 整体剪切破坏

当具有足够强度的桩穿过抗剪强度较低的土层,达到强度较高的土层,且桩的长度不大时,桩在轴向荷载作用下,由于桩底上部土层不能阻止滑动土楔的形成,桩底土体形成滑动面而出现整体剪切破坏。此时桩的沉降量较小,桩侧摩阻力难以发挥,主要荷载由桩端阻力承受,$Q$-$S$曲线也为陡降型,呈现明确的破坏荷载,如图6.1(b)所示。桩的承载力主要取决于桩端土的支承力。一般打入式短桩等均属于此种破坏。

3) 刺入破坏

当桩的入土深度较大或桩周土层抗剪强度较均匀时,桩在轴向荷载作用下将出现刺入破坏。此时桩顶荷载主要由桩侧摩阻力承受,桩端阻力极小,桩的沉降量较大。一般当桩周围土质较软弱时,$Q$-$S$曲线为"渐进破坏"的缓变型,无明显拐点,极限荷载难以判断,桩的承载力主要由上部结构所能承受的极限沉降确定,如图6.1(c)所示;当桩周土的抗剪强度较高时,$Q$-$S$曲线可能为陡降型,有明显拐点,桩的承载力主要取决于桩周土的强度,如图6.1(d)所示。一般情况下的钻孔灌注桩多属于此种情况。

## 6.3.2 单桩竖向极限承载力标准值

### 1. 按静荷载试验确定

在建筑场地设置试验桩,然后对试验桩逐级加荷,并观测各级荷载作用时桩的沉降量,直到桩周围破坏。对打入桩,可以在置桩后间隔一段时间开始试验,其主要目的是使挤土桩作用产生的孔隙水压力得以消散,受扰动的土体结构强度得以部分恢复,从而使得试验结果更接近真实情况。对于灌注桩开始试验的时间:混凝土龄期应大于28天。关于承载力检测前的休止时间:砂土为7天;粉土为10天;饱和黏性土为25天,非饱和黏性土为15天。

试桩的装置主要包括加荷系统和桩顶沉降观测系统两部分,如图6.2所示。

(1) 当$Q$-$S$曲线末端明显向下转折(见图6.3中的曲线①),即出现陡降阶段时,取明显转折点所对应的荷载为单桩极限荷载$Q_u$。

(2) 若$Q$-$S$曲线无明显拐点(见图6.3中的曲线②),一般取桩顶总沉降$S = 40$ mm 或取$S = 0.05D$($D \geqslant 800$ mm,$D$为桩端直径)对应的荷载为$Q_u$;对桩基沉降有特殊要求时,应根据具体情况,从允许沉降量出发确定单桩承载力。

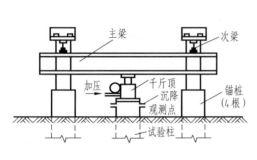
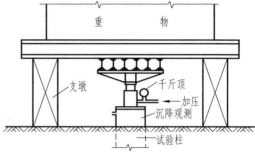

(a) 锚桩横梁反力装置　　　　　　(b) 压重平台反力装置

图 6.2　单桩静荷载试验的加荷装置

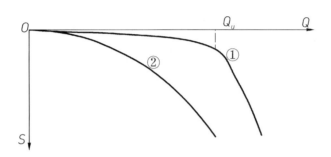

图 6.3　单桩荷载-沉降 $Q$-$S$ 曲线

**2．按土的物理指标(经验参数法)**

根据土的物理指标与承载力参数之间的经验关系，确定单桩竖向极限承载力标准值时，宜按下式计算：

$$Q_{uk} = Q_{sk} + Q_{pk} = u\sum q_{sik}l_i + q_{pk}A_p \tag{6-2}$$

式中：$q_{sik}$——桩侧第 $i$ 层土的极限侧阻力标准值，kPa，如无当地经验值，按表6.1、表6.2取值；

　　　$q_{pk}$——极限端阻力标准值，kPa，如无当地经验，按表6.3取值；

　　　$u$——桩身周长，m；

　　　$l_i$——桩穿越第 $i$ 层土的厚度，m；

　　　$A_p$——桩端面积，m²。

表 6.1　土体中桩的极限侧阻力标准值 $q_{sik}$(kPa)

| 土的名称 | 土的状态 | | 混凝土预制桩 | 泥浆护壁(冲)孔桩 | 干作业钻孔桩 |
|---|---|---|---|---|---|
| 填土 | | | 22～30 | 20～28 | 20～28 |
| 淤泥 | | | 14～20 | 12～18 | 12～18 |
| 淤泥质土 | | | 22～30 | 20～28 | 20～28 |
| 黏性土 | 流塑 | $I_L > 1$ | 24～40 | 21～38 | 21～38 |
| | 软塑 | $0.75 < I_L \leq 1$ | 40～55 | 38～53 | 38～53 |
| | 可塑 | $0.50 < I_L \leq 0.75$ | 55～70 | 53～68 | 53～66 |

续表

| 土的名称 | 土的状态 | | 混凝土预制桩 | 泥浆护壁(冲)孔桩 | 干作业钻孔桩 |
|---|---|---|---|---|---|
| 黏性土 | 硬可塑 | $0.25 < I_L \leq 0.5$ | 70～86 | 68～84 | 66～82 |
| | 硬塑 | $0 < I_L \leq 0.25$ | 86～98 | 84～96 | 82～94 |
| | 坚硬 | $I_L \leq 0$ | 98～105 | 96～102 | 94～104 |
| 红黏土 | $0.7 < a_w \leq 1$ | | 13～32 | 12～30 | 12～30 |
| | $0.5 < a_w \leq 0.7$ | | 32～74 | 30～70 | 30～70 |
| 粉土 | 稍密 | $e > 0.9$ | 26～46 | 24～42 | 24～42 |
| | 中密 | $0.75 \leq e \leq 0.9$ | 46～66 | 42～62 | 42～62 |
| | 密实 | $e < 0.75$ | 66～88 | 62～82 | 62～82 |
| 粉细砂 | 稍密 | $10 < N \leq 15$ | 24～48 | 22～46 | 22～46 |
| | 中密 | $15 < N \leq 30$ | 48～66 | 46～64 | 46～64 |
| | 密实 | $30 < N$ | 66～88 | 64～86 | 64～86 |
| 中砂 | 中密 | $15 < N \leq 30$ | 54～74 | 53～72 | 53～72 |
| | 中密 | $30 < N$ | 74～95 | 72～94 | 72～94 |
| 粗砂 | 中密 | $15 < N \leq 30$ | 74～95 | 74～95 | 76～98 |
| | 密实 | $30 < N$ | 95～116 | 95～116 | 98～120 |
| 砾砂 | 稍密 | $5 < N_{63.5} \leq 15$ | 70～110 | 50～90 | 60～100 |
| | 中密(密实) | $15 < N_{63.5}$ | 116～138 | 116～130 | 112～130 |
| 圆砾、角砾 | 中密、密实 | $10 < N_{63.5}$ | 160～200 | 135～150 | 135～150 |
| 碎石、卵石 | 中密、密实 | $10 < N_{63.5}$ | 200～300 | 140～170 | 150～170 |

注：① 对于尚未完成自重固结的填土和以生活垃圾为主的杂填土，不计算侧阻力。

② $a_w$ 为含水比，$a_w = \omega/\omega_L$，w 为土的天然含水量，w 为土的液限。

③ $N$ 为标准贯入击数；$N_{63.5}$ 为重型圆锥动力触探击数。

表 6.2 岩体中桩的极限侧阻力标准值 $q_{sik}$(kPa)

| 岩石的名称 | 岩石的状态 | 混凝土预制桩 | 泥浆护壁(冲)孔桩 | 干作业钻孔桩 |
|---|---|---|---|---|
| 全风化软质岩 | $30 < N \leq 50$ | 100～120 | 80～100 | 80～100 |
| 全风化硬质岩 | $30 < N \leq 50$ | 140～160 | 120～140 | 120～150 |
| 强风化软质岩 | $10 < N_{63.5}$ | 160～240 | 140～200 | 140～220 |
| 强风化硬质岩 | $10 < N_{63.5}$ | 220～300 | 160～240 | 160～260 |

注：① 全风化、强风化软质岩和全风化、强风化硬质岩是指母岩分别为 $f_{rk} \leq 15\text{MPa}$、$f_{rk} > 30\text{MPa}$ 的岩石。

② $N$ 为标准贯入击数；$N_{63.5}$ 为重型圆锥动力触探击数。

表 6.3 桩的极限端阻力标准值 $q_{pk}$(kPa)

| 土名称 | 土的状态 | 桩型 | 混凝土预制桩桩长 l(m) | | | | 泥浆护壁钻(冲)孔桩桩长 l/m | | | | 干作业钻孔桩桩长 l/(m) | | | |
|---|---|---|---|---|---|---|---|---|---|---|---|---|---|---|
| | | | l≤9 | 9<l≤16 | 16<l≤30 | l>30 | 5≤l<10 | 10≤l<15 | 15≤l<30 | l≥30 | 5≤l<10 | 10≤l<15 | 15≤l | |
| 黏性土 | 软塑 | 0.75<$I_L$≤1 | 210~850 | 650~1400 | 1200~1800 | 1300~1900 | 150~250 | 250~300 | 300~450 | 300~450 | 200~400 | 400~700 | 700~950 | |
| | 可塑 | 0.50<$I_L$≤0.75 | 850~1700 | 1400~2200 | 1900~2800 | 2300~3600 | 350~450 | 450~600 | 600~750 | 750~800 | 500~700 | 800~1100 | 1000~1600 | |
| | 硬可塑 | 0.25<$I_L$≤0.50 | 1500~2300 | 2300~3300 | 2700~3600 | 3600~4400 | 800~900 | 900~1000 | 1000~1200 | 1200~1400 | 850~1100 | 1500~1700 | 1700~1900 | |
| | 硬塑 | 0<$I_L$≤0.25 | 2500~3800 | 3800~5500 | 5500~6000 | 6000~6800 | 1100~1200 | 1200~1400 | 1400~1600 | 1600~1800 | 1600~1800 | 2200~2400 | 2600~2800 | |
| 粉土 | 中密 | 0.75<e≤0.9 | 950~1700 | 1400~2100 | 1900~2700 | 2500~3400 | 300~500 | 500~650 | 650~750 | 750~850 | 800~1200 | 1200~1400 | 1400~1600 | |
| | 密实 | e≤0.75 | 1500~2600 | 2100~3000 | 2700~3600 | 3600~4400 | 650~900 | 750~950 | 900~1100 | 1100~1200 | 1200~1700 | 1400~1900 | 1500~2100 | |
| 粉砂 | 稍密 | 10<N≤15 | 1000~1600 | 1500~2300 | 1900~2700 | 2100~3000 | 350~500 | 450~600 | 600~700 | 650~750 | 500~950 | 1300~1600 | 1500~1700 | |
| | 中密、密实 | N>15 | 1400~2200 | 2100~3000 | 3000~4500 | 3800~5500 | 600~750 | 750~900 | 900~1100 | 1100~1200 | 900~1000 | 1700~1900 | 1700~1900 | |
| 细砂 | | | 2500~4000 | 3600~5000 | 4400~6000 | 5300~7000 | 650~850 | 900~1200 | 1200~1500 | 1500~1800 | 1200~1600 | 2000~2400 | 2400~2700 | |
| 中砂 | 中密、密实 | N>15 | 4000~6000 | 5500~7000 | 6500~8000 | 7500~9000 | 850~1050 | 1100~1500 | 1500~1900 | 1900~2100 | 1800~2400 | 2800~3800 | 3600~4400 | |
| 粗砂 | | | 5700~7500 | 7500~8500 | 8500~10000 | 9500~11000 | 1500~1800 | 2100~2400 | 2400~2600 | 2600~2800 | 2900~3600 | 4000~4600 | 4600~5200 | |
| 砾砂 | | N>15 | 6300~10500 | | | | 1500~2500 | | | | 3500~5000 | | | |
| 角砾、圆砾 | 中密、密实 | $N_{63.5}$>10 | 7400~11600 | | | | 1800~2800 | | | | 4000~5500 | | | |
| 碎石、卵石 | | $N_{63.5}$>10 | 8400~12700 | | | | 2000~3000 | | | | 4500~6500 | | | |
| 全风化软质岩 | | 30<N≤50 | 4000~6000 | | | | 1000~1600 | | | | 1200~2000 | | | |
| 全风化硬质岩 | | 30<N≤50 | 5000~8000 | | | | 1200~2000 | | | | 1400~2400 | | | |
| 强风化软质岩 | | $N_{63.5}$>10 | 6000~9000 | | | | 1400~2200 | | | | 1600~2600 | | | |
| 强风化硬质岩 | | $N_{63.5}$>10 | 7000~11000 | | | | 1800~2800 | | | | 2000~3000 | | | |

注：① 砂土和碎石类土中桩的极限端阻力取值，要综合考虑土的密实度，桩端进入持力层的深度比 $H_b/d$，土愈密实，$H_b/d$ 愈大，取值越高。
② 预制桩的岩石极限端阻力指桩端支承于中、微风化基岩表面或进入强风化岩、软质岩一定深度条件下极限端阻力。
③ 全风化、强风化软质岩和全风化、强风化硬质岩指其母岩分别为 $f_{rk}$≤15MPa，$f_{rk}$>30MPa 的岩石。

### 3. 静力触探法

静力触探是将圆锥形的金属探头,以静力方式按一定的速率均匀压入土中。借助探头的传感器,测出探头侧阻 $f_s$ 及端阻 $q_c$。探头由浅入深测出各种土层的这些参数后,即可算出单桩承载力。根据探头构造的不同,又可分为单桥探头和双桥探头两种。当根据单桥探头静力触探确定混凝土预制单桩极限承载力标准值时,如无当地的经验,可按下式计算:

$$Q_{uk} = Q_{sk} + Q_{pk} = u\sum q_{sik}l_i + \alpha p_{sk}A_p \tag{6-3}$$

式中:$u$——桩身周长;

$q_{sik}$——用静力触探比贯入阻力值估算的桩周第 $i$ 层土的极限侧阻力标准值;

$l_i$——桩穿越第 $i$ 层土的厚度;

$\alpha$——桩端阻力修正系数;

$p_{sk}$——桩端附近的静力触探比贯入阻力标准值(平均值);

$A_p$——桩端面积。

双桥探头的圆锥面积为 15 cm²,锥角 60°,摩擦套筒高 218.5 mm,侧面积 300 cm²,采用双桥探头可同时测出 $f_s$ 和 $q_c$。《建筑桩基技术规范》(JGJ 94—2008)在总结各地经验的基础上提出,当按双桥探头静力触探资料确定混凝土预制桩单桩竖向极限承载类标准值 $Q_{uk}$ 时,对于黏性土、粉土和砂土,如无当地经验时,可按下式计算:

$$Q_{uk} = Q_{sk} + Q_{pk} = \alpha q_c A_p + u_p \sum l_i \beta_i f_{si} \tag{6-4}$$

式中:$q_c$——桩端平面上、下探头阻力,kPa,取桩端平面以上 $4d$ 范围内探头阻力加权平均值,再与桩端平面以下 $1d$ 范围内的探头阻力进行平均;

$\alpha$——桩端阻力修正系数,对黏性土、粉土取 2/3,饱和砂土取 1/2;

$f_{si}$——第 $i$ 层土的探头平均侧阻力,kPa;

$\beta_i$——第 $i$ 层土桩侧阻力综合修正系数,按下式计算:

黏性土、粉土:
$$\beta_i = 10.04(f_{si})^{-0.55} \tag{6-5}$$

砂性土:
$$\beta_i = 5.05(f_{si})^{-0.45} \tag{6-6}$$

### 4. 考虑尺寸效应的大直径单桩承载力

根据土的物理指标与承载力参数之间的经验关系,确定大直径单桩竖向极限承载力标准值时,可按下式计算:

$$Q_{uk} = Q_{sk} + Q_{pk} = u\sum \psi_{si} q_{sik} l_i + \psi_p q_{pk} A_p \tag{6-7}$$

式中:$q_{sik}$——桩侧第 $i$ 层土的极限侧阻力标准值,如无当地经验值,按表 6.4 取值;对于扩底桩变截面上 $2d$ 长度范围不计侧阻力。

$q_{pk}$——桩径为 800 mm 的极限端阻力标准值,干作业挖孔(清底干净)可用深层平板荷载试验定;

$u$——桩身周长,m;当人工挖孔桩周护壁为振捣密实的混凝土时,桩身周长可按护壁外直径计算。

$l_i$——桩穿越第 $i$ 层土的厚度,m;

$A_p$——桩端面积,m²;

$\psi_{si}$、$\psi_p$——大直径灌注桩侧阻力、端阻力尺寸效应系数,按表 6.4 取值。

表 6.4　干作业挖孔桩(清底干净，D=800mm)极限端阻力标准值 $q_{pk}$(kPa)

| 土名称 | | 状　态 | | |
|---|---|---|---|---|
| 黏性土 | | $0.25<I_L\leqslant 0.75$ | $0<I_L\leqslant 0.25$ | $I_L\leqslant 0$ |
| | | 800～1800 | 1800～2400 | 2400～3000 |
| 粉土 | | — | $0.75\leqslant e\leqslant 0.9$ | $e<0.75$ |
| | | — | 1000～1500 | 1500～2000 |
| 砂土、碎石类土 | | 稍密 | 中密 | 密实 |
| | 粉砂 | 500～700 | 800～1100 | 1200～2000 |
| | 细砂 | 700～1100 | 1200～1800 | 2000～2500 |
| | 中砂 | 1000～2000 | 2200～3200 | 3500～5000 |
| | 粗砂 | 1200～2200 | 2500～3500 | 4000～5500 |
| | 砾砂 | 1400～2400 | 2600～4000 | 5000～7000 |
| | 圆砾、角砾 | 1600～3000 | 3200～5000 | 6000～9000 |
| | 卵石、碎石 | 2000～3000 | 3300～5000 | 7000～11000 |

注：① 当桩进入持力层的深度 $h_b$ 分别为：$h_b\leqslant D$，$D<h_b\leqslant 4D$，$h_b>4D$ 时，$q_{pk}$ 可相应取低、中、高值。
② 砂土密实度可根据标贯击数判定，$N\leqslant 10$ 为松散，$10<N\leqslant 15$ 为稍密，$15<N\leqslant 30$ 为中密，$N>30$ 为密实。
③ 当桩的长径比 $l/d\leqslant 8$ 时，$q_{pk}$ 宜取较低值。
④ 当对沉降要求不严时，$q_{pk}$ 可取高值。

表 6.5　大直径灌注桩侧阻尺寸效应系数 $\Psi_{si}$、端阻尺寸效应系数 $\Psi_p$

| 土类型 | 黏性土、粉土 | 砂土、碎石类土 |
|---|---|---|
| $\Psi_{si}$ | $(0.8/d)^{1/5}$ | $(0.8/d)^{1/3}$ |
| $\Psi_p$ | $(0.8/D)^{1/4}$ | $(0.8/D)^{1/3}$ |

注：当为等直径桩时，表中 $D=d$。

**5．其他情况的单桩承载力**

钢管桩、嵌岩桩、后注浆灌注桩、桩身周围有液化土层的低承台桩基等其他情况的单桩极限承载力的确定，详见《建筑桩基技术规范》(JGJ 94—2008)，这里不一一赘述。

### 6.3.3　单桩竖向承载力特征值

在桩基设计时，旧版《建筑桩基技术规范》(JGJ 94—1994)的抗力项为单桩竖向承载力设计值，以分项系数表达式计算，考虑桩侧摩阻力、桩端阻力等，将标准值除以各分项系数得到单桩竖向承载力设计值，不考虑群桩效应如下：

$$R = Q_{sk}/\gamma_s + Q_{pk}/\gamma_p \tag{6-8}$$

当根据静荷载试验确定单桩竖向极限承载力标准值时，竖向承载力设计值为

$$R = Q_{uk}/\gamma_{sp} \tag{6-9}$$

式中：$\gamma_s$、$\gamma_p$、$\gamma_{sp}$——分别为桩侧阻力分项抗力系数、桩端阻力分项抗力系数、桩侧阻端阻综合抗力分项系数。

$Q_{sk}$、$Q_{pk}$、$Q_{uk}$ 的意义同式(6-2)、式(6-3)。

新版《建筑桩基技术规范》(JGJ 94—2008)为与《建筑地基基础设计规范》(GB 5007—2011)衔接，在桩基设计时，统一采用单桩竖向承载力特征值 $R_a$，即表示正常使用状态计算时采用的单桩承载力值，以发挥正常使用功能时所允许采用的抗力设计值。

《建筑桩基技术规范》(JGJ 94—2008)与《建筑地基基础设计规范》(GB 50007—2011)均规定，单桩竖向承载力特征值 $R_a$ 的确定方法如下：

$$R_a = \frac{1}{K} Q_{uk} \tag{6-10}$$

式中：$Q_{uk}$——单桩竖向极限承载力标准值；

　　　$K$——安全系数，取 $K=2$。

## 6.3.4 轴心受压桩身承载力的计算

单桩的轴向承载力取决于地基土对桩的支承能力和桩身的承载力。一般来说，按桩身强度确定单桩竖向承载力时，可将桩视为轴心受压杆件，应按现行《混凝土结构设计规范(2015 版)》(GB 50010—2010)的规定：将桩身混凝土的抗压强度与钢筋的抗压强度分别计算进行叠加，并考虑桩的长细比与压杆稳定问题。轴心受压钢筋混凝土桩身正截面承载力计算如下。

### 1．桩顶下 5d 桩身箍筋间距≤100 mm

当桩顶下 $5d$ 范围内桩身螺旋箍筋间距≤100 mm 时，轴心受压钢筋混凝土桩身正截面承载力计算应满足：

$$N \leqslant \psi(\psi_c f_c A_{ps} + 0.9 f_y' A_s') \tag{6-11a}$$

### 2．桩身配筋不符合 1

桩身配筋不符合 1 时，轴心受压钢筋混凝土桩身正截面承载力计算应满足：

$$N \leqslant \psi \psi_c f_c A_{ps} \tag{6-11b}$$

式中：$N$——荷载效应基本组合下的桩顶轴向压力设计值，kN；

　　　$\psi$——混凝土构件稳定系数。对低承台基桩的轴心受压钢筋混凝土桩身正截面，可取 $\psi=1.0$；但穿过不排水抗剪强度<10kPa 的软弱土层和可液化土层的基桩或高承台基桩，其值应<1.0；

　　　$f_c$——混凝土的轴心抗压强度设计值，kPa；

　　　$f_y'$——纵向主筋的抗压强度设计值，kPa；

　　　$A_{ps}$——桩身的正截面面积，m²；

　　　$A_s'$——纵向主筋的截面面积，m²；

　　　$\psi_c$——基桩成桩工艺系数，混凝土预制桩、预应力混凝土空心桩取 0.85；干作业非挤土灌注桩取 0.9；泥浆护壁和套管护壁非挤土灌注桩、部分挤土灌注桩及挤土灌注桩取 0.7～0.8；软土地区挤土灌注桩取 0.6。

## 6.3.5 考虑承台效应的复合基桩竖向承载力特征值

### 1. 群桩效应与承台效应

群桩基础受竖向荷载后，由于承台、桩及土的相互作用使其桩侧阻力、桩端阻力、沉降等形状发生变化而与单桩明显不同，承载力往往不等于各单桩承载力之和，称其为群桩效应。承台效应是指摩擦型群桩在竖向荷载作用下，由于桩土相对位移，桩间土对承台产生一定竖向抗力，成为桩基竖向承载力的一部分而分担荷载的现象。承台效应是针对摩擦型群桩而言的，其发挥作用的前提是桩土相对位移，如果没有相对位移，承台效应是无法发挥作用的，而桩土产生相对位移，意味着桩的受力达到了较为显著的程度，一般可以用特征值 $R_a$ 来作衡量指标。

### 2. 不考虑承台效应的承载力特征值

对于端承型桩基、桩数少于 4 根的摩擦型柱下独立桩基，或由于地层土性、使用条件等因素不适宜考虑承台效应时，基桩竖向承载力特征值应取单桩竖向承载力特征值。

这里所说的地层土性、使用条件是指在某些情况下，不能考虑承台效应，比如承台下为可液化土、湿陷性土、高灵敏度软土、欠固结土、新填土及沉桩引起孔隙水压力等。

### 3. 考虑承台效应的承载力特征值

对于符合下列条件之一的摩擦型桩基，宜考虑承台效应确定其复合基桩的竖向承载力特征值。

(1) 上部结构整体刚度较好、体型简单的建筑物(构筑物)。
(2) 对差异沉降适应性较强的排架结构和柔性构筑物。
(3) 按变刚度调平原则设计的桩基刚度相对弱化区。
(4) 软土地基的减沉复合疏桩基础。

考虑承台效应的复合基桩竖向承载力特征值可按下列公式确定。

不考虑地震作用时

$$R = R_a + \eta_c f_{ak} A_c \tag{6-12}$$

考虑地震作用时

$$R = R_a + \frac{\zeta_a}{1.25}\eta_c f_{ak} A_c \tag{6-13}$$

$$A_c = (A - nA_{ps})/n \tag{6-14}$$

式中：$\eta_c$——承台效应系数，可按表 6.6 取值。

$f_{ak}$——承台下 1/2 承台宽度且不超过 5m 深度范围内各层土的地基承载力特征值按厚度加权的平均值，kPa。

$A_c$——计算基桩所对应的承台底净面积，$m^2$。

$A_{ps}$——桩身截面面积，$m^2$。

$A$——承台计算域面积，$m^2$。对于柱下独立桩基，$A$ 为承台总面积；对于桩筏基础，$A$ 为柱、墙筏板的 1/2 跨距和悬臂边 2.5 倍筏板厚度所围成的面积；桩集中布置于单片墙下的桩筏基础，取墙两边各 1/2 跨距围成的面积，按条形承台计算。

$\zeta_a$——地基抗震承载力调整系数，应按现行国家标准《建筑抗震设计规范》(GB 50011)采用。

表 6.6 承台效应系数 $\eta_c$

| $B_c/l$ \ $S_a/d$ | 3 | 4 | 5 | 6 | >6 |
|---|---|---|---|---|---|
| ≤0.4 | 0.06~0.08 | 0.14~0.17 | 0.22~0.26 | 0.32~0.38 | 0.50~0.80 |
| 0.4~0.8 | 0.08~0.10 | 0.17~0.20 | 0.26~0.30 | 0.38~0.44 | |
| >0.8 | 0.10~0.12 | 0.20~0.22 | 0.30~0.34 | 0.44~0.50 | |
| 单排桩条形承台 | 0.15~0.18 | 0.25~0.30 | 0.38~0.45 | 0.50~0.60 | |

注：① 表中 $S_a/d$ 为桩中心距与桩径之比；$B_c/l$ 为承台宽度与桩长之比。当计算基桩为非正方形排列时，$s_a = \sqrt{A/n}$，$A$ 为承台计算域面积，$n$ 为总桩数。
② 对于桩布置于墙下的箱、筏承台，$\eta_c$ 可按单排桩条形承台取值。
③ 对于单排桩条形承台，当承台宽度小于 $1.5d$ 时，$\eta_c$ 按非条形承台取值。
④ 对于采用后注浆灌注桩的承台，$\eta_c$ 宜取低值。
⑤ 对于饱和黏性土中的挤土桩基、软土地基上的桩基承台，$\eta_c$ 宜取低值的 0.8 倍。

## 6.4 桩基础设计

【本节思维导图】

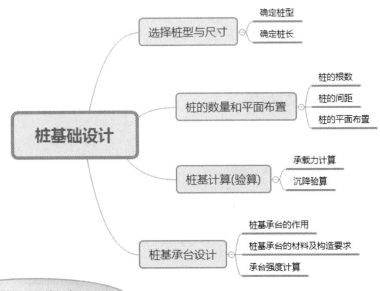

带着问题学知识

在桩基础设计中，如何确定桩型和桩长？
桩基承台设计中，桩承台的作用是什么？
桩基础设计中，桩的根数要如何计算？

## 6.4.1 选择桩型与尺寸

桩基础设计首先要根据结构类型及层数、荷载情况、地层条件和施工能力，选择预制桩或灌注桩的类别、桩的截面尺寸和长度、桩端持力层，确定桩属于端承桩或摩擦型中的哪一类。

音频2.
桩基设计内容

**1. 确定桩型**

确定桩型时，一般应考虑以下三方面因素。
(1) 根据上部结构的荷载水平与场地土层分布列出可用的桩型。
(2) 根据设备条件和环境因素决定许用的桩型。
(3) 根据经济比较决定采用的桩型。

**2. 确定桩长**

桩长指的是自承台底至桩端的长度尺寸。在承台底面标高确定之后，确定桩长即是选择持力层和确定桩底(端)进入持力层深度的问题。桩端最好进入坚硬土层或岩层，采用嵌岩桩或端承桩；当坚硬土层埋藏很深时，则宜采用摩擦桩基，桩端应尽量达到低压缩性、中等强度的土层上。

桩端进入持力层的深度，分别为黏性土、粉土深度$\geqslant 2d$，砂类土$\geqslant 1.5d$，碎石类土$\geqslant 1d$。当存在软弱下卧层时，桩端以下硬持力层厚度$\geqslant 3d$。对于嵌岩桩，嵌岩深度应综合荷载、上覆土层、基岩、桩径、桩长诸因素确定；对于嵌入倾斜的完整和较完整岩的全断面深度$\geqslant 0.4d$且$\geqslant 0.5m$，倾斜度$>30\%$的中风化岩，宜根据倾斜度及岩石完整性适当加大嵌岩深度；对于嵌入平整、完整的坚硬岩和较硬岩的深度$\geqslant 0.2d$且$\geqslant 0.2m$。

## 6.4.2 桩的数量和平面布置

**1. 桩的根数**

初步估算桩的根数时，先不考虑群桩效应和承台效应。按前面所确定的单桩承载力特征值$R_a$，可估算桩数。当桩基为轴心受压时，桩数$n$应满足下式要求：

$$n \geqslant \frac{F_K + G_K}{R_a} \tag{6-15}$$

式中：$n$——桩的根数；
$F_K$——荷载效应标准组合时上部结构传至桩基础承台顶面的竖向力，kN；
$G_K$——承台与上方填土重力标准值，kN，对稳定的地下水位以下应扣除水的浮力；
$R_a$——单桩竖向承载力特征值，kN。

偏心受压时，对于偏心距固定的桩基，如果桩的布置使得群桩横截面的重心与荷载合力作用点重合，则仍可按上式估算桩数，否则，桩的根数应按式(6-15)确定的增加10%～20%。对桩数超过3根的非端承桩基础，应按复合基桩的计算式(6-12)求得复合基桩承载力特征值后重新估算桩数，如有必要，还要通过桩基软弱下卧层承载力和桩基沉降验算才能最终确定。

承受水平荷载的桩基,在确定桩数时,还应满足对桩的水平承载力的要求。此时,可粗略取各单桩水平承载力之和作为桩基的水平承载力。

### 2. 桩的间距

桩的间距一般指桩与桩之间的最小中心距离 $s$,对于不同的桩型有不同的要求。桩的间距太大会增加承台的体积和用料,太小则使桩基的沉降量增加或降低群桩承载力,给施工造成困难。桩的最小间距应符合表 6.7 中的规定。为防止挤土效应造成的损害,对布桩较多的群桩,桩的最小中心距宜按表列值适当加大。如果桩距太小,会影响侧阻力发挥。为此,专门规定了摩擦型桩的中心距不宜小于 3 倍的桩径。

表 6.7 普通桩的最小中心距

| 土类及成桩工艺 | | 排数不少于 3 排且桩数不少于 9 根的摩擦型桩基 | 其他情况 |
|---|---|---|---|
| 非挤土灌注桩 | | 3.0$d$ | 3.0$d$ |
| 部分挤土桩 | 非饱和土、饱和非黏性土 | 3.5$d$ | 3.0$d$ |
| | 饱和黏性土 | 4.0$d$ | 3.5$d$ |
| 挤土桩 | 非饱和土、饱和非黏性土 | 4.0$d$ | 3.5$d$ |
| | 饱和黏性土 | 4.5$d$ | 4.0$d$ |
| 钻、挖孔扩底桩 | | 2$D$ 或 $D$+2.0m(当 $D$>2m 时) | 1.5$D$ 或 $D$+1.5m(当 $D$>2m 时) |
| 沉管夯扩桩、钻孔挤扩桩 | 非饱和土、饱和非黏性土 | 2.2$D$ 且 4.0$d$ | 2.0$D$ 且 3.5$d$ |
| | 饱和黏性土 | 2.5$D$ 且 4.5$d$ | 2.2$D$ 且 4.0$d$ |

注:① $d$——圆桩直径或方桩边长;$D$——扩大端设计直径;
② 当纵横向桩距不相等时,其最小中心距应满足"其他情况"一栏的规定。
③ 当为端承型桩时,非挤土灌注桩的"其他情况"一栏可减少至 2.5$d$。

### 3. 桩的平面布置

桩在平面内可以布置成方形网格或三角形网格的形式,也可采用不等距排列。

为了使桩基中各桩受力比较均匀,群桩横截面的重心应与荷载合力的作用点重合或接近,当上部结构的荷载有几种不同的组合时,承台底面上的荷载合力作用点将发生变化,此时,可使群桩横截面重心位于合力作用点变化范围之内,并尽量接近最为不利的合力作用点位置。

为了节省承台用料和减少承台施工的工作量,在可能的情况下,墙下应尽量采用单排桩基,墙下的桩数也尽量减少。同一结构单元宜避免采用不同类型的桩。同一基础的邻桩桩底低高差,对于非嵌岩桩,不宜超过相邻桩的中心距,对于摩擦型桩,在相同土层中不宜超过桩长的 1/10。

### 6.4.3 桩基计算(验算)

桩基计算(验算)最常见的是承载力计算，必要时还应进行其他项目计算，至于桩、土及承台共同作用，只有当地有成熟经验时才予以考虑。

**1．承载力计算**

1) 基桩竖向承载力验算

确定了单桩竖向承载力特征值和初步选定了桩的布置之后，即可根据荷载效应组合应小于或等于抗力效应的原则，验算桩基中各单桩所承受的力。

对于一般建筑物和受水平力较小的高大建筑物，当桩基中桩径相同时，通常可假定：①承台是刚性的；②各桩刚度相同；③$x$、$y$ 是桩基平面的惯性主轴。按下列公式计算基桩的桩顶作用效应。

轴心竖向力作用下，其承载力特征值应符合下式要求：

$$N_K = \frac{F_K + G_K}{n} \leqslant R \tag{6-16}$$

偏心竖向力作用下，其承载力特征值 $R$ 除应满足上式要求外，尚应满足下式的要求：

$$N_{Kmax} = \frac{F_K + G_K}{n} + \frac{M_{xK} y_{max}}{\sum y_i^2} + \frac{M_{yK} x_{max}}{\sum x_i^2} \leqslant 1.2R \tag{6-17}$$

式中：$F_K$——荷载效应标准组合下，作用于承台顶面的竖向力，kN；

$G_K$——承台及其上土的自重标准值，地下水位以下部分应扣除水的浮力，kN；

$M_{xK}$、$M_{yK}$——荷载效应标准组合下，作用于承台底面，绕通过桩群形心的 $x$、$y$ 主轴的力矩，kN·m；

$N_K$、$N_{Kmax}$——荷载效应标准组合下，基桩或+复合基桩的竖向力、最大竖向力，kN；

$x_i$、$y_i$、$x_{max}$、$y_{max}$——第 $i$ 基桩或复合基桩至 $y$、$x$ 的距离、最大距离，m。

2) 软弱下卧层承载力验算

当桩端平面以下受力层范围内存在软弱下卧层时，应进行下卧层的承载力验算。根据该下卧层发生强度破坏的可能性，可分为整体冲剪破坏(桩距 $s_a \leqslant 6d$)和基桩冲剪破坏(桩距 $s_a > 6d$)两种情况，如图 6.4 所示。

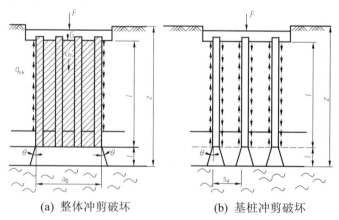

(a) 整体冲剪破坏　　(b) 基桩冲剪破坏

图 6.4　软弱下卧层承载力验算

验算时要求：
$$\sigma_z + \gamma_i z \leq f_{az} \quad (6\text{-}18)$$

式中：$\sigma_z$——作用于软弱下卧层顶面的附加应力；

$\gamma_i$——软弱层顶面以上各土层重度(地下水位以下取浮重度)按土层厚度计算的加权平均值；

$z$——地面至软弱层顶面的深度；

$f_{az}$——软弱下卧层经深度修正的地基承载力特征值。

(1) 对于桩距 $s_a \leq 6d$ 的群桩基础，桩端持力层下存在承载力低于桩端持力层承载力1/3的软弱下卧层时，可按下式验算软弱下卧层的承载力：

$$\sigma_z = \frac{(F_K + G_K) - 3/2(A_0 + B_0) \cdot \sum q_{sik} l_i}{(A_0 + 2t \cdot \tan\theta)(B_0 + 2t \cdot \tan\theta)} \quad (6\text{-}19)$$

式中：$A_0$、$B_0$——桩群外缘矩形面积的长边、短边长；

$\theta$——桩端硬持力层压力扩散角，按表6.8取值；

$t$——硬持力层厚度。

(2) 对于桩距 $s_a \geq 6d$ 的群桩基础，不作软弱下卧层承载力验算。

表6.8　桩端硬持力层压力扩散角 $\theta$

| $E_{s1}/E_{s2}$ | $t=0.25B_0$ | $t \geq 0.50B_0$ |
| --- | --- | --- |
| 1 | 4° | 12° |
| 3 | 6° | 23° |
| 5 | 10° | 25° |
| 10 | 20° | 30° |

注：① $E_{s1}$、$E_{s2}$ 为硬持力层、软下卧层的压缩模量。

② 当 $t<0.25B_0$ 时，$\theta=0°$，必要时，宜通过试验确定；$0.25B_0 < t < 0.50B_0$，可内插取值。

### 2. 沉降验算

应进行沉降计算的情况是：设计等级为甲级的非嵌岩桩和非深厚坚硬持力层的建筑桩基；设计等级为乙级的体型复杂、荷载分布显著不均匀或桩端平面以下存在软弱土层的建筑桩基；软土地基多层建筑减沉复合疏桩基础。

桩基的允许变形值如无当地经验时，可根据上部结构对桩基变形的适应能力和使用上的要求确定。一般验算因地质条件不均匀、荷载差异很大及体型复杂等因素引起的地基变形时，对砌体承重结构应由局部倾斜控制；对框架结构和单层排架结构由相邻桩基的沉降差控制；而对于多层或高层建筑和高耸结构应由倾斜值控制。

1) 桩中心距不大于6倍桩径的桩基沉降

目前在工程上计算桩基沉降量，仍假定桩群为一假想的实体深基础，按与浅基础相同的计算方法和步骤，计算桩尖平面以下由附加应力引起的压缩层范围内地基的变形量，但计算过程中各土层的压缩模量，按实际的自重应力和附加应力由实验曲线确定；同时，基底边长取承台底面边长；最后引入桩基等效沉降系数 $\psi_c$ 对沉降计算结果加以修正：

$$S = \psi \cdot \psi_c \cdot S' = \psi \cdot \psi_e \cdot \sum_{j=1}^{m} p_{oj} \sum_{i=1}^{n} \frac{2ij\bar{\alpha}_{ij} - z(i-1)j(i-1)j}{E_{si}} \quad (6\text{-}20)$$

式中：$S$——桩基最终沉降量，mm；

$S'$——按分层总和法计算的桩基沉降量，但桩基沉降计算深度 $z_n$ 应按应力比法确定；

$\psi$——桩基沉降计算经验系数，可按《建筑桩基技术规范》(JGJ 94—2008)有关规定计算；

$\psi_c$——桩基等效沉降系数，可按《建筑桩基技术规范》(JGJ 94—2008)有关规定计算。

$m$——角点法计算点对应的矩形荷载分块数。

$p_{oj}$——第 $j$ 块矩形底面在荷载效应准永久组合下的附加压力，kPa；

$n$——桩基沉降计算深度范围内所划分的土层数；

$E_{si}$——等效作用面以下第 $i$ 层的压缩模，MPa，采用地基土在自重压力至自重压力附加压力作用时的压缩模量。

2) 桩中心距大于 6 倍桩径桩基、单桩沉降

桩中心距大于 6 倍桩径桩基、单桩沉降包括桩底土沉降和桩身压缩量。桩底土沉降是由于桩侧阻力、桩端阻力和承台压力对桩底土附加应力引起的。具体计算详见《建筑桩基技术规范》(JGJ 94—2008)。

## 6.4.4 桩基承台设计

桩基承台可分为柱下独立桩基承台、柱下条形承台、筏形承台和箱形承台。承台设计包括材料及其强度等级、几何形状及其尺寸确定等内容，并使其构造满足一定的要求。

### 1．桩基承台的作用

桩基承台的作用包括下列三项。

(1) 把多根桩联结成整体，共同承受上部荷载。

(2) 把上部结构荷载，通过桩基承台传递到各根桩的顶部。

扩展资源 2.
桩基承台与分类

(3) 桩承台为现浇钢筋混凝土结构，相当于一个浅基础。因此，桩基承台本身具有类似于浅基础的承载能力，即桩承台效应。

### 2．桩基承台的材料及构造要求

桩基承台应采用钢筋混凝土材料，采用现场浇筑施工，因各桩施工时桩顶的高度与间距不可能非常规则，要将各桩紧密联结成整体，故桩承台无法预制。桩基承台的构造尺寸，除满足抗冲切、抗剪切、抗弯和上部结构需要外，还应符合下列规定。

(1) 柱下独立桩基承台最小宽度≥500 mm，承台边桩中心至承台边缘的距离要大于等于桩的直径或边长，且桩的外边缘至承台边缘的距离≥150 mm。对于条形承台梁，桩的外边缘至承台边缘的距离≥75 mm，承台的最小厚度≥300 mm；这主要是考虑到墙体与条形承台的相互作用可增强结构的整体刚度，并不至于产生桩顶对承台的冲切破坏。

(2) 高层建筑平板式和梁板式筏形承台的最小厚度≥400 mm，墙下布桩的剪力墙结构筏形承台的最小厚度≥200 mm。

(3) 高层建筑箱形承台的构造应符合《高层建筑筏形与箱形基础技术规范》(JGJ 6—2011)的规定。

(4) 承台混凝土材料及其强度等级应符合结构混凝土耐久性的要求和抗渗要求，对设计使用年限为 50 年的承台，根据《混凝土结构设计规范(2015 版)》(GB 50010—2010)的规定，当环境类别为二 a 类别时不应低于 C25，二 b 类别时不应低于 C30。

(5) 桩顶嵌入承台的长度对于大直径的桩，不宜小于 100mm；对于中等直径的桩，要大于等于 50mm。桩顶主筋应伸入承台内，其锚入长度≥35 倍主筋直径。预应力混凝土桩可采用钢筋与桩头钢板焊接的连接方法。钢桩可采用在桩头加焊锅型板或钢筋的连接方法。

(6) 承台与承台之间连接需满足：一柱一桩应在桩顶两个互相垂直方向上设置连系梁，当桩、柱截面直径之比大于 2 时可不设连系梁；两桩桩基的承台，应在其短向设置连系梁；有抗震要求的柱下独立桩基础承台，纵横两个方向应设置连系梁；连系梁顶面宜与承台顶面位于同一标高，连系梁宽度不适宜小于 250mm，其高度可取承台中心距的 1/15~1/10，且不宜小于 400mm；连系梁的配筋应根据计算确定，一般不宜小于 4Φ12。

**3．承台强度计算**

承台的内力可按简化计算方法确定，并按《混凝土结构设计规范(2015 版)》(GB 50010—2010)进行受冲切、剪切、局部受压及受弯强度计算，以防止桩承台破坏，保证工程的安全。

1) 冲切计算

若承台有效高度不足，将产生冲切破坏。其破坏方式可分为沿柱(墙)边的冲切和单一基桩对承台的冲切两类。柱边冲切破坏锥体斜面与承台底面的夹角不应小于 45°，该斜面的上周边位于柱与承台交接处或承台变阶处，下周边位于相应的桩顶内边缘处。

承台抗冲切承载力与冲切锥角有关，可用冲跨比 $\lambda$ 表达。对于柱下矩形承台，冲切计算的公式如下：

$$F_l \leqslant 2\left[\beta_{0x}(b_c + a_{0y}) + \beta_{0y}(H_c + a_{0x})\right]\beta_{hp} f_t H_0 \tag{6-21}$$

$$F_l = F - \sum N_i$$

$$\beta_{0x} = \frac{0.84}{\lambda_{0x} + 0.2}, \quad \beta_{0y} = \frac{0.84}{\lambda_{0y} + 0.2}$$

式中：$F_l$——不计承台及其上土重，荷载效应基本组合下作用于冲切破坏锥体上的冲切力设计值；

$H_0$——冲切破坏锥体的有效高度；

$\beta_{hp}$——截面高度影响系数，当 $h \leqslant 800$ mm 时，$\beta_{hp}$ 取为 1.0；当 $h > 2000$ mm 时，$\beta_{hp}$ 取 0.9，其间按线性内插取值；

$\beta_{0x}$、$\beta_{0y}$——冲切系数；

$\lambda_{0x}$、$\lambda_{0y}$——冲跨比，$\lambda_{0x} = a_{0x}/h_0$，$\lambda_{0y} = a_{0y}/h_0$，$a_{0x}$、$a_{0y}$ 为柱边或变阶处至桩边的水平距离(见图 6.5)；当 $\lambda_{0x}$ 或 $\lambda_{0y} < 0.25$ 时取 $\lambda_{0x}$ 或 $\lambda_{0y} = 0.25$，当 $\lambda_{0x}$ 或 $\lambda_{0y} > 1.0$ 时取 $\lambda_{0x}$ 或 $\lambda_{0y} = 1.0$；

$F$——不计承台及其上土重，荷载效应基本组合下作用于柱底的竖向荷载设计值；

$\sum N_i$——不计承台及其上土重，荷载效应基本组合下冲切破坏锥体范围内各基桩的反力设计值之和；

$f_t$——承台混凝土抗拉强度设计值。

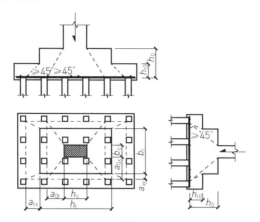

图 6.5 柱对承台的冲切计算图

对位于柱冲切破坏锥体以外的基桩,还应验算单一基桩对承台的冲切,区分四桩承台、三桩承台以及箱形、筏形承台受内部基桩的冲切。

2) 受剪切计算

桩基承台斜截面受剪承载力计算如同一般混凝土结构,剪切破坏面为通过柱边(墙边)和桩边连线形成的斜截面。斜截面受剪承载力按下式计算:

$$V \leqslant \beta_{hs} \alpha f_t b_0 h_0 \tag{6-22}$$

$$\alpha = \frac{1.75}{\lambda+1}, \quad \beta = (800/h_0)^{0.25}$$

式中:$V$——不计承台及其上土重,荷载效应基本组合下,斜截面的最大剪力设计值;

$f_t$——混凝土轴心抗拉强度设计值;

$\alpha$——剪切系数;

$h_0$——承台计算截面处的有效高度;

$b_0$——承台计算截面处的计算宽度;

$\lambda$——计算截面的剪跨比,$\lambda_x = a_x/h_0$,$\lambda_y = a_y/h_0$,$a_x$、$a_y$ (见图 6.6)分别为柱边或承台变阶处至 $x$、$y$ 方向计算一排桩边水平距离,当 $\lambda<0.25$ 时,取 $\lambda=0.25$;当 $\lambda>3$ 时,取 $\lambda=3$;

$\beta_{hs}$——受剪切承载力截面高度影响系数;当 $h_0<800$ mm 时,取 $h_0=800$ mm;当 $h_0>2000$ mm 时,取 $h_0=2000$ mm;其间按线性内插法取值。

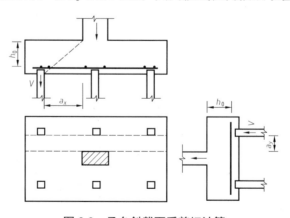

图 6.6 承台斜截面受剪切计算

3) 局部受压计算

对于柱下桩基承台，当承台混凝土强度等级低于柱的强度等级时，应按现行《混凝土结构设计规范(2015 版)》(GB 50010－2010)的规定，验算承台的局部受压承载力。

当进行承台的抗震验算时，还应根据现行《建筑抗震设计规范》的规定对承台的受弯、受剪切承载力进行调整。

4) 承台的受弯计算

承台的受弯计算，可根据承台类型分别求解承台的内力，其正截面抗弯强度和钢筋配置可按我国现行《混凝土结构设计规范(2015 版)》(GB 50010—2010)的有关规定计算。

两桩条形承台和多桩(例如6根以上)矩形承台的弯矩计算截面取在柱边或承台厚度突变处(杯口外侧或台阶边缘)，两个方向的正截面弯矩表达式分别为：

$$M_x = \sum N_i y_i \tag{6-23}$$

$$M_y = \sum N_i x_i \tag{6-24}$$

式中：$M_x$、$M_y$——分别绕 $x$、$y$ 轴方向计算截面处的弯矩设计值；

$x_i$、$y_i$——垂直 $y$ 轴和 $x$ 轴方向第 $i$ 根桩中心到相应计算截面的距离，如图 6.7 所示；

$N_i$——不计承台及其上土重，荷载效应基本组合下，第 $i$ 桩竖向反力设计值。

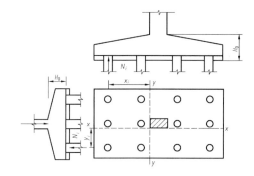

图 6.7 承台正截面抗弯强度验算

承台的弯矩应根据地质条件、桩型、承台和上部结构的刚度等情况，按地基—桩—承台上部结构共同作用的原理进行分析与计算。

## 6.5 桩基础施工

【本节思维导图】

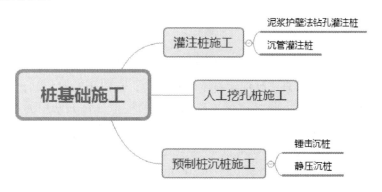

> **带着问题学知识**
>
> 灌注桩要如何施工？
> 预制桩沉桩的方法有哪些？
> 人工挖孔桩是什么？

桩基础发展迅速，新的结构形式、施工工艺和施工机械不断涌现，工程量日益增多。下面主要简单介绍常用桩基础的施工方法、施工现场质量控制等。

## 6.5.1 灌注桩施工

灌注桩是直接在桩位造孔，然后在孔内放入钢筋笼灌注混凝土成桩。它是利用机械或人工钻出桩孔，然后放入预制成型的钢筋笼，灌注混凝土或水下混凝土而成。灌注桩配筋率一般比预制桩低，且桩长可随持力层起伏而改变，不设接头。单方混凝土的造价一般比预制桩低，这些都是灌注桩的优点。灌注桩有许多类型，其优缺点、适用条件和施工过程各不相同，下面介绍最常用的几种。

### 1. 泥浆护壁法钻孔灌注桩

钻孔灌注桩是指在各种地面用机械方法取土成孔的灌注桩，其施工顺序主要分四大步：成孔，沉放导管和钢筋笼，浇灌水下混凝土，成桩。钻孔灌注桩施工程序如图 6.8 所示。在钻孔成桩过程中，通常采用具有一定重度和黏度的泥浆进行护壁，保证泥浆不断循环，同时完成携土和运土的任务。

钻孔灌注桩

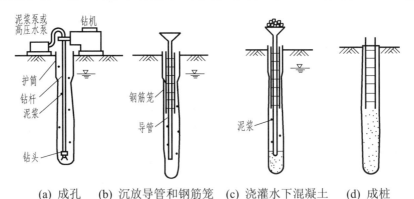

(a) 成孔　(b) 沉放导管和钢筋笼　(c) 浇灌水下混凝土　(d) 成桩

图 6.8　钻孔灌注桩施工程序

钻孔灌注桩的优点在于施工过程无挤土、无振动、噪声小，对相邻建筑物及地下管线危害较小，且桩径不受限制，是城区高层建筑常用的桩型。目前常用的直径有 600 mm 和 800 mm，较大的可做到 1200 mm。钻孔灌注桩施工除控制桩身质量外，孔底沉渣厚度也必须控制好。钻孔达到设计深度，在灌注混凝土之前，对端承型桩，沉渣厚度小于或等于 50 mm；对摩擦型桩，沉渣厚度小于或等于 100 mm；对抗拔、抗水平力桩，沉渣厚度小于或等于 200 mm。

### 2. 沉管灌注桩

沉管灌注桩是目前采用得较为广泛的灌注桩之一。它包括锤击沉管灌注桩、振动沉管灌注桩以及振动冲击沉管灌注桩。沉管灌注桩的施工工艺是，首先使用锤击桩锤或振动式桩锤将一定直径的钢管沉入土中，造成桩孔，然后放入钢筋笼，浇筑混凝土，最后再拔出钢管，便形成了所需要的灌注桩，沉管灌注桩的施工工艺如图 6.9 所示。

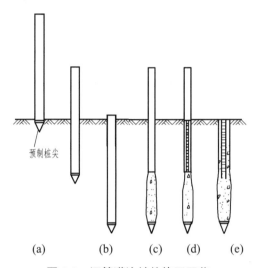

图 6.9 沉管灌注桩的施工工艺

沉管灌注桩是较为常用的一种锤击沉管灌注桩，它的施工过程可综合为：安放桩尖→置桩管于桩尖上并校正垂直度→锤击桩管至要求的贯入度或标高→测量孔深并检查桩尖是否卡入桩管→放入钢筋笼→灌入混凝土→边锤边拔出桩管。由于锤击沉管灌注桩是挤土桩，应采取有效措施消减挤土效应。使用的混凝土的坍落度宜为 80～100 mm，坍落度太大，容易造成桩顶出现浮浆，降低桩身强度。

施工开始时，将桩管对准预先设置在桩位的预制钢筋混凝土桩尖上。桩尖与钢管接口处要垫有稻草绳或麻绳垫圈，以防打入地下后，地下水渗入管内，影响混凝土质量。

音频 3.
灌注桩质量通病

校正桩管的垂直度后，即可用锤打击桩管。当桩管打入至要求的贯入度或标高后，检查管内有无泥浆或渗水及混凝土桩尖是否卡入桩管。当桩身局部配置钢筋笼时，第一次灌注混凝土应先灌注至笼底标高，然后放置钢筋笼，再灌注至桩顶。待混凝土灌入桩管后，开始拔管，第一次拔管高度应以能容纳第二次灌入混凝土的量为限，不应拔得过高。在拔管过程中应保持对桩管进行连续的低锤密击，使钢管不断得到冲击振动，振实混凝土。

如果混凝土的充盈系数小于 1.0，则应进行全长复打，对于可能出现断桩或缩颈的部位，应进行局部复打。混凝土充盈系数不得小于 1.0。

## 6.5.2 人工挖孔桩施工

人工挖孔桩是用人工挖掘的方法成孔，然后安放钢筋笼，再灌注混凝土成桩。开挖之前应清除现场四周及山坡上的悬石、浮土等，排除一切不安全的因素，做好孔口四周临时围护和排水设备，孔口要采取防护通道，防止土石掉入孔内，并安排好排土提升设备，布置好弃土通道，必要时孔口应搭雨棚。弃土不得堆放在孔口周边 1 m 范围内，机动车辆不得对井壁造成安全威胁。每日开工前必须检查井下是否存在有毒、有害气体。当桩孔开挖深度超过 10 m 时，应有专门向井下送风的设备，风量不宜小于 25 L/s。

人工挖孔桩由护壁和桩芯两部分构成。人工挖孔桩的桩芯(不含护壁)一般不得小于 0.8 m，且不宜大于 2.5m；孔深不宜大于 30m，当桩深小于 2.5m 时，应采用间隔开挖。护壁的厚度理论上按外侧承受均匀的土、水压力设计，当孔深加大时，护壁厚度应相应加大，不应小于 100 mm，护壁应配置直径不小于 8 mm 的构造筋，竖向筋应上下搭接或拉接。挖孔桩端部可形成扩大头，以提高承载力。

挖孔桩开挖过程中，开挖和护壁两个工序，必须连续作业，以确保孔壁不坍。修筑井圈护壁应符合：①第一节井圈护壁时，井圈中心线与设计轴线的偏差不得大于 20 mm，井圈顶面应比场地高出 100～150 mm，壁厚应比下面井壁厚度增加 100～150 mm；②修筑井圈护壁需注意：护壁的厚度、拉接钢筋、配筋、混凝土强度等级均应符合设计要求；③上下节护壁的搭接长度不得小于 50 mm；④每节护壁均应在当日连续施工完毕；⑤护壁混凝土必须保证振捣密实，应根据土层渗水情况使用速凝剂；⑥护壁模板的拆除应在灌注混凝土 24h 之后；⑦发现护壁有蜂窝、漏水现象时，应及时补强；⑧同一水平面上的井圈任意直径的极差不得大于 50 mm；⑨当遇有局部或厚度不大于 1.5 m 的流动性淤泥和可能出现涌土涌砂时，护壁施工可将每节护壁的高度减小到 300～500 mm，并随挖、随验、随灌注混凝土，也可采用钢护筒或有效的降水措施。

当渗水量过大时，应采取场地截水、降水或水下灌注混凝土等有效措施。严禁在桩孔中边抽水、边开挖、边灌注，包括相邻桩的灌注。

### 6.5.3 预制桩沉桩施工

预制桩是在施工前预先制作成型，再用各种机械设备把它沉入地基至设计标高的桩。预制桩沉桩的主要施工方法有锤击法、静力压桩法。

扩展资源 3. 预制桩的施工方法

**1. 锤击沉桩**

锤击沉桩是用桩锤把桩击入地基的沉桩方法。锤击沉桩的主要设备包括桩架、桩锤、动力设备与起吊设备等。常用的桩锤为柴油锤。国内使用的柴油锤重(冲击部分质量)有 2.5 t、3.5 t、4.5 t、6.0 t、7.2 t、8.0 t、10.0 t 等多种型号，适用于 20～60 m 长预制钢筋混凝土桩及 40～60 m 长钢管桩，且桩尖进入硬土层有一定深度。

为使预制桩顺利地打入土中，防止把桩顶打碎，应在钢筋混凝土桩顶部设置桩帽，并在桩与桩帽、锤与桩帽之间加设弹性衬垫，如硬木、麻袋、草垫、硬橡胶等。

1) 打桩顺序

(1) 对于密集桩群，自中间向两个方向或四周对称施打。

(2) 当一侧毗邻建筑物时，由毗邻建筑物处向另一方向施打。

(3) 根据基础的设计标高，宜先深后浅。

(4) 根据桩的规格，宜先大后小，先长后短。

2) 沉桩注意事项

(1) 沉桩前必须处理空中和地下障碍物，场地应平整，排水应畅通，并应满足打桩所需的地面承载力。

(2) 当遇到贯入度剧变，桩身突然发生倾斜、位移或有严重回弹，桩顶或桩身出现严重裂缝、破碎等情况时，应暂停打桩，并分析原因，采取相应措施。

### 2. 静力沉桩

静力沉桩是采用静力压桩机或液压压桩机以无振动、无噪声的静压力(自重和配重)将预制桩压入土中的一种沉桩工艺。在我国沿海地区被广泛采用。与锤击沉桩相比，它具有无噪声、无振动、节约材料、降低成本、提高施工质量及速度快等特点，特别适合软土地区扩建工程和城市内的桩基工程施工。静压沉桩的工作原理是通过安装在压桩机上的卷扬机的牵引，由钢丝绳、滑轮及压梁，将整个桩机的自重力，反压在桩顶上，以克服桩身下沉时与土的摩擦力，迫使预制桩下沉。常用压桩机的荷重有 80 t、120 t、150 t 等数种，使用的多为液压式静力压桩机，压力可达 8000 kN。应注意的是，场地地基承载力应不小于压桩机接地压强的 1.2 倍。

1) 压桩顺序

压桩顺序宜根据场地工程地质条件确定，另外，应注意以下事项。

(1) 对于场地地层中局部含砂、碎石、卵石时，宜先对该区域进行压桩。

(2) 当持力层埋深或桩的入土深度差别较大时，宜先施压长桩后施压短桩。

2) 密集桩群或软土区的技术措施

当桩较密集，或地基为饱和淤泥、淤泥质土及黏性土时，应设置塑料排水板、袋装砂井消减超孔压或采取引孔等措施。在压桩施工过程中应对总桩数 10% 的桩设置上涌和水平偏位观测点，定时检测桩的上浮量及桩顶水平偏位值，若上涌和偏位值较大，应采取复压等措施。

# 思考题与习题

## 【思考题】

1. 桩基础是什么？在什么条件下，宜用桩基础？
2. 桩基础可以从哪些角度进行分类？
3. 什么情况下应进行承载能力、稳定及变形计算？
4. 低应变法、声波透射法和钻芯法的检测目的分别是什么？有什么注意事项？
5. 单桩的破坏模式有哪几种？
6. 试验单桩极限承载力标准值、计算单桩极限承载力标准值如何确定？其与特征值有何联系？特征值与设计值分别代表什么？
7. 桩基础设计的主要步骤是哪些？你认为应如何设法降低桩基的造价，从何处着手为宜(可以根据不同的条件进行论证)？

8. 承台承载力的计算包括哪些内容？

【习题】

1. 承台下 3 根预制混凝土桩，基桩长度为 12.5 m，其截面为 350 mm×350 mm，打穿厚度 $l_1 = 5$ m 的淤泥质土层，进入厚度为 $l_2 = 7.5$ m 的硬可塑黏土，查表 6.1、表 6.3(取低值)得：淤泥质土层桩的极限侧阻力标准值为 14 kPa、硬可塑黏土层桩的极限侧阻力标准值为 70 kPa、桩的极限端阻力标准值为 2300 kPa。试确定预制桩的基桩竖向承载力特征值(答案：$R_a = 557.4$ kN；提示：不考虑承台效应，基桩竖向承载力特征值为单桩竖向承载力特征值，单桩竖向承载力特征值取单桩极限承载力标准值的一半)。

2. 某 4 桩承台埋深 1 m，桩中心距为 1.6 m，承台边长为 2.5 m，标准组合下作用在承台顶面的竖向力 $F = 1481$ kN，弯矩 $M = 148$ kN·m。若基桩竖向承载力特征值为 444 kN，不考虑承台效应，试算基桩的竖向承载力是否满足要求(答案：基桩的竖向承载力满足要求)。

第 6 章
课后习题答案

# 第 7 章　沉井基础与地下连续墙

扩展图片

> 🔵 **学习目标**
>
> (1) 熟悉沉井基础的特点及其适用条件。
> (2) 掌握沉井基础的类型和基本构造。
> (3) 熟悉沉井基础的各种施工技术：旱地沉井施工、水中筑岛施工及浮运沉井施工。
> (4) 熟悉沉井施工过程中的各种结构强度的计算，沉井在下沉过程中存在的问题及处理措施。
> (5) 了解沉井基础的受力特点、考虑井壁土体抗力时的整体深基础(刚性桩)计算，以及沉井设计中的各种验算。
> (6) 了解地下连续墙的适用性，熟悉其优点及施工要点等。

🔵 **教学要求**

| 章节知识 | 掌握程度 | 相关知识点 |
| --- | --- | --- |
| 沉井概述 | 了解沉井的概念以及沉井采用情况 | 沉井的概念以及沉井采用情况 |
| 沉井的类型和构造 | 了解沉井的分类、基本构造 | 沉井的分类、基本尺寸以及基本构造 |
| 沉井的施工 | 熟悉沉井基础施工的施工方法 | 旱地沉井施工、水中筑岛施工及浮运沉井施工三种沉井施工方法 |
| 沉井设计简介 | 熟悉沉井设计相关尺寸、承载力与自重验算 | 沉井的设计尺寸以及承载力与自重验算 |
| 地下连续墙简介 | 了解地下连续墙的优点及其施工要点 | 地下连续墙的优点及其施工要点 |

> 🔵 **课程思政**
>
> 跨海大桥对国家的战略发展有非凡意义，通过认识此大桥的建设过程，使学生认识到工程技术人员的社会责任和价值，让学生感受到社会主义制度的优越性。学生不但具有沉井基础施工的实际操作技术能力，还让学生明确自己以后的社会责任。

> 🔵 **案例导入**
>
> 港珠澳大桥的建设始于 2009 年，历时 9 年，于 2018 年开通，正常耗资约 1268 亿元人民币。该大桥采用了多项世界领先的技术和工程手段，如悬索桥、斜拉桥、隧道等，以应对海底地震、台风等自然灾害。港珠澳大桥的建设不仅是中国交通基础设施建设的重要里程碑，也是中国改革开放 40 年来的一项重大成果。该大桥的建设为珠三角地区的经济发展和人文交流提供了重要的支撑和保障，同时也为中国的"一带一路"倡议提供

了重要的基础设施支持。港珠澳大桥是中国建设的一项重要工程，也是世界上最长的跨海大桥之一。其中，沉井基础是该桥的重要组成部分。而沉井基础的施工涉及多项技术和工艺。沉井基础施工过程中涉及的技术要点，主要包括海底地质勘察、沉井的设计和制造。

【本章思维导图(概要)】

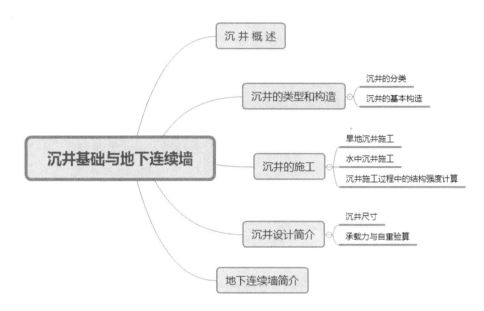

## 7.1 沉井概述

【本节思维导图】

**带着问题学知识**

沉井的概念是什么？
在哪些情况下，可以采用沉井基础？

扩展资源1.
沉井的优点缺点

沉井基础根据其特点多用于水深较大的桥墩基础工程、地下泵房、矿用竖井、高层和超高层建筑基础等。本章阐述沉井基础的类型、构造、适用条件，以及沉井基础的受力特点，简单介绍作为整体深基础设计的内容和方法，重点阐述沉井基础及地下连续墙的施工工艺与方法。

沉井是井筒状的结构物，是把不同断面形状(圆形、椭圆形、矩形、多边形等)的井筒，按边排土边下沉的方式使其沉入地下的结构物。它是一种利用人工或机械方法清除井内余土，并依靠自身重力或添加压力等方法克服井壁摩阻力后逐节下沉至设计标高，然后浇筑混凝土封底，并填塞井孔，使其成为建筑物的基础，如图 7.1 所示。

音频 1：沉井基础的特点

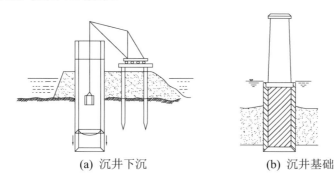

图 7.1 沉井基础示意图

沉井基础一般较适宜于不太透水的土层，便于控制下沉方向。根据经济合理和施工可行的原则，通常在下列情况下，可考虑采用沉井基础。

(1) 上部结构荷载较大，表层地基土承载力不足，做扩大基础开挖工作量较大及支撑较困难，而在一定深度下有较好的持力层，且与其他深基础方案相比较为经济合理。

(2) 在山区河流中，虽然浅层土质较好，但冲刷较大，或河中有较大卵石不便于桩基础施工。

(3) 岩层表面较平坦且覆盖层较薄，但河水较深，采用扩大基础施工围堰有困难。

## 7.2 沉井的类型和构造

【本节思维导图】

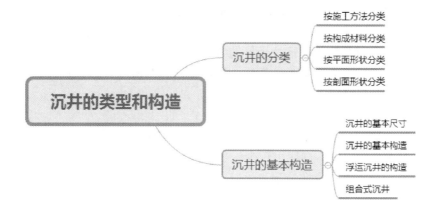

> **带着问题学知识**
>
> 沉井的分类方法有哪些？如果按照施工方法分类可以分为哪几类？
> 沉井的基本构造都有哪些？
> 什么是浮运沉井？其构造是什么？

## 7.2.1 沉井的分类

**1. 按施工方法分类**

沉井根据施工方法的不同可分为一般沉井和浮运沉井。

1) 一般沉井

一般沉井是指直接在设计的位置上现场制作，然后挖土，依靠沉井井壁自重下沉。如基础位于水中，需先在水中筑岛，再在岛上筑井下沉。

2) 浮运沉井

浮运沉井是指先在岸边预制，再浮运就位下沉的沉井。通常在深水地区(如水深大于10 m)，筑岛有困难，或水流流速较大，或有碍通航的地方采用。

**2. 按构成材料分类**

沉井根据井壁材料的不同可分为混凝土沉井、钢筋混凝土沉井、竹筋混凝土沉井和钢沉井。

1) 混凝土沉井

由于混凝土的特点是抗压强度高，抗拉强度低，下沉时易开裂，因此混凝土沉井宜做成圆形，且仅适用于下沉深度不大(4～7 m)的松软土层。

2) 钢筋混凝土沉井

钢筋混凝土沉井抗压抗拉强度高，下沉深度大，可以做成重型或薄壁型沉井，也可以做成薄壁浮运沉井及钢丝网水泥沉井等，这类沉井在工程中得到较广泛的应用。钢筋混凝土沉井可以就地制造下沉，也可以在岸边制成空心薄壁浮运沉井。

3) 竹筋混凝土沉井

这种沉井是采用耐久性差而抗拉力好的竹筋代替部分钢筋，制造而成的。因为沉井在下沉过程中承受较大的拉力，而当完工后，所承受的拉力减少，因此在盛产竹材的南方地区，竹筋混凝土沉井应用较多。

4) 钢沉井

钢沉井由钢材制作，其特点是强度高、质量轻、易于拼装，适合于制造空心浮运沉井；其缺点是用钢量大，所以在国内应用较少，多用于水中施工。

此外，根据工程条件及资源情况也可以就地取材，选用砖石沉井和木沉井等，目前较少选用。

3. 按平面形状分类

按沉井的平面形状可分为圆形、矩形和圆端形三种基本类型，根据井孔的布壁方式，又可分为单孔、双孔及多孔沉井，如图 7.2 所示。

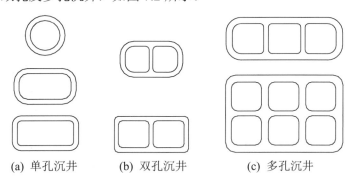

(a) 单孔沉井　　(b) 双孔沉井　　(c) 多孔沉井

图 7.2　沉井平面形状

(1) 圆形沉井制作简便，在下沉过程中易于控制方向，受力(土压力、水压力)性能较好。从理论上讲，圆形井壁仅受压应力，但在实际工程中，还需要考虑沉井因发生倾斜所引起的土压力的不均匀性。与等面积的矩形沉井相比较，圆形沉井周长小于矩形沉井的周长，因此井壁与侧面摩阻力也会小些。同时，由于土拱的作用，圆形沉井对四周土体的扰动也比矩形沉井小。

(2) 方形、矩形沉井在制作及使用上均比圆形沉井简便。但方形、矩形沉井在受水平压力的作用时，其断面内会产生较大的弯矩，此时可在井内加隔墙形成双孔或多孔沉井。从生产工艺和使用要求角度看，一般方形、矩形沉井的建筑面积较圆形沉井更能得到合理的利用，但方形、矩形沉井井壁的受力情况较圆形沉井不利。同时，采用矩形沉井时为了保证下沉的稳定性，沉井的长边与短边之比不宜大于 3。

(3) 椭圆形、圆端形沉井控制下沉、受力条件、阻水冲刷均较矩形沉井有利，但施工较为复杂。因此，椭圆形、圆端形沉井多用于桥梁墩台基础、取水泵站与江心泵站等构筑物。

(4) 对于平面尺寸较大的沉井，可在沉井中设置隔墙或横梁，构成双孔或多孔沉井。由于隔墙或横梁的存在，从而改善了井壁、底板、顶板的受力状况，提高了沉井的整体刚度，在施工中易于均匀下沉。多孔沉井的承载力高，适用于平面尺寸大的重型建筑物基础。

4. 按剖面形状分类

根据沉井的剖面形状可分为圆柱形、阶梯形和锥形沉井等，如图 7.3 所示。

(1) 圆柱形沉井井壁按截面形状做成各种柱形且平面尺寸不随深度不同而发生变化。圆柱形沉井的优点是井壁受力较均衡，下沉过程中不易发生倾斜，且对周围土体的扰动较小，接长简单，模板可重复利用。其缺点是井壁侧阻力较大，尤其是当土体密实、沉井平面尺寸较小且下沉深度较大时，其上部可能会被土体夹住，使其下部悬空，容易造成井壁拉裂。圆柱形沉井多用于入土不深或土质较松软的情况。

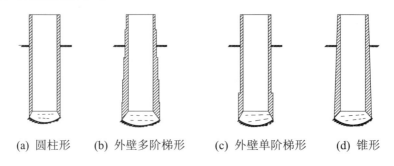

(a) 圆柱形　　(b) 外壁多阶梯形　　(c) 外壁单阶梯形　　(d) 锥形

图 7.3　沉井竖直剖面形式

(2) 阶梯形沉井井壁平面尺寸随深度呈台阶形加大。由于沉井下部受到的土压力及水压力都比上部大，因此阶梯形结构可以提高沉井下部刚度。阶梯可设在井壁的内侧或外侧，当地基土比较密实时，设外侧阶梯可减少沉井侧面土的摩阻力以便顺利下沉。阶梯形井壁的台阶高度一般为 1～2 m，阶梯宽度一般为 100～200 mm。当考虑井壁受力要求及避免沉井下沉使四周土体破坏范围过大而影响邻近的建筑物时，则可将阶梯设在沉井内侧，其外侧保持直立。

(3) 锥形沉井的外井壁带有斜坡，坡度一般为1/40～1/20。锥形沉井井壁侧阻力较小，抵抗侧压力性能较合理，但沉井在下沉时不稳定，施工较复杂，一般多用于土质较密实、沉井下沉深度大以及自重较小的情况。

## 7.2.2　沉井的基本构造

### 1．沉井的基本尺寸

为了保证沉井下沉的稳定性，沉井截面的长短边之比不宜大于3。若结构物的长宽比较接近时，可考虑采用方形或圆形沉井。沉井顶面尺寸等于结构物底部尺寸加襟边宽度。襟边宽度不宜小于 0.2 m，且不宜小于 $H/50$（$H$ 为沉井全高），浮运沉井宽度不宜小于 0.4 m，若沉井顶面需设围堰，则襟边宽度应根据围堰构造进行加大。

沉井的入土深度应根据沉井的上部结构、各土层的承载力及水文地质条件等确定。若沉井入土深度较大，应分节制造、下沉，每节高度不宜大于 5 m；底节沉井在松软地基中下沉时，还不宜大于 $0.8B$（$B$ 为沉井宽度）；底节沉井不宜做得过高、过重，否则会给制模、筑岛等工作带来很大的困难。

### 2．沉井的基本构造

沉井的基本构造如图 7.4 所示。沉井一般由井壁、刃脚、隔墙、井孔、凹槽、底板和顶板等部分组成。

(1) 井壁：也称为井筒，是沉井的主要构成部分。它的作用是：在沉井下沉过程中，用来挡土、挡水，并利用其自重来克服土体与井壁间的摩阻力下沉；在沉井施工完毕后，又作为基础或基础的一部分，来传递上部荷载。因此，井壁必须具备一定的强度和厚度，并根据受力情况配置一定量的钢筋，配筋率不应小于 0.1%。井壁厚度可采用 0.8～2.2m。《公路桥涵地基与基础设计规范》(JTG 3363—2019)规定,当为薄壁浮运沉井时,井壁和隔板混凝土强度等级不应低于 C30,腹腔内填料不应低于 C15。

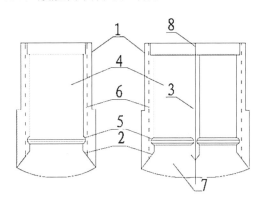

扩展资源 2. 沉井下沉的纠偏措施

图 7.4 沉井的基本构造

1—井壁;2—刃脚;3—隔墙;4—井孔;5—凹槽;6—射水管组;7—封底混凝土;8—顶板

音频 2:减小沉井外壁摩阻力的方法

(2) 刃脚:即井壁最下端形如楔状的尖角部分,其构造如图 7.5 所示。刃脚是井筒在下沉过程中切土受力最集中的部位,所以必须有足够的强度,以免破损。刃脚的作用就是有利于沉井切土下沉。刃脚底面(即踏面)的宽度依土层的软硬及井壁重量、厚度而定,一般为 100~200mm,对软土地基可放宽。对下沉深度较大,土质较硬的土层来说,刃脚底面应用型钢(角钢或槽钢)保护,以防止刃脚损坏。刃脚侧面的倾角通常为 45°~60°,其高度视井壁厚度、封底状况(是干封,还是湿封)、土方开挖及便于抽取刃脚下的垫木等方面综合考虑而定。《公路桥涵地基与基础设计规范》(JTG 3363—2019)规定,刃脚混凝土强度等级不应低于 C30,井身不应低于 C25。

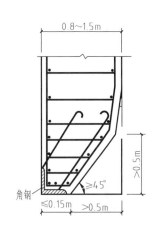

图 7.5 刃脚构造

(3) 隔墙:即划分沉井内部空间的墙体,其作用是将沉井内腔分隔成若干个井孔,便于控制挖土下沉,防止或纠正倾斜及偏差,还可以提高沉井的刚度,减少井壁挠曲变形。隔墙的间距一般不超过 5~6 m,厚度一般小于井壁,为 0.5~1.0 m。隔墙底面应高出刃脚底面 0.5 m 以上,使其对井筒下沉无妨碍。

(4) 井孔:挖土排土时的工作场所和通道。取土是从井孔进行的,所以井孔的尺寸应该满足施工的要求,最小边长不宜小于 3m。取土井孔的布设应力求简单、对称。

(5) 凹槽:位于刃脚内侧上方,用于沉井封底时使井壁与底板混凝土更好地连接在一起。以便封底混凝土底面反力能更好地传递给井壁。通常凹槽高度约为 1.0 m,深度一般为 150~300 mm。

(6) 底板:即沉井下沉到设计标高后,为防止地下水涌入井内,在刃脚踏面以上至凹槽处浇筑混凝土形成封底底板,以承受地基土和水的反力。底板的厚度取决于基底反力(土压力+水压力)、底板的构造材料的性能、施工方法等多种因素。封底混凝土顶面一般应高出凹槽 0.5 m。

(7) 顶板：是根据条件和需要在沉井封底后，在井体顶端的一个构筑物。顶板的作用是承托上部结构的全部荷载，同时也可以增加井体的刚度。顶板的厚度视上部结构物的荷载情况而定，一般取 1.5～2.0 m，钢筋配置由计算确定。

### 3．浮运沉井的构造

浮运沉井有两种：普通浮运沉井(不带气筒)和带气筒的浮运沉井。普通浮运沉井的特点是构造简单、施工方便，并可以节省材料，常用的材料有钢、钢筋混凝土和木材等，一般为薄壁空心结构。这种沉井一般适用于水深不是很大、流速较慢、冲刷较小的自然条件。而对于水较深、水流湍急、沉井较大的情况，可考虑采用带气筒的浮运沉井，它主要由双壁的沉井底节、单壁钢壳、钢气筒等组成。双壁钢沉井底节是一个壳体结构，可以自动浮于水中，底节以上井壁为单壁钢壳，主要用于防水及兼作接高时浇筑沉井外圈混凝土的模板，钢气筒主要为沉井提供浮力，并通过调节气压来控制沉井，使其就位，当沉井达到河床后，切除气筒，作为取土井孔。

### 4．组合式沉井

组合式沉井即沉井-桩基基础，是先将沉井下沉至设计标高，浇筑封底混凝土和承台，然后在井内预留孔位钻孔灌注成桩。这种组合沉井主要应用于采用低承台桩基施工困难，而采用沉井基础时岩层倾斜较大或地基土软硬不均且水深较大的情况。该沉井结构既可以围水挡土，又可以作为钻孔桩的护筒和桩基的承台。

## 7.3 沉井的施工

沉井的施工

【本节思维导图】

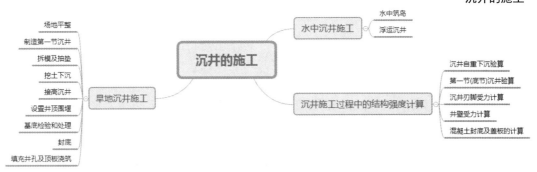

> 带着问题学知识
>
> 旱地沉井施工的施工工序是什么？
> 水中沉井是什么？
> 在沉井施工工程中，井壁受力要如何计算？

沉井基础的施工方法与其所在地点的环境和水文条件有关。一般在施工前应详细勘察并了解场地的地质、水文和气象资料，在水中修筑沉井时，首先应对河流汛期、河床冲刷、通航及漂流物等进行调查研究，尽可能地利用枯水季节进行施工，并制订施工计划及必要的施工保证措施，以确保施工的安全。

沉井基础的施工通常可分为旱地沉井施工和水中沉井施工两种。

## 7.3.1 旱地沉井施工

当桥梁墩台位于旱地时，沉井基础可就地制造。旱地沉井施工顺序如图 7.6 所示。

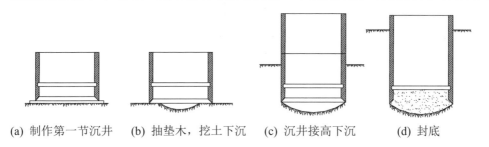

(a) 制作第一节沉井　(b) 抽垫木，挖土下沉　(c) 沉井接高下沉　(d) 封底

图 7.6　沉井施工顺序示意图

一般来说，旱地沉井施工较容易进行，其一般的施工工序如下。

### 1．场地平整

一般只需将地表杂物清理干净并整平，就可以在其上制作沉井。对天然地面土质较好的，只需将地面杂物清理干净并平整场地即可，但对天然地面土质较差的，则应采取一定的措施(换土或在基坑处铺填不小于 0.5m 厚夯实的砂或沙砾垫层)，以防沉井在浇筑混凝土时因地面沉降不均匀而产生裂缝。如果为了减少沉井的下沉深度亦可在基础位置处挖一浅坑，在坑底制作沉井，但坑底应高出地下水面 0.5～1.0m。

### 2．制造第一节沉井

由于沉井的自重较大，刃脚踏面的尺寸较小，应力较集中，而场地土难以承受如此大的压力，故施工前应在刃脚踏面位置处预先对称铺满一层垫木，以加大支撑面积来支撑第一节沉井的质量。垫木一般为枕木或方木(200 mm × 200 mm)，其数量可按垫木底面压力不大于 100kPa 来确定。垫木的布置应考虑抽除垫木方便，在铺设垫木前垫一层厚约 0.3 m 的砂，并且垫木间隙用砂填实。然后在刃脚位置处设置刃脚角钢、竖立内模、绑扎钢筋、再立外模浇筑第一节沉井混凝土，如图 7.7 所示。模板应有较大刚度，以免挠曲变形，外模板应平滑以利于下沉。当场地土质较好时，也可采用木模。

### 3．拆模及抽垫

当沉井混凝土强度达到设计强度的 70%时可拆除模板，强度达设计强度后才能抽撤垫木。抽撤垫木时应按一定的顺序：分区、对称、同步地向沉井外抽出，以免引起沉井开裂、移动或倾斜。其顺序为：先撤除内壁下的垫木，再撤沉井短边下的垫木，最后撤长边下的垫木。在撤除长边下的垫木时，应隔根抽撤，以定位垫木(最后抽撤的垫木)为中心，由远而近对称地抽，最后抽除定位垫木。在抽撤垫木的过程中，应随抽随用砂土回填捣实，以免沉井开裂、移动或倾斜。

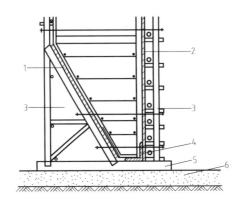

图 7.7　沉井刃脚立模示意图

1—内接；2—外模；3—立柱；4—角钢；5—垫木；6—砂垫层

### 4．挖土下沉

沉井下沉可分为排水下沉和不排水下沉。在实际的施工过程中，宜采用不排水下沉，在稳定的土层中，也可以采用排水下沉。不排水下沉多用空气吸泥机、抓土斗、水力吸石筒、水力吸泥机等除土。如土质较硬，水力吸泥机需配以水枪射水将土冲松。由于吸泥机是将水和土一起吸出井外，故需经常向井内加水维持井内水位高出井外水位 1～2m，以免发生涌土或流砂现场。排水下沉常采用人工挖土，可使沉井均匀下沉且易于清除井内障碍物，但需有安全措施。它适用于渗水量不大的土层。

### 5．接高沉井

当第一节沉井顶面下沉至露出地面 0.5 m 以上时，停止挖土，并接筑第二节沉井。接筑前刃脚不得掏空，并应尽量使上节沉井位置正直，凿毛顶面，然后立模，对称均匀地浇筑混凝土。待混凝土强度达到设计要求后再拆模继续挖土使沉井下沉。

### 6．设置井顶围堰

当沉井顶面低于地面或水面时，应在沉井顶部接筑防水围堰，围堰的平面尺寸应略小于沉井，其下端与井顶上预埋锚杆相连。围堰是临时性的，待墩台伸出水面后即可拆除。常见的围堰有土围堰、砖围堰、钢板桩围堰等。

### 7．基底检验和处理

当沉井达到设计标高后，应对基底土质进行检验，主要是看地基土质与设计要求是否相符、平整，并对地基进行必要的处理。当采用排水下沉的沉井时，可直接进行检验；当采用不排水下沉的沉井时，应进行水下检验，必要时可用钻机取样检验。地基为砂土或黏性土时，一般可在井底铺一层砾石或碎石至刃脚底面以上 200 mm；地基为风化岩石时，应将风化岩层凿掉,若岩层倾斜时,还应凿成阶梯形。确保井底地基尽量平整,浮土及软土清除干净,并保证封底混凝土、沉井及地基紧密结合。

### 8. 封底

基底检验符合要求后,应及时进行封底。当采用排水下沉,渗流量上升速度不大于 6 mm/min 时,可采用普通混凝土进行封底;当采用不排水下沉时,则可用导管法灌注水下混凝土进行封底,若灌注面积大,可采用多导管,以先周围后中间、先低后高的次序进行灌注。封底时,一般用素混凝土进行封底,但必须保证其结合质量,不得有夹层、夹缝等缺陷存在。

### 9. 填充井孔及顶板浇筑

当封底混凝土达到设计强度要求后,抽干井孔中的积水,填充井内培土。井孔是否填充,应根据受力或稳定要求来确定。若井孔中不填料或仅填砾石,则井顶面应浇筑钢筋混凝土顶板,以支撑上部结构。然后砌筑井上构筑物,并随后拆除临时性的井顶防水围堰。

## 7.3.2 水中沉井施工

### 1. 水中筑岛

当水的流速不大(小于 1.5 m/s)且水深在 3 m 以内时,可采用水中筑岛的方法进行施工,如图 7.8(a)所示。常用的筑岛材料为砂或砾石。若水的流速或水深增大时,可采用围堰防护,如图 7.8(b)所示。当水深再加大(但小于 15 m)时,宜采用钢板桩围堰筑岛,如图 7.8(c)所示。无围堰筑岛,宜在沉井周围设置不小于 2 m 宽的护道。为了避免沉井的重量对围堰产生的侧压力的影响,则围堰到井壁外缘的距离 b 应满足:

$$b \geq H \tan\left(45° - \frac{\varphi}{2}\right) \tag{7-1}$$

式中:$H$——筑岛高度,m;

$\varphi$——筑岛土饱和水时的内摩擦角,°(度)。

$b$ 一般不宜小于2m,《公路桥涵施工技术规范》(JTG TF50—2011)规定不应小于1.5m。

其余施工方法则与旱地沉井施工方法相同,本书不再赘述。

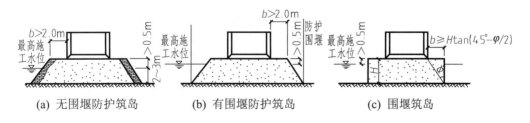

图 7.8 水中筑岛下沉沉井示意图

### 2．浮运沉井

当水位较深(在 10 m 以上)，而用人工筑岛困难或不经济时，可采用浮运沉井。

沉井先在岸边制作完成，再利用在岸边铺成的滑道滑入水中(见图 7.9)，然后用绳索牵引至设计位置。为了使沉井能够浮于水上，沉井可以做成空体结构，或采用其他措施(如带钢气筒等)使其浮于水面。当沉井到达设计位置后，逐步将混凝土或水灌入空体中，使沉井徐徐下沉至河底。若水位太深，则需接长沉井，应分段制作。可在沉井悬浮状态下逐节接长至河床。当沉井刃脚切入河底一定深度后，可按上述沉井下沉方法进行施工。

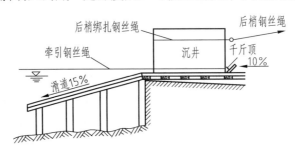

图 7.9　浮运沉井下水示意图

## 7.3.3　沉井施工过程中的结构强度计算

沉井的受力随整个施工以及运营过程的不同而不同。因此，沉井的结构强度必须满足各阶段最不利受力情况的要求。针对沉井各部分在施工过程中的最不利受力情况，首先拟出相应的计算图式，然后计算截面应力，进行必要的配筋，以保证井体结构在施工各阶段中的强度和稳定。对沉井结构在施工过程中主要需进行下列验算。

### 1．沉井自重下沉验算

为保证沉井施工时能顺利下沉到达设计标高，一般要求沉井下沉系数 $K$ 满足：

$$K_{st} = (G_k - F_{f_{w,k}})/R_f \tag{7-2}$$

$$R_f = \mu(h - 2.5)q \tag{7-3}$$

式中：$K_{st}$——下沉系数，一般为 1.15～1.25；

　　　$G_k$——沉井自重标准值，kN；

　　　$F_{f_{w,k}}$——下沉过程中水的浮托力标准值，kN；

　　　$R_f$——井壁总摩阻力标准值，kN，单位面积摩阻力沿深度按梯度分布，距离地面 5 m 范围内按照三角形分布，其下为常数；

　　　$\mu$——沉井下端面周长，m，对阶梯形井壁，各阶段的 $\mu$ 值取本阶段的下滑面周长；

　　　$h$——沉井入土深度，m；

　　　$q$——井壁与土体间的摩阻力标准值按厚度的加权平均值，kPa，可按表 7.1 选用。

沉井外壁摩阻力的确定可参照表 7.1 取值，且应考虑下列情况。

(1) 采用泥浆助沉时，单位摩阻力标准值取 3～5 kPa。

(2) 当井壁外侧为阶梯形并采用灌砂助沉时，灌砂段的单位摩阻力可取 7～10 kPa。

表 7.1  井壁与土体间的摩阻力标准值

| 土的名称 | 摩阻力标准值/kPa |
|---|---|
| 黏性土 | 25～50 |
| 砂土 | 12～25 |
| 硬卵石 | 15～30 |
| 砾石 | 15～20 |
| 软土 | 10～12 |
| 泥浆套 | 3～5 |

注：泥浆套为灌注在井壁外侧的触变泥浆，是一种助沉材料。

(3) 沉井外壁的摩阻力分布如图 7.10 所示，在 0～5 m 深度内，单位面积的摩阻力从零按直线增加，深度大于 5 m 时为常数。当沉井深度内存在多种类型的土层时，单位井壁摩阻力可取各土层厚度的单位摩阻力加权平均值。

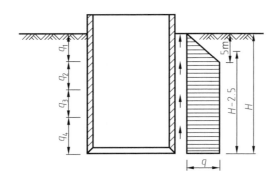

图 7.10  沉井外壁的摩阻力分布

单位面积摩阻力的加权平均值，按下式计算：

$$q = \sum q_i H_i / \sum H_i \tag{7-4}$$

式中：$H_i$——$i$ 土层厚度；

$q_i$——$i$ 土层沉井外壁摩阻力，根据实际资料或查表 7.1。

当不能满足上述要求时，可加大井壁厚度或调整取土井尺寸；对不排水下沉，达到一定深度后可改用排水下沉；还可采用增加附加荷载、射水助沉或泥浆套、空气幕等措施。

**2．第一节(底节)沉井验算**

1) 底节沉井竖向挠曲验算

(1) 矩形和圆端形沉井。

沉井在抽除垫木时，最后支撑于长边四个固定支点上，支点可控制在最有利的位置，使支点处截面上混凝土的拉应力与跨中截面上混凝土的拉应力相等或很接近，来验算沉井纵向混凝土的抗拉强度，如图 7.11(a)所示。当沉井两边长宽比 $L/B > 1.5$ 时，两支点间距可按(0.6～0.8)$L$ 计算。

沉井排水下沉时，可按施工中可能出现的支撑情况进行验算。在一般情况下，刃脚下挖土的位置完全可以控制，使刃脚下的最后四个支点的位置和沉井抽垫时最后的四个支点位置一致。

沉井不排水下沉时，刃脚下土的支撑情况很难控制，可按下列最不利支撑情况验算沉井纵向混凝土的抗拉强度：支撑于短边的两端点，如图 7.11(b)所示；支撑于长边的中点，如图 7.11(c)所示。

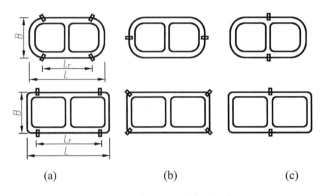

图 7.11　矩形和圆端形沉井

(2) 圆形沉井。

圆形沉井一般按支承于相互垂直的直径方向的四个支点验算；在有孤石、漂石或其他障碍物的土层中，如果不进行排水下沉时，可按支承于直径上的两个支点验算，如图 7.12 所示。

底节沉井竖向挠曲验算结果，若混凝土的拉应力超过其允许值，则应加大底节沉井高度或增设水平钢筋。

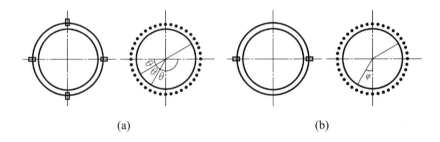

图 7.12　圆形沉井

"·"—底节沉井自重均布荷载

2) 底节沉井内隔墙计算

若底节沉井内隔墙跨度较大时，还需验算底节沉井内隔墙混凝土的抗拉强度。

计算的最不利受力情况：内隔墙下的土已挖空，上节沉井刚浇筑而未凝固，此时隔墙成为两端支撑于井壁上的梁，承受着两节沉井隔墙和模板等重力。若底节隔墙的强度不足，为节省钢材，可在底节沉井下沉后，于隔墙下夯填粗砂，使第二节隔墙荷载直接传至填土层上。

### 3．沉井刃脚受力计算

沉井在下沉过程中，刃脚的受力比较复杂，为了简化计算，一般可按水平向和竖向分别进行计算。水平向分析时，可视为一个水平封闭的框架作用(见图 7.13)，在水压力和土压力作用下在水平面内发生弯曲变形；在竖向，近似地将刃脚视为固定于刃脚根部井壁处的悬臂梁(见图 7.14)，根据刃脚内外侧作用力的不同可能向外或向内挠曲。根据悬臂及水平框架两者之间的变位关系及其相应的假定分别可得到刃脚悬臂分配系数 $\alpha$ 和水平框架分配系数 $\beta$：

$$\alpha = \frac{0.1L_1^4}{h_1^4 + 0.05L_1^4} \leqslant 1.0 \tag{7-5}$$

$$\beta = \frac{H^4}{h_1^4 + 0.05L_2^4} \tag{7-6}$$

式中：$L_1$、$L_2$——支撑于隔墙间的井壁最大和最小计算跨度；

$h_1^4$——刃脚斜面部分的高度。

上述分配系数仅适用于内隔墙底面高出刃脚不超过 0.5m，或大于 0.5m 而有垂直辅助的情况。否则全部水平力应由悬臂承担，即 $\alpha=1.0$，刃脚不在其水平框架上作用，但需按构造配置水平钢筋，以承受一定的正、负弯矩。

外力经上述的分配以后，便可将刃脚受力情况分别按竖向、水平向两个方向来计算。

1) 刃脚水平受力分析

(1) 土压力 $e_1$(作用于井壁单位面积上的土压力)：

$$e_1 = \gamma_i H_i \tan^2(45° - \varphi/2) \tag{7-7}$$

式中：$H_i$——计算位置至地面的距离；

$\gamma_i$——$H_i$ 高度范围内土的平均重度，水位以下用浮重度；

$\varphi$——土的内摩擦角。

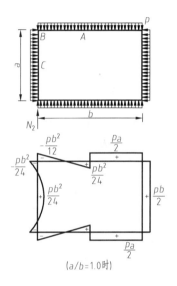

图 7.13 单孔矩形框架受力情况

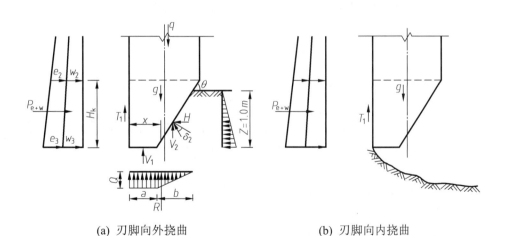

(a) 刃脚向外挠曲　　　(b) 刃脚向内挠曲

图 7.14 刃脚挠曲受力示意图

(2) 水压力 $\omega_i$(作用于井壁单位面积上的水压力)，按下列情况计算。

不排水下沉时，井壁外侧水压力值按100%静水压计算，内侧水压力值一般按50%计算，如图7.15(a)所示，但也可按施工中可能出现的水头差计算，如图7.15(b)所示。

排水下沉时，在透水土中，井壁外侧水压力值按100%计算，如图7.15(c)所示，在不透水土中，按静水压的70%计算，如图7.15(d)所示。

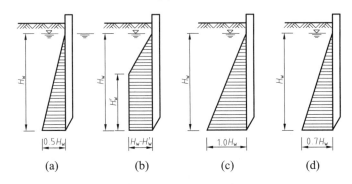

图7.15 井壁单位面积上的水压力分布

2) 刃脚竖向受力分析

一般截取单位宽度井壁来分析，将刃脚视为固定在井壁上的悬臂梁，分别按刃脚向外和向内挠曲两种最不利情况分析。

(1) 刃脚向外挠曲的内力计算。

沉井下沉进程中，在岛面以上已接高一节沉井(4～6 m)，刃脚切入土中1 m。此时，刃脚根部断面上产生向外挠曲的最大弯矩。荷载图形如图7.14(a)所示。

刃脚下土的竖向反力：

$$R = V_1 + V_2 = q - T' \tag{7-8}$$

式中：$q$——沿井壁单位周长沉井自重，在水下部分应考虑水的浮力；

$T'$——作用于单位周长井壁的摩阻力，$T' = \min(0.5E, \sum \tau_i H_i)$；

$V_1$、$V_2$——刃脚踏面及斜面部分土的竖向反力，其压力分布如图7.15所示，而且：

$$V_1 = \frac{2a}{2a+b} R \tag{7-9}$$

$$V_2 = R - V_1 \tag{7-10}$$

式中：$a$——刃脚踏面宽度；

$b$——插入土中的刃脚斜面的水平投影。

刃脚外侧单位周长上的摩阻力按 $T_1 = 0.5E$ 或 $T_1 = tH_k$，取小者，$H_k$ 为刃脚高度。

刃脚斜面部分土的水平反力，按三角形分布，其合力为

$$F_H = V_2 \tan(\theta - \delta_2) \tag{7-11}$$

式中：$\delta_2$——土与刃脚斜面间的外摩擦角，其值可取 $\delta_2 = \varphi$；

$\varphi$——土的内摩擦角；

$\theta$——刃脚斜面对水平面的倾角。

刃脚外侧土压、水压、摩擦力，按前述方法计算。

刃脚(单位周长)自重 $g$ 为

$$g = \frac{\lambda + a}{6(\lambda + a)} H_k \gamma_k \tag{7-12}$$

式中：$\lambda$——井壁厚度；

$\gamma_k$——钢筋混凝土刃脚的重度，不排水施工时应扣除浮力。

刃脚自重 $g$ 的作用点至刃脚根部中心轴的距离为

$$x = \frac{\lambda^2 + a\lambda - 2a^2}{6(\lambda + a)} \tag{7-13}$$

求出以上各力的数值、方向及作用点后，再算出各力对刃脚根部中心轴的弯矩总和值 $M_0$、竖向力 $N_0$ 及剪力 $Q$，其计算公式为

$$M_0 = M_R + M_H + M_{e+w} + M_T + M_g \tag{7-14}$$

$$N_0 = R + T_1 + g \tag{7-15}$$

$$Q = P_{e+w} + H \tag{7-16}$$

式中：$M_R$——反力 $R$ 对刃脚根部中心轴的弯矩；

$M_H$——横向力 $H$ 对刃脚根部中心轴的弯矩；

$M_{e+w}$——土压力及水压力 $P_{e+w}$ 对刃脚根部中心轴的弯矩；

$M_T$——刃脚底部的外侧摩阻力 $T_1$ 对刃脚根部中心轴的弯矩；

$M_g$——刃脚自重 $g$ 对刃脚根部中心轴的弯矩。

作用在刃脚部分的各水平力均应按规定考虑分配系数 $\alpha$。上述各式数值的正负号视具体情况而定。

根据 $M_0$、$N_0$ 及 $Q$ 值就可验算刃脚根部应力并计算出刃脚内侧所需的竖向钢筋用量。一般刃脚钢筋截面积不宜少于刃脚概况截面积的 0.1%。刃脚的竖直钢筋应伸入根部以上 $0.5L_1$（$L_1$ 为支承于隔墙间的井壁最大计算跨度）。

(2) 刃脚向内挠曲的内力计算。

计算刃脚向内挠曲的最不利情况是沉井已下沉至设计标高，但刃脚下的土已挖空而尚未浇筑封底混凝土，如图 7.14(b)所示，此时需将刃脚作为根部固定在井壁的悬臂梁，计算最大的向内弯矩。

作用在刃脚上的力有刃脚外侧的土压力、水压力、摩阻力及刃脚本身的重力。以上各力的计算方法同前。计算所得各水平外力同样均应按规定考虑分配系数 $\alpha$。根据外力值计算出对刃脚根部中心轴的弯矩、竖向力及剪力后，并以此求出刃脚外壁的钢筋用量，配筋构造要求同向外挠曲时。

3) 刃脚水平钢筋计算

沉井沉至设计标高，刃脚下的土已挖空，此时刃脚受到最大的水平压力，处于最不利状态。作用于刃脚上的外力与计算刃脚向内挠曲时一样，且所有水平力应乘以分配系数 $\beta$，由此可计算水平框架中控制断面上的内力，并依此设计水平钢筋。

对不同形式框架的内力可按一般结构力学方法计算，具体可根据不同沉井平面形式参考相关文献。

### 4. 井壁受力计算

1) 井壁竖向拉应力验算

沉井下沉接近设计标高，刃脚下的土已挖空，而四周作用有摩阻力，可能把沉井箍住，在井壁内由沉井自重产生竖向拉应力。作用于井壁上的摩阻力，假定按倒三角形分布(见

图 7.16),即在刃脚底面处为 $O$,在地面处为最大。距刃脚底面 $x$ 高度处断面上的拉力:

$$p_x = G_{xk} - \frac{1}{2}\mu q_x x \tag{7-17a}$$

$$q_x = \frac{x}{h} q_d \tag{7-17b}$$

式中: $p_x$——距刃脚底面 $x$ 受阶处的井壁拉力,kN;

$G_{xk}$——$x$ 高度范围内的沉井自重,kN;

$\mu$——井壁周长,m;

$q_x$——距刃脚底面 $x$ 受阶处的摩阻力,kPa;

$q_d$——沉井顶面摩阻力;

$h$——沉井高度;

$x$——刃脚底面至受阶处(或验算截面)的高度,m。

井壁内的最大拉力为

$$P_{\max} = G_k / 4 \tag{7-18}$$

其位置发生在 $x = H/2$ 的断面上。按井壁最大拉应力 $P_{\max}$ 设计井壁竖向受力钢筋。

若沉井很高,各节沉井的接缝钢筋可按接缝所在位置发生的拉应力设置,由接缝钢筋承受沉井混凝土接缝处的拉应力。钢筋的拉应力应小于钢筋标准强度的 3/4,并须验算钢筋的锚固长度。对采用泥浆润滑套下沉的沉井,沉井在泥浆套内不会出现"箍住"的现象,井壁不会因自重而产生拉应力。

2) 井壁横向受力计算

当沉井沉至设计标高,刃脚下的土已挖空,井壁承受最大的土压和水压时,按水平框架分析内力。刃脚斜面以上、高度等于井壁厚度的一段井壁(见图 7.17)的水平钢筋计算:该段井壁除承受作用于该段的土压力和水压力外,还有由刃脚悬臂作用传来的水平剪力。

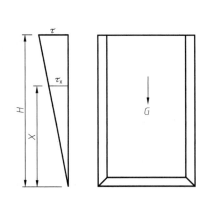

图 7.16 井壁摩阻力分布图

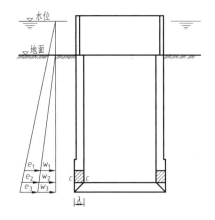

图 7.17 井壁框架受力示意图

其余各段井壁水平钢筋计算:选断面变化处的各段井壁(位于每节沉井最下端的单位高度),进行水平钢筋设计,然后布置在全段上。作用于各段井壁框架上的水平外力仅有土压力和水压力。

对采用泥浆润滑套下沉的沉井,泥浆压力应大于上述水平荷载,井壁压力应按泥浆压力(即泥浆相对密度乘泥浆高度)计算。沉井台阶以下的部分,仍按土压力和水压力计算。

### 5. 混凝土封底及盖板的计算

1) 封底混凝土计算

封底混凝土的厚度应根据基底的水压力地基土的向上反力井孔填料情况以及封底混凝土各阶段要求计算确定。作用于封底混凝土的竖向反力可分为两种情况:一种是沉井水下封底后,在施工抽水时封底混凝土需承受基底水和地基土的向上反力;另一种是空心沉井在使用阶段,封底混凝土须承受沉井基础全部最不利荷载组合所产生的基底反力,当沉井井孔内填砂或有水时,可扣除其重量。

封底混凝土厚度可按下列两种方法计算,一般不宜小于井孔直径的 1.5 倍。

(1) 将封底混凝土视为支承在凹槽或隔墙底面和刃脚上的底板,按周边支承的双向板(矩形或圆端形沉井)或圆板(圆形沉井)计算。底板与井壁的连接一般按简支撑考虑,当底板与井壁有可靠的整体连接(由井壁内预留钢筋连接等)时,也可按弹性固结考虑。

封底混凝土的厚度可按下式计算:

$$H_t = \sqrt{\frac{[\sigma_{wj}] \times \gamma_{si} \times \gamma_m \times M_{tm}}{b}} \tag{7-19}$$

式中: $H_t$——封底混凝土的厚度;

$M_{tm}$——在最大均布反力作用下的最大计算弯矩,按支承条件考虑的荷载系数可由《混凝土结构设计手册》查取;

$[\sigma_{wj}]$——混凝土弯曲抗拉极限强度;

$\gamma_{si}$——荷载安全系数,此处 $\gamma_{si}=1.1$;

$\gamma_m$——材料安全系数,此处 $\gamma_m=2.31$;

$b$——计算宽度,此处取 1m。

(2) 封底混凝土按受剪计算,即计算封底混凝土承受基底反力后是否有沿井壁范围内周边剪断的可能性。若剪应力超过其抗剪强度,则应加大封底混凝土的抗剪面积。

2) 钢筋混凝土盖板的计算

对于空心沉井或井孔填以砾砂石的沉井,必须在井顶浇筑钢筋混凝土盖板,用以支承墩台的全部荷载。盖板厚度一般是预先拟定的,只需进行配筋计算即可。

## 7.4 沉井设计简介

【本节思维导图】

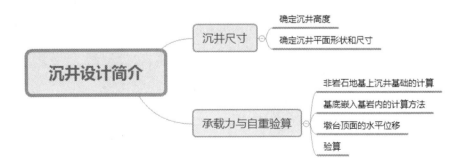

> **带着问题学知识**
>
> 在沉井设计过程中,沉井的高度和尺寸如何确定?
> 在沉井设计过程中,自重要如何验算?
> 在沉井设计过程中,墩台顶面的水平位移是怎样产生的?

## 7.4.1 沉井尺寸

**1. 确定沉井高度**

沉井顶面和底面两个标高之差即为沉井的高度。应根据沉井部结构形式和跨度大小、水文地质条件、施工方法及各土层的承载力等,定出墩底标高和沉井基础底面的埋置深度之后确定。较高的沉井应分节制作和下沉。每节高度不宜大于 5 m。如果底节沉井高度过高,沉井过重,会给制模、筑岛时的岛面处理、撤除垫木下沉等带来困难。

**2. 确定沉井平面形状和尺寸**

沉井的平面形状取决于沉井上部建筑物或墩台底部的平面形状。对矩形或圆端形墩,可采用相应形状的沉井。采用矩形沉井时,为了保证沉井下沉的稳定性,其长边与短边之比不宜大于 3。当墩的长宽较为接近时,可采用方形或圆形沉井。沉井顶面尺寸为墩(台)身底部尺寸加襟边宽度。襟边宽度不宜小于 0.2 m,也不宜小于沉井全高的 1/50,浮运沉井不小于 0.4 m。如沉井顶面需设置围堰,其襟边宽度根据围堰构造还需加大。墩(台)身边缘应尽可能支承于井壁上或盖板支承面上,对井孔内不以混凝土填实的空心沉井不允许墩(台)身边缘全部置于井孔位置上。

## 7.4.2 承载力与自重验算

沉井基础根据其埋置深度不同有两种计算方法。当沉井埋置深度较浅,在最大冲刷线以下小于或等于 5 m 时,可不考虑沉井侧面土体的横向抗力影响,按浅基础设计,应验算地基的强度、稳定性和沉降量,使其符合各项要求;当沉井基础埋置深度大于 5 m 且计算深度 $aH \leq 2.5$ 时,不可忽略沉井周围土体对沉井的约束作用,因此在验算地基应力、变形及沉井的稳定性时,需要考虑沉井侧面土体弹性抗力的影响,按刚性桩计算内力和土抗力。

一般要求沉井基础下沉到坚实的土(岩)层上,其作为地下结构物,荷载较小,地基的强度和变形通常不会存在问题。沉井作为深基础,一般要求地基强度应满足:

$$F + G \leq R_j + R_f \tag{7-20}$$

式中:$F$——沉井顶面处作用的荷载,kN;

$G$——沉井的自重,kN;

$R_j$——沉井底部地基土的总反力，kN；

$R_f$——沉井侧面的总侧阻力，kN。

沉井底部地基土的总反力 $R_j$ 等于该处土的承载力特征值 $f_a$ 与支撑面积 $A$ 的乘积，即

$$R_j = f_a A \tag{7-21}$$

可假定井壁侧阻沿深度呈梯形分布，距地面 5m 范围内按三角形分布，5 m 以下为常数（见图 7.10），故总侧阻力为

$$R_f = U(H - 2.5)q \tag{7-22}$$

式中：$U$——沉井的周长，m；

$H$——沉井的入土深度，m；

$q$——单位面积侧阻加权平均值，$q = \sum q_i H_i / \sum H_i$，kPa；

$H_i$——各土层厚度，kN；

$q_i$——$i$ 土层井壁单位面积侧阻力，根据实际资料或查表 7.1 选用。

为考虑沉井侧面土体弹性抗力时，通常可做以下假定。

- 地基土作为弹性变形介质，地基系数随深度成正比例增加，即 $C=mz$。
- 不考虑基础与土之间的黏着力和摩阻力。
- 沉井基础的刚度与土的刚度之比可以认为是无限大的，横向力作用下只能发生转动，而无挠曲变形。

符合上述假定时，可将沉井视为刚性桩来计算内力和土抗力，即相当于"m"法中 $\alpha H \leqslant 2.5$ 的情况。以下主要讨论这种计算方法。

根据基础底面的地质情况，可分为两种情况来计算。

### 1．非岩石地基上沉井基础的计算

当沉井基础受到水平力 $H$ 及偏心竖向力 $N$ 共同作用时[见图 7.18(a)]，为简化计算，可将其简化为只受中心荷载和水平力的作用，其简化后的水平力 $H$ 作用的高度 $\lambda$ [见图 7.18(b)]为

$$\lambda = \frac{Ne + F_H L}{F_H} = \frac{\sum M}{F_H} \tag{7-23}$$

式中：$\sum M$——对井底各力矩之和。

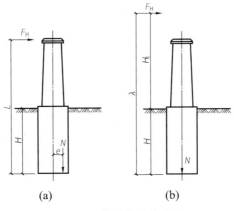

图 7.18　荷载作用情况图

当沉井在水平力 $F_H$ 作用下时,由于水平力的作用,沉井将围绕位于地面下深度 $z_0$ 处的 $A$ 点转动 $\omega$ 角(见图 7.19),在地面或最大冲刷线以下深度 $z$ 处沉井基础产生的水平位移 $\Delta x$ 和对土的横向抗力 $\sigma_{zx}$ 分别为

$$\Delta x = (z_0 - z)\tan\theta \tag{7-24}$$

$$\sigma_{zx} = \Delta x \cdot C_z = C_z(z_0 - z)\tan\theta \tag{7-25}$$

式中:$z_0$——转动中心 $A$ 离地面的距离,m;

$C_z$——深度 $z$ 处地基水平向的抗力系数,kN/m³,$C_z = mz$;

$m$——地基水平向抗力系数的比例系数,kN/m³;

$\theta$——图 7.19 中的 $\omega$。

将 $C_z = mz$ 代入式(7-25)得

$$\sigma_{zx} = mz(z_0 - z)\tan\theta \tag{7-26}$$

从上式可得,土的横向抗力沿深度呈二次抛物线变化。

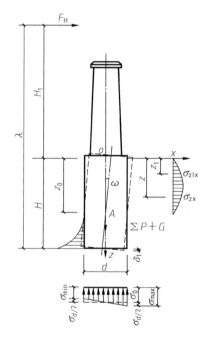

图 7.19 水平及竖直荷载作用下的应力分布($\omega$ 以下为 $\theta$)

基础底面处的压应力,若考虑到该水平面上的竖向地基系数 $C_0$ 不变,其压应力图形与基础竖向位移图相似,由如图 7.20 所示可知:

$$\sigma_{d/2} = C_0\delta_1 = C_0\frac{d}{2}\cdot\tan\theta \tag{7-27}$$

式中:$C_0$——地基竖向抗力系数,kN/m³,$C_0 = m_0 H$,且 $\geq 10m_0$;

$m_0$——沉井底面地基竖向抗力系数的比例系数,近似取 $m_0 = m$,kN/m⁴;

$d$——基底宽度或直径,m。

在上述各式中,有两个未知数 $z_0$ 和 $\theta$,可根据图 7.19 建立两个平衡方程式,即

$$\sum x = 0 \qquad F_H - \int_0^H \sigma_{zx} \cdot b_1 \mathrm{d}z = F_H - b_1 m \cdot \tan\theta \int_0^H z(z_0 - z) \cdot \mathrm{d}z = 0 \qquad (7\text{-}28)$$

$$\sum M = 0 \qquad F_H H_1 + \int_0^H \sigma_{zx} b_1 z \cdot \mathrm{d}z - \sigma_{d/2} W = 0 \qquad (7\text{-}29)$$

式中：$b_1$——沉井基础的计算宽度；

$W$——基底的截面模量。

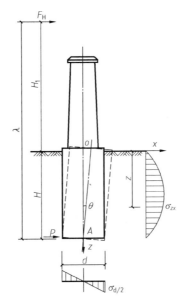

图 7.20 水平力作用下的应力分布

联立求解可得

$$z_0 = \frac{\beta b_1 H^2(4\lambda - H) + 6dW}{2\beta b_1 H(3\lambda - H)} \qquad (7\text{-}30)$$

$$\tan\theta = \frac{12\beta F_H(2H + 3b_1)}{mH(\beta b_1 H^3 + 18Wd)} = \frac{6F_H}{AmH} \qquad (7\text{-}31)$$

其中

$$A = \frac{\beta b_1 H^3 + 18Wd}{2\beta(3\lambda - H)}$$

式中：$\beta$——深度 $H$ 处沉井侧面的地基水平向抗力系数与沉井底面地基竖向抗力系数的比值，$\beta = \dfrac{C_H}{C_0} = \dfrac{mH}{m_0 H}$。

将式(7-30)、式(7-31)代入式(7-26)及式(7-27)得

井侧水平应力：
$$\sigma_{zx} = \frac{6F_H}{AH} z(z_0 - z) \qquad (7\text{-}32)$$

$$\sigma_{\frac{d}{2}} = \frac{3dF_H}{A\beta} \qquad (7\text{-}33)$$

当有竖向荷载 $N$ 及水平力 $F_H$ 同时作用时（见图 7.19），则基底边缘处的压应力为

$$\sigma_{\min}^{\max} = \frac{N}{A_0} \pm \frac{3F_H d}{A\beta} \qquad (7\text{-}34)$$

式中：$A_0$——基础底面积。

在地面或最大冲刷线以下 $z$ 深度处基础截面上的弯矩(见图 7.19)为

$$M_z = F_H(\lambda - H + z) - \int_0^z \sigma_{zx} b_1 (z - z_1)\, dz_1$$

$$= F_H(\lambda - H + z) - \frac{F_H}{2HA}(2z_0 - z) \tag{7-35}$$

### 2. 基底嵌入基岩内的计算方法

若基底嵌入基岩内,在水平力和竖向偏心荷载的作用下,可假定基底不产生水平位移,则基础的旋转中心 $A$ 与基底中心重合,即 $z_0=H$,如图 7.20 所示。但在基底嵌入处存在一水平阻力 $P$,由于力 $P$ 对基底中心轴的力臂较小,所以一般可忽略不计。

则由 $A$ 点的弯矩平衡方程:

$$\sum M_A = 0$$

即

$$F_H(H + H_1) - \int_0^H \sigma_{zx} b_1 (H - z) \cdot dz - \sigma_{d/2} W = 0 \tag{7-36}$$

得

$$\tan\theta = \frac{H}{mHD} \tag{7-37}$$

其中

$$D = \frac{b_1 \beta H^3 + 6Wd}{12\lambda\beta}$$

当基础在受水平力 $F_H$ 作用时,地面下 $z$ 深度处产生的水平位移 $\Delta x$ 和水平抗力 $\sigma_{zx}$ 分别为

$$\Delta x = (H - z)\tan\theta \tag{7-38}$$

$$\sigma_{zx} = mz\Delta x = mz(H - z)\tan\theta = z(H - z) \cdot \frac{F_H}{DH} \tag{7-39}$$

基底边缘处的竖向应力为

$$\sigma_{d/2} = C_0 \frac{d}{2}\tan\theta = \frac{mHd}{2\beta}\tan\theta = \frac{F_H d}{2\beta D} \tag{7-40}$$

式中:$C_0$ ——岩石地基的抗力系数。

基底边缘处的应力为

$$\sigma_{\min}^{\max} = \frac{N}{A_0} \pm \frac{F_H d}{2\beta D} \tag{7-41}$$

根据 $\sum x = 0$,可求出嵌入处未知的水平阻力 $P$ 为

$$P = \int_0^H b_1 \sigma_{zx} \cdot dz - F_H = F_H\left(\frac{b_1 H^2}{4D} - 1\right) \tag{7-42}$$

地面以下 $z$ 深度处基础截面上的弯矩为

$$M_z = F_H(\lambda - H + z) - \frac{b_1 F_H z^3}{12DH}(2H - z) \tag{7-43}$$

上述各式中符号的意义除注明者外,其余均与前相同。

### 3. 墩台顶面的水平位移

基础在水平力和力矩作用下,墩台顶面会产生水平位移 $\delta$,它由地面处的水平位移 $z_0\tan\theta$、地面到墩台顶范围 $H_2$ 内的水平位移 $H_2\tan\theta$、在 $H_2$ 范围内墩台身弹性挠曲变形

引起的墩台顶水平位移 $\delta_0$ 三部分组成，即

$$\delta = (z_0 + H_2)\tan\theta + \delta_0 \tag{7-44}$$

考虑到转角一般均很小，则令 $\tan\theta = \theta$ 不会产生过大的误差；再考虑实际刚度对地面处水平位移和转角的影响，用系数 $K_1$ 及 $K_2$ 表示。$K_1$、$K_2$ 是 $\alpha H$、$\lambda/H$ 的函数，其值可以按照表 7.2 查用。因此，式(7-44)可写成：

$$\delta = (z_0 K_1 + K_2 H_1)\theta + \delta_0 \tag{7-45}$$

或对支承在岩石地基上的墩台顶面水平位移为

$$\delta = (HK_1 + K_2 H_2)\theta + \delta_0 \tag{7-46}$$

式中：$K_1$、$K_2$——考虑沉井的实际刚度对地面处水平位移和转角的影响系数，可查表 7.2。

表 7.2 系数 $K_1$ 和 $K_2$ 值

| $\alpha H$ | 系 数 | $\lambda/H$ | | | | |
|---|---|---|---|---|---|---|
| | | 1 | 2 | 3 | 5 | ∞ |
| 1.6 | $K_1$ | 1.0 | 1.0 | 1.0 | 1.0 | 1.0 |
| | $K_2$ | 1.0 | 1.1 | 1.1 | 1.1 | 1.1 |
| 1.8 | $K_1$ | 1.0 | 1.1 | 1.1 | 1.1 | 1.1 |
| | $K_2$ | 1.1 | 1.2 | 1.2 | 1.2 | 1.3 |
| 2.0 | $K_1$ | 1.1 | 1.1 | 1.1 | 1.1 | 1.2 |
| | $K_2$ | 1.2 | 1.3 | 1.4 | 1.4 | 1.4 |
| 2.2 | $K_1$ | 1.1 | 1.2 | 1.2 | 1.2 | 1.4 |
| | $K_2$ | 1.2 | 1.5 | 1.6 | 1.6 | 1.7 |
| 2.4 | $K_1$ | 1.1 | 1.2 | 1.3 | 1.3 | 1.3 |
| | $K_2$ | 1.3 | 1.8 | 1.9 | 1.9 | 2.0 |
| 2.6 | $K_1$ | 1.2 | 1.3 | 1.4 | 1.4 | 1.4 |
| | $K_2$ | 1.4 | 1.9 | 2.1 | 2.2 | 2.3 |

注：当 $\alpha H < 1.6$ 时，$K_1 = K_2 = 1.0$，$\alpha = \sqrt[5]{\dfrac{mb_1}{EI}}$。

### 4．验算

1) 基底应力验算

要求计算所得的最大压应力不应超过沉井底面处土的承载力特征值 $f_{aH}$，即

$$\sigma_{\max} \leqslant f_{aH} \tag{7-47}$$

2) 水平压应力验算

要求计算所得的井侧水平压应力 $\sigma_{zx}$ 值应小于沉井周围土的极限抗力值 $[\sigma_{zx}]$，否则不能考虑基础侧向土的弹性抗力，其计算方法如下。

当基础在外力作用下产生位移时，在深度 $z$ 处基础一侧产生主动土压力强度 $E_a$，而被挤压一侧土就受到被动土压力强度 $E_p$ 作用，所以井侧水平压应力应满足：

$$\sigma_{zx} \leqslant [\sigma_{zx}] = E_p - E_a \tag{7-48}$$

由朗肯土压力理论可知：

$$E_p = \gamma z \tan^2\left(45° + \frac{\varphi}{2}\right) + 2c\tan\left(45° + \frac{\varphi}{2}\right) \quad (7\text{-}49a)$$

$$E_a = \gamma z \tan^2\left(45° - \frac{\varphi}{2}\right) - 2c\tan\left(45° - \frac{\varphi}{2}\right) \quad (7\text{-}49b)$$

代入式(7-48)整理后得：

$$\sigma_{zx} \leqslant \frac{4}{\cos\varphi}(\gamma \cdot z \tan\varphi + c) \quad (7\text{-}50)$$

式中：$\gamma$——土的重度；

$\varphi$、$c$——分别为土的内摩擦角和黏聚力。

根据桥梁结构的性质和荷载情况，并由试验可知，出现最大的横向抗力大致在 $z=h/3$ 和 $z=H$ 处，故可按下式验算：

$$\sigma_{\frac{H}{3}x} \leqslant \eta_1 \cdot \eta_2 \frac{4}{\cos\varphi}\left(\frac{\gamma \cdot H}{3}\tan\varphi + c\right) \quad (7\text{-}51)$$

$$\sigma_{Hx} \leqslant \eta_1 \cdot \eta_2 \frac{4}{\cos\varphi}(\gamma \cdot H \tan\varphi + c) \quad (7\text{-}52)$$

式中：$\sigma_{\frac{H}{3}x}$——相应于 $z=H/3$ 深度处土的水平压应力；

$\sigma_{Hx}$——相应于 $z=H$ 深度处土的水平压应力；

$H$——基础的埋置深度；

$\eta_1$——取决于上部结构形式的系数，一般取 $\eta_1=1$，对于超静定拱桥 $\eta_1=0.7$；

$\eta_2$——考虑恒载对基础底面重心所产生的弯矩 $M_g$ 对总弯矩 $M$ 的影响系数，即 $\eta_2 = 1 - 0.8 M_g/M$。

3) 墩台顶面水平位移的验算

墩台顶面的水平位移 $\delta$ 应符合下列要求：

$$\delta \leqslant 0.5\sqrt{L} \quad (\text{cm}) \quad (7\text{-}53)$$

式中：$L$——相邻跨中最小跨的跨度，m，当跨度 $L<25$ m 时，$L$ 按 25 m 计算。

此外，根据需要还需验算结构顶部的水平位移及施工允许偏差的影响。

## 7.5 地下连续墙简介

【本节思维导图】

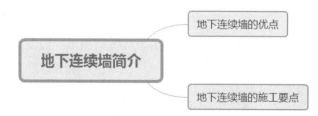

> **带着问题学知识**
>
> 地下连续墙的优点有哪些？
> 地下连续墙的施工要点是什么？

音频3：
地下连续墙的
类型

地下连续墙是利用特殊的挖槽设备在地下构筑的连续墙体，常用于承重、挡土、截水和防渗等。

1. 地下连续墙的优点

(1) 墙体强度高，刚度大，可承重、挡土、截水、防渗，耐久性能好。

(2) 占地少，充分发挥投资效益，可用于密集建筑群中建造深基础，施工时对周围地基无扰动，对相邻建筑物、地下设施影响较小；可在狭窄场地条件下施工，与原有建筑物的最小距离可达 0.2 m 左右；对附近地面交通影响较小。

(3) 可用于逆作法施工，使地下部分与上部结构同时施工，大大缩短工期。

(4) 比常规方法挖槽施工可节省大量土石方，且无须降低地下水位。

(5) 施工机械化程度高，劳动强度低，挖掘工效高。

(6) 施工振动小，噪声低，有利于保护城市环境，适于在城市施工。

(7) 在地面作业，无须放坡、支模，施工操作安全。

(8) 多头挖槽机上装有自动测斜、纠偏、测深、测钻压、测钻速、测功率等装置，能保证成槽尺寸准确，成槽精度高，垂直偏差小，扩孔率低，表面平整、光滑。

(9) 可用于多种地质条件，包括在淤泥、黏性土、冲积土、砂性土及粒径 50 mm 以下的砂砾层中施工，深度可达 50 m。但不适于在基岩地段、含承压水很高的细砂粉砂地层、很软的黏性土层中使用。

但是地下连续墙施工，需要较多的机具设备，一次性投资较高，施工工艺较为复杂，技术要求高，质量要求严，施工队伍需具有一定的技术水平，如施工操作不当，易出现塌孔、混凝土夹层、超挖、表面粗糙、渗漏等问题，故要有适用于不同地质条件的护壁泥浆的管理方法以及发生故障时采取的各项措施。

地下连续墙的成墙深度由使用要求决定，大都在 50 m 以内，墙宽与墙体的深度以及受力情况有关，目前常用 600 mm 及 800 mm 两种，特殊情况下也有 400 mm 的薄型及 1200 mm 的厚型地下连续墙。

2. 地下连续墙的施工要点

1) 构筑导墙

沿设计轴线两侧开挖导沟，构筑钢筋混凝土(钢、木)导墙，以供成槽机械钻进导墙、维护表土和保护泥浆稳定液面。

导墙的平面轴线应与地下连续墙轴线平行，两导墙的内侧间距宜比地下连续墙体设计厚度加宽 40～60 mm；墙体厚度应满足施工要求，一般为 0.1～0.2 m；导墙底端埋入土内深度宜大于 1 m；导墙顶端应高出地面，遇地下水位较高时，导墙顶端应高于地下水位 1.5 mm 以上，墙后应填土与墙顶齐平，全部导墙顶面应保持水平，内墙面应保持竖直；每隔 1～1.5 m 设置一个导墙支撑。

2) 制备泥浆

泥浆是地下连续墙施工中深槽槽壁稳定的关键，必须根据地质和水文资料共同确定，采用膨润土、CMC(羧甲基纤维素的简称，即人造糨糊粉，加入以膨润土为主要成分的泥浆中，会增加泥浆的黏性及形成泥皮的能力)、纯碱等原料，按一定比例配制而成。在地下连续墙成槽中，依靠槽壁内充满触变泥浆，并使泥浆液面保持高出地下水位 0.5～1.0 m。泥浆液柱压力作用在开挖槽段土壁上，除平衡地下水压力、土压力外，由于泥浆在槽壁内的压差作用，部分水渗入土层，从而在槽壁表面形成一层组织致密、透水性很小的固体颗粒状胶结物——泥皮，维护槽壁稳定而不致坍塌，具有较高的黏结力，并起到携渣、防渗等作用。

泥浆的比重(1.05～1.10)应大于地下水的比重。合格的泥浆有一定的指标要求，主要有浓度、黏度、pH 值、比重、含水量、含沙量、泥皮厚度以及胶体率等多项指标需要严格控制并随时测定、调整，以保证其稳定性，达到最经济的配置方法。

3) 成槽

成槽是地下连续墙施工中最主要的工序，应根据地质情况和施工条件选用能满足成槽要求的机具与设备。对于不同土质条件和槽壁深度应采用不同的成槽机具进行开挖。例如一般土层，特别是软弱土，常用铲斗、导板抓斗或回转钻头抓铲；含有大卵石或孤石等比较复杂的土层可采用冲击钻等。当采用多头钻机开挖时，每段槽孔长度可取 6～8 m，采用抓斗或冲击钻机成槽，每段开挖长度可更大。墙体深度可达几十米。

成槽机械开挖一定深度后，应立即输入调制好的泥浆，并宜保持槽内泥浆面不低于导墙顶面 300 mm。挖掘的槽壁及接头处应保持竖直，其倾斜率应不大于 0.5%，接头处相邻两槽段的挖槽中心线在任一深度的偏差值不得大于墙厚的 1/3。槽底高度不得高于墙底设计高度。挖槽时应加强观测，如遇槽壁发生坍塌或槽孔偏斜超过允许偏差时，应查明原因，采取相应措施后方可施工。槽段开挖达到槽底设计标高后，应对成槽质量进行检查，符合要求后，方可进行下一道工序。

4) 槽段连接

地下连续墙各单元槽段之间靠接头连接。接头通常要满足受力和防渗要求，并力争施工简单。采用接头管连接的非刚性接头是目前国内使用最多的接头形式。在单元槽段内土体被挖除后，在槽段的一端先吊放接头管，再吊入钢筋笼，浇筑混凝土，然后逐渐将接头管拔出，形成半圆形接头，施工过程如图 7.27 所示。

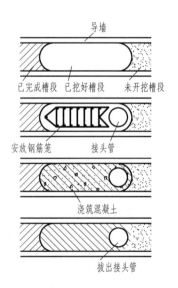

图 7.27 用接头管接头的施工过程

# 思考题与习题

【思考题】

1. 沉井基础有哪些特点？
2. 沉井基础的适用条件是什么？

3. 工程中如何选择沉井基础的类型？
4. 沉井基础主要由哪几部分构成？各部分具有什么功能？
5. 沉井在施工过程中会遇到哪些问题？应如何处理？
6. 简述旱地沉井的施工工艺。
7. 为确保安全和施工顺利进行，沉井在施工过程中应进行哪些验算？
8. 何谓地下连续墙？与其他深基础相比较有何特点？
9. 地下连续墙的施工要点有哪些？

【习题】

1. [2008 年注册岩土工程师专业考试案例分析考题] 一圆形等截面沉井，排水挖土过程中处于图 7.28 所示状态，刃脚完全掏空，井体仍然悬在空中。假设井壁外侧摩阻力呈倒三角分布，沉井自重 $G_0 = 1800$kN，地表下 5m 处井壁所受拉力最接近下列何值(假定沉井自重沿深度均匀分布)？

  A. 300 kN；B. 450 kN；C. 600 kN；D. 800 kN。(答案：A)

(提示：①依据力的平衡，求出地面处井壁与土的摩阻力分布的最大值，再依据 5 m 以下沉井自重与相应的侧阻力和 5 m 处井壁拉力须平衡的原因计算；②依据式(7-17)，井壁所受拉力的最大值发生在地表下井壁深度的 1/2 处，本题求地表下 5 m 处井壁所受拉力是有意义的，可用于验算井壁抗拉强度)。

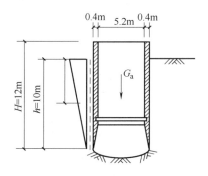

图 7.28 习题 1 图

2. 有一圆筒形钢筋混凝土沉井，下沉深度 $h$ = 沉井高 $H$ = 15m，外径 $D = 16$ m，内径 $d = 14$ m，重度 $\gamma = 25$ kN/m³。地表下土层分布为：第一层为可塑黏性土，厚 $h_1 = 10$ m，井壁与土层摩阻力 $f_1 = 20$ kPa；第二层为硬塑黏性土，厚 $h_2 = 8$ m，井壁与土层摩阻力 $f_2 = 30$ kPa。沉井下沉到顶部与地面齐平且刃脚踏面下土被掏空时，下沉系数是否满足要求？

(答案：下沉系数 = 1.21，满足 1.15～1.25 要求)

[提示：①当沉井深度内存在多种类型的土层时，单位井壁摩阻力可取各土层厚度的单位摩阻力加权平均值；②总摩阻力按式(7-3)计算]。

第 7 章
课后习题答案

# 第8章 基坑工程

扩展图片

### 学习目标

(1) 熟悉基坑的类型与适用条件。
(2) 熟悉悬臂式排桩、单层支锚排桩的设计计算方法。
(3) 掌握悬臂式支护结构稳定性分析的方法，熟悉其他类型支护结构稳定性分析的方法。
(4) 熟悉基坑降水系统的组成和选型，掌握地下水渗透稳定性分析的方法。
(5) 了解基坑开挖、运行过程监测的必要性和具体要求。
(6) 了解基坑土方开挖的一般方法和适用性，以及逆作法的施工程序。

### 教学要求

| 章节知识 | 掌握程度 | 相关知识点 |
| --- | --- | --- |
| 概述 | 了解基坑支护结构的类型与适用条件以及其设计原则 | 基坑支护结构的类型与适用条件以及其设计原则 |
| 排桩支护结构设计 | 熟悉土压力的计算以及悬臂式排桩、单层支锚排桩的设计计算方法 | 土压力的计算以及悬臂式排桩、单层支锚排桩的设计计算方法 |
| 基坑稳定性分析 | 熟悉基坑稳定性的作用、稳定性理论分析 | 基坑稳定性的作用、支挡结构抗倾覆稳定性验算、整体滑动稳定性验算、基坑底抗隆起稳定性验算 |
| 施工与监测 | 了解基坑的地下水控制、现场检测以及土方开挖 | 基坑的地下水控制、现场检测以及土方开挖 |

### 课程思政

如何把基坑设计的理论知识运用到实际工程中，需要综合工程概况和地质条件进行具体问题具体分析，设计时还要综合考虑工程的经济性和现有施工工艺的可行性。希望通过本课程的学习，为学生解决复杂的基坑工程问题提供更为深入宽广的理论基础和专业知识。同时，将本领域最前沿理论研究进展及时融入课堂教学中，拓宽学生的视野，培养学生的科学思维和素养。

### 案例导入

某地铁施工现场发生了塌陷事故，坍塌形成了一个长75 m、宽21 m、深15.5 m的深坑，附近的河流决堤，河水倒灌，水深一度达6 m多。导致正在路面行驶的11辆车陷入深坑，数十名地铁施工人员被埋，遇难工人数达到21名，同时造成了某大道中断，距事故现场仅一墙之隔的某学校东边的围墙已全部垮塌。附近民房被倾斜破坏，地面下管线被破坏等一系列连锁破坏效应。

第8章 基坑工程

经过调查，初步判定基坑破坏形式，基坑产生整体失稳，坑底隆起，从而使得围护墙倾斜，而钢支撑与围护墙连接刚度很弱，基本可以视为铰接，当对撑的两侧轴力不在一条线上时，钢支撑非常容易产生失稳现象，从而产生类似多米诺骨牌效应，导致最后基坑失稳破坏，坑边土体塌陷，支撑遭到破坏。

【本章思维导图(概要)】

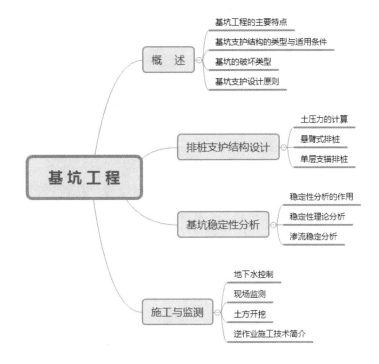

## 8.1 基坑工程概述

【本节思维导图】

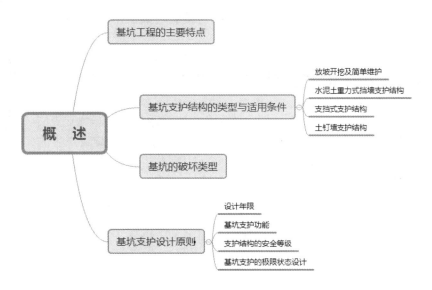

> **带着问题学知识**
>
> 基坑工程的主要特点是什么?
> 基坑支护结构的类型有哪些?
> 设计支护结构时,采用的极限状态设计是什么?

### 8.1.1 基坑工程的主要特点

扩展资源1. 基坑排水

改革开放以来,随着我国国民经济的迅速发展,基本建设投资不断扩大,高层、超高层建筑物大量涌现,迫使基础埋深更深;再加上对地下空间利用的要求,促进了基坑工程设计和施工技术的快速发展。

基坑工程涉及岩土工程、结构工程、工程地质等知识,综合性强,影响因素多。

基坑工程具有以下特点。

(1) 基坑深度大,施工难度大。由于高层建筑的高度与开发地下空间的需要,基坑埋深加大,若场地在城区,邻近建筑物较多,会增加施工难度。

(2) 基坑工程是结构工程、岩土工程等交叉的科学技术,是一项系统工程。

(3) 由于场地的工程地质、水文地质、周边环境千变万化,基坑工程区域性较强,设计、施工必须因地制宜,不可照搬。

(4) 基坑工程是临时工程,安全储备较小,风险较大。一旦出现问题,处理十分困难,会造成重大经济损失,对社会产生十分严重的影响。

(5) 由于土方开挖和施工降水,对周边建筑物和构筑物产生影响,如果处理不好,甚至会危及周边环境安全。

在土木工程实践中,当建筑物基坑工程受限不允许放坡开挖,而必须采用竖直向下开挖时,需设置基坑支护结构,以防止坑壁坍塌,确保基坑内施工作业安全,保证邻近建筑物和市政设施不受损坏。几十年的国内外基坑工程实践为支护结构的设计、施工积累了丰富的经验,理论和技术的不断创新为基坑工程的发展增添了许多新的内容,使得基坑工程向高度专业化的方向发展。

### 8.1.2 基坑支护结构的类型与适用条件

音频1: 围护结构应满足的条件

基坑支护体系一般包括两部分:挡土体系和止水降水体系。基坑支护结构要承受基坑土方开挖卸荷时所产生的土压力、水压力和附加荷载产生的侧压力,还起到挡土和挡水作用。

支护结构类型主要分为以下几类。

**1. 放坡开挖及简单维护**

放坡开挖是基坑开挖常用的一种形式,适用于土质较好、开挖深度不大、放坡空间较大的工程。

放坡的大小根据土质条件、开挖深度、地下水位、施工方法及开挖后边坡留置的时间长短、坡顶有无荷载等情况来确定。斜坡应满足滑动稳定计算,如图8.1所示。

在放坡开挖过程中,为了增加边坡的稳定性,减少土方开挖,常采用简单维护,如在基坑内侧堆放砂袋围护挡土,如图8.2所示。也可在坡脚处采用短桩隔板支护(见图8.3)或采用坡面挂金属网片抹水泥砂浆的方法。

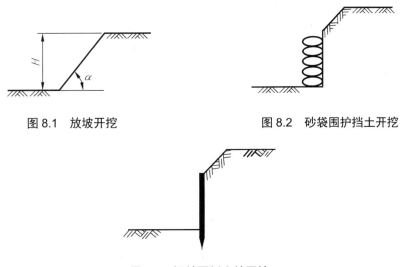

图 8.1 放坡开挖　　　　　　图 8.2 砂袋围护挡土开挖

图 8.3 短桩隔板支护开挖

## 2. 水泥土重力式挡墙支护结构

水泥土重力式支护结构如图8.4所示,工程中常用的有深层搅拌法,有时也用高压喷射注浆法形成此类结构。水泥土与其周围的土形成重力挡墙或挡土体,以此保证基坑稳定。

此类支护结构常用于软黏土地区且开挖深度在 7 m 以内的基坑工程中。

## 3. 支挡式支护结构

(1)悬臂式支护结构常采用钢筋混凝土桩墙、木板桩、钢板桩、钢筋混凝土板桩、人工挖孔桩以及地下连续墙等形式。钢筋混凝土桩常采用预制桩、钻孔灌注桩、人工挖孔桩、沉管灌注桩。悬臂式支护结构依靠足够的入土深度和结构的抗弯能力来维护整体的稳定和结构的安全。因此,此类支护结构适用于土质较好、开挖深度较浅的基坑工程。

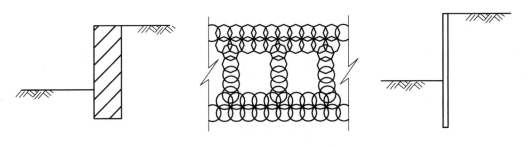

图 8.4 水泥土重力式支护结构

(2) 拉锚式支护结构由支护结构体系和锚固体系两部分组成。拉锚式支护结构体系与支撑式支护结构的原理相同，常采用钢筋混凝土桩排墙和地下连续墙两种。锚固体系可分为地下拉锚式(见图 8.5)和锚杆式支护(见图 8.6)两种。锚杆具有一系列优点，如简化支撑，改善施工条件，加快施工进度，适应性强等，被世界各国广泛地应用于工程中。实际工作中，锚杆可分为单层锚杆、二层锚杆和多层锚杆。此类支护结构适用于较好土层中，如砂土层或黏土层，不适用于软黏土层，也不宜用在高水位的碎石土、砂土层中。

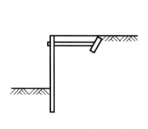 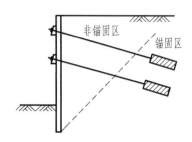

图 8.5 拉锚式支护　　　　　　　　图 8.6 锚杆式支护

(3) 排桩支护结构是目前基坑支护设计中最常采用的一种形式，排桩式支护结构的顶部通常设圈梁(或称为压顶梁、锁口梁)，其宽度应大于桩、墙的厚度。为了施工方便，桩与桩之间保持一定间距，在软土基地中常采用 20 cm 的净距，当有地下水或桩背有含水量较大的软土时，应在桩背设止水帷幕，防止地下水或淤泥渗漏入基坑，如图 8.7 所示。

排桩常用桩型如下。
① 沉管灌注桩：桩径一般为 40～50 cm。
② 冲(钻)孔灌注桩：桩径一般为 60～100 cm。
③ 人工挖孔桩：桩径不小于 80 cm。

另外，地下连续墙也是基坑支护中的一种常用形式，特别适用于大型深基坑。

### 4．土钉墙支护结构

土钉是将拉筋插入土体内部，通过注浆使其与土体黏结，并在土体表面喷射混凝土及挂钢丝网，通过土钉与土体之间的相互作用，形成结构上类似于加筋土重力式挡墙，不仅提高了原位土体的强度，还增强了整个边坡的稳定性。土钉墙支护结构如图 8.8 所示。

单一土钉墙适用于地下水位以上或降水的非软土(黏性土、粉土以及非松散砂土)基坑，不适用于淤泥质土和未经降水处理的地下水位以下土层的基坑支护，一般基坑深度不宜大于 12 m。

复合土钉墙有预应力锚杆、水泥土桩、微型桩等几种复合体，扩大了单一土钉墙的适用范围，如预应力锚杆复合土钉墙适用于地下水位以上或经降水的非软土基坑，且基坑深度不宜大于 15m。水泥土桩复合土钉墙用于非软土基坑时，基坑深度不宜大于 12 m；用于淤泥质土基坑时，基坑深度不宜大于 6 m；不宜用在高水位的碎石土、砂土、粉土层中。微型桩复合土钉墙适用于地下水位以上或经降水的基坑，用于非软土基坑时，基坑深度不宜大于 12 m；用于淤泥质土基坑时，基坑深度不宜大于 6 m。

以上为最基本的常用基坑支护方式，此外还有双排桩支护结构、连拱式组合型支护结构、加筋水泥土墙支护结构等。实践中，可根据具体情况，采取几种支护结构体系联合实现基坑的支护。

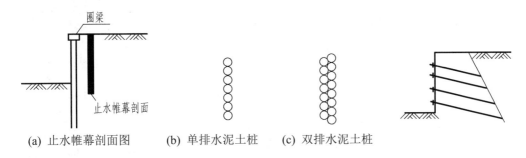

(a) 止水帷幕剖面图　　(b) 单排水泥土桩　　(c) 双排水泥土桩

图 8.7　深层搅拌桩止水帷幕示意图　　　　图 8.8　土钉墙支护

## 8.1.3　基坑的破坏类型

在水、土压力的作用和周围环境的影响下，支护结构本身可能会发生破坏，基坑土体也会失稳。由于桩墙和支撑或拉锚类型不同，所发生的破坏类型也不同。基坑的破坏形式有很多，破坏往往是由多方面因素造成的，如图 8.9 所示。归纳起来，基坑失稳破坏可分为两种类型。

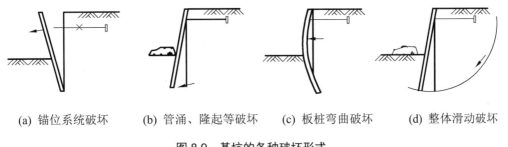

(a) 锚位系统破坏　　(b) 管涌、隆起等破坏　　(c) 板桩弯曲破坏　　(d) 整体滑动破坏

图 8.9　基坑的各种破坏形式

(1) 因基坑土体的强度不足、地下水的渗流作用而造成基坑失稳，包括基坑内外侧土体整体滑动失稳；基坑底土因承载力不足而隆起；地层因地下水作用引起的管涌、渗漏等。

(2) 因支护结构本身(包括桩、墙、内支撑等)的强度、刚度或稳定性不足，引起的支护结构破坏，造成基坑倒塌。常见的破坏形式有以下几种：锚位系统破坏；管涌、隆起等破坏；板桩弯曲破坏；整体滑动破坏。

## 8.1.4　基坑支护设计的原则

《建筑基坑支护技术规程》(JGJ 120—2012)规定了基坑支护设计原则。

### 1. 设计年限

一般基坑支护的设计使用期限不应小于 1 年。由于基坑是临时工程，对于支护期大于 1 年的基坑，应考虑支护结构的耐久性等设计条件。

## 2. 基坑支护功能

基坑支护功能应满足以下条件。

(1) 保证主体地下结构的施工空间。
(2) 保证基坑周边建(构)筑物、地下管线、道路的安全和正常使用。

## 3. 支护结构的安全等级

考虑基坑周边环境和地质条件的复杂程度、基坑深度等因素，《建筑基坑支护技术规程》(JGJ 120—2012)对基坑支护结构的安全等级及重要性系数做出了原则性规定，见表 8.1，对同一基坑的不同部位，可采用不同的安全等级。

扩展资源 2. 基坑支护与基坑围护

音频 2：基坑支护体系设计内容

表 8.1 基坑支护结构的安全等级及安全系数 $\gamma_0$

| 安全等级 | 破坏后果 | 安全系数 $\gamma_0$ |
|---|---|---|
| 一级 | 支护结构失效、土体过大变形对基坑周边环境及主体结构施工安全的影响很严重 | 1.10 |
| 二级 | 支护结构失效、土体过大变形对基坑周边环境及主体结构施工安全的影响严重 | 1.00 |
| 三级 | 支护结构失效、土体过大变形对基坑周边环境及主体结构施工安全的影响不严重 | 0.90 |

## 4. 基坑支护的极限状态设计

设计支护结构时，采用两种极限状态设计，一是承载能力极限状态设计，二是正常使用极限状态设计。

(1) 承载能力极限状态设计的情形

① 支护结构构件或连接因超过材料强度而破坏，或因过度变形而不适于继续承受荷载，或出现压屈、局部失稳。
② 支护结构及土体整体滑动。
③ 坑底土体隆起而丧失稳定。
④ 对支挡式结构，挡土构件因坑底土体丧失嵌固能力而推移或倾覆。
⑤ 对锚拉式支挡结构或土钉墙，锚杆或土钉因土体丧失锚固能力而拔动。
⑥ 重力式水泥土墙，墙体倾覆或滑移。
⑦ 重力式水泥土墙、支挡式结构因其持力土层丧失承载能力而破坏。
⑧ 地下水渗流引起的土体渗透破坏。

(2) 正常使用极限状态设计的情形

① 造成基坑周边建(构)筑物、地下管线、道路等损坏或影响其正常使用的支护结构位移。
② 因地下水位下降、地下水渗流或施工而造成基坑周边建(构)筑物、地下管线、道路等损坏或影响其正常使用的土体变形。
③ 影响主体地下结构正常施工的支护结构位移。
④ 影响主体地下结构正常施工的地下水渗流。

## 8.2 排桩支护结构设计

【本节思维导图】

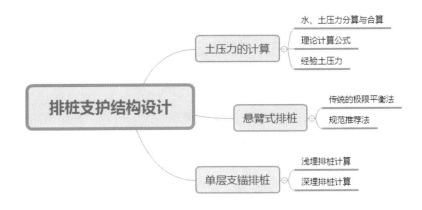

### 8.2.1 土压力的计算

以下土压力的计算方法也适合于其他支护形式。

由于土的性质较复杂、支撑与锚拉结构的构造、支护结构入土深度等因素影响，使得支护结构承受的侧土压力难以计算出精确值，常用的计算方法仍使用古典的库仑或朗肯土压力理论。但库仑土压力理论不适宜计算被动土压力，因为其计算值偏大。

**1. 水、土压力分算与合算**

1) 地下水位以上

地下水位以上采用水压力和土压力合算的方法。但在采用抗剪强度指标时，对黏性土、黏质粉土，土的抗剪强度指标应采用三轴固结不排水抗剪强度指标或直剪固结快剪强度指标；对砂质粉土、砂土、碎石土，土的抗剪强度指标应采用有效应力强度指标。

2) 地下水位以下

对地下水位以下的黏性土、黏质粉土，可采用水压力和土压力合算的方法。但在采用抗剪强度指标时，对于正常固结和超固结土，土的抗剪强度指标应采用三轴固结不排水抗剪强度指标或直剪固结快剪强度指标；对欠固结土，宜采用有效自重应力下预固结的三轴不固结不排水抗剪强度指标。

对地下水位以下的砂质粉土、砂土、碎石土，应采用水压力和土压力分算的方法。但土的抗剪强度指标应采用有效应力强度指标。对砂质粉土，缺少有效应力强度指标时，也可采用固结不排水抗剪强度指标或直剪固结快剪强度指标代替，对砂土和碎石土，有效应力强度指标可根据标准贯入试验指标取值。

土压力和水压力采用分算的方法时，水压力可按静水压力计算；当地下水渗流时，宜按渗流理论计算水压力和土的竖向有效应力；当存在多个含水层时，应分别计算各含水层的水压力。

### 2．理论计算公式

1) 地下水位以上或水土合算

地面下深为 $H$ 处的土压力强度：

$$P_a = (q + \gamma H)K_a - 2c\sqrt{K_a} \tag{8-1}$$

$$P_p = (q + \gamma H)K_p + 2c\sqrt{K_p} \tag{8-2}$$

式中：$P_a$——支护结构外侧，土中计算点的主动土压力强度标准值，kPa，当 $P_a < 0$ 时，应取 $P_a = 0$；

$P_p$——支护结构内侧，土中计算点的被动土压力强度标准值，kPa；

$K_a$、$K_p$——主动、被动土压力系数，$K_a = \tan^2(45° - \varphi/2)$，$K_p = \tan^2(45° + \varphi/2)$；

$q$——基坑外地面的均布荷载，kN/m²；

$\gamma$——土的容重，kN/m³；

$\varphi$——土的内摩擦角，°(度)；

$c$——土的黏聚力，kN/m²。

对于黏性土，计算其土压力较复杂，可近似地略去黏聚力项，而适当增加内摩擦角项，称为等代内摩擦角 $\varphi_D$，则土压力强度公式简化为

$$P_a = (q+\gamma H)K_a, \quad P_p = (q + \gamma H)K_p \tag{8-3}$$

根据土压力相等原理，$\varphi_D$ 与 $c$、$\varphi$ 的关系如下：

$$\tan\left(45° - \frac{\varphi_D}{2}\right) = \tan\left(45° - \frac{\varphi}{2}\right) - \frac{2c}{\gamma H} \tag{8-4}$$

2) 水土分算

主动、被动土压力计算时，竖向压力应采用有效应力，静水压力单独计算，两者相加即为水平向的水压力、土压力之和，详见《建筑基坑支护技术规程》(JGJ 120—2012)。

对于墙后填土为砂质粉土、砂土、碎石土等无黏性土，土压力、水压力的分布见图 8.10(a)，土压力分布为 $abdec$，水压力分布为 $cef$。墙底土压力(强度) $\sigma_{a3} = \sigma_{a\pm} + \sigma_{a水}$ $= (\gamma H_1 + \gamma' H_2)K_a + \gamma_w H_2$，墙底水压力(强度)$= \gamma_w H_2$。

3) 土压力影响范围内存在已建地下墙体时

土压力影响范围内存在已建地下墙体时，由于不符合朗肯土压力理论要求的半无限弹性体，而是有限弹性体，此时可采用库仑土压力理论计算界面内有限滑动楔体产生的主动土压力，但支护结构与土之间的摩擦角宜取 0°。

## 3. 经验土压力

实测资料表明，只有当支护结构无支撑、锚拉时，支护结构的上端绕下端向基坑内侧移动或转动，即位移较大时，出现直线分布的土压力；但支护结构有支撑、锚拉时，其土压力呈上端、下端小，中段较大。Terzaghi-Peck 所建议的土压力分布模型见图 8.10(b)。

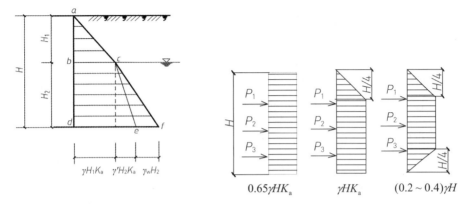

(a) 无黏性土中有地下水的水压力、土压力分算　　(b) Terzaghi-Peck 建议的侧向土压力分布

图 8.10　土压力、水压力分布图

## 8.2.2　悬臂式排桩

悬臂式排桩主要依靠桩嵌入土内的深度来平衡上部地面荷载、水压力，以及主、被动土压力形成的侧压力，因此插入深度至关重要；其次计算钢板桩、灌注桩承受的最大弯矩，以便计算钢板桩的截面及灌注桩的直径和配筋。

### 1. 传统的极限平衡法

悬臂式排桩支护结构设计过程首先确定插入深度，然后按基坑稳定性要求和结构要求分析并根据实际情况修改。悬臂式排桩的最小插入深度可按顶端自由、下端嵌固的悬臂静定结构计算，计算简图如图 8.11 所示。

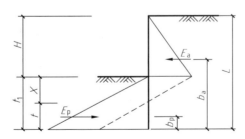

图 8.11　悬臂式排桩结构计算简图

计算步骤如下。

(1) 悬臂式排桩结构的最小嵌固深度由下式确定：

$$E_p \cdot b_p - E_a \cdot b_a = 0 \tag{8-5}$$

式中：$E_a$、$b_a$——分别为主动侧土压力的合力及合力对支护结构底端的力臂；
$E_p$、$b_p$——分别为被动侧土压力的合力及合力对支护结构底端的力臂。

(2) 排桩支护结构的设计长度 $L$ 按下式计算：

$$L = H + u + K \cdot t' \tag{8-6}$$

式中：$H$——基坑深度，m；

$u$——基坑底面至墙上土压力为零点的距离，m；

$K$——与土层和环境条件等有关的经验嵌固系数，一般为 1.1～1.4；

$t'$——土压力零点至墙底的距离，m。

(3) 排桩支护结构的最大弯矩位置在基坑面以下，根据剪力 $Q = 0$，确定最大弯矩点位置，该点求出后，令该点以上所有力对其取矩，即可求出最大弯矩。

### 2．规范推荐法

由于传统的极限平衡法的一些假定与实际受力状况有一定差别，而且不能计算支护结构的位移，目前较少采用，但此法可以手算，概念简单，可以作为佐证方法。

按照《建筑基坑支护技术规程》(JGJ 120—2012)，悬臂式支挡结构、拉锚式支挡结构、支撑式支挡结构的挡土结构宜采用平面杆系结构弹性支点法进行分析。对于悬臂式、单层支锚支护结构，采用传统的极限平衡法计算弯矩和剪力与用平面杆系结构弹性支点法计算的结果有一些差别，可以作为佐证方法；但对于多支点支护结构，两种方法的计算结果差别较大，宜采用平面杆系结构弹性支点法计算。

## 8.2.3 单层支锚排桩

单层支锚排桩支护结构按实际地质情况及埋置深度不同可分为浅埋和深埋两类。浅埋的排桩一般应用于地质条件较好，其下端允许有自由转动，设计时下端视为活动铰支点，支锚点处视为固定铰支点，属于静定简支梁结构；深埋的排桩下端视为固定端支承，支锚点处视为活动铰支点，属于超静定梁结构，工程中常用等值梁法求解。两类埋置方式及受力特点分别如图 8.12 和图 8.13 所示。

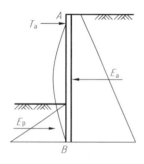

图 8.12 浅埋式支锚排桩受力简图

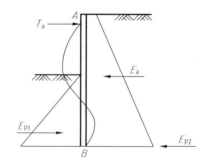

图 8.13 深埋式支锚排桩受力简图

### 1．浅埋排桩计算

排桩后作用有主动土压力，排桩前基坑底下为被动土压力。计算简图如图 8.14 所示。

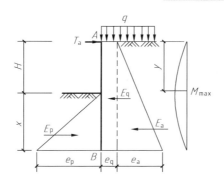

图 8.14 浅埋式支锚排桩计算简图

计算步骤如下。

1) 求桩的埋入地下深度

对 $A$ 点取矩，令 $\sum M_A = 0$，埋入深度为 $x$，得

$$\frac{\gamma K_a(H+x)^3}{3} + \frac{qK_a(H+x)^2}{2} - \frac{\gamma K_p x^2\left(H+\frac{2}{3}x\right)}{2} = 0 \tag{8-7}$$

经化简得关于 $x$ 的方程式：

$$(2\gamma K_a - 2\gamma K_p)x^3 + (6\gamma K_a H + 3qK_a - 3\gamma K_p H)x^2 + (6\gamma K_a H^2 + 6qK_a H)x + 2\gamma K_a H^3 + 3qK_a H^2 = 0 \tag{8-8}$$

可以用试算法求出 $x$。

2) 求锚拉力或支撑力

求出 $x$ 后，可以令 $\sum M_B = 0$，求得 $T_A$：

$$(H+x)T_A + 1/3 \cdot xE_p - 1/3(H+x)E_a + 1/2(H+x)E_q = 0 \tag{8-9}$$

3) 求最大弯矩

最大弯矩在剪力为 0 处，设从桩顶向下 $y$ 处为 0，则

$$1/2 \cdot \gamma K_a \cdot y^2 + qK_a y - T_A = 0$$

解 $y$ 的二次方程有

$$y = \frac{-qK_a \pm \sqrt{(qK_a)^2 + 2\gamma KT_A}}{\gamma K_a} \tag{8-10}$$

$$M_A = T_A \cdot y - \frac{qK_a y^2}{2} - \frac{\gamma K_a y^3}{6} \tag{8-11}$$

【例 8.1】 基坑深 $H = 7.0$ m，地质条件为很湿的粉质黏土，土层 $\gamma = 17$ kN/m³，由等代内摩擦角得到 $K_a = 0.309$，$K_p = 3.0$，基坑顶上作用有均布荷载 $q = 40$ kN/m²，地面设一拉锚系统，试求浅埋排桩的入土深度、锚拉力及所受最大弯矩。

**解：**

(1) 绘出土压力分布计算图，如图 8.14 所示。

(2) 求桩的入土深度 $x$：

由式(8-7)，$\sum M_A = 0$，代入数值得 $x^3 + 8.9x^2 - 22.31x - 58.6 = 0$

经试算得 $x = 3.3$ m，实际埋入深度可取 $(1.1\sim1.2)x = 3.63\sim3.94$ m

桩长为 $7+3.6=10.6$ (m)

(3) 求桩顶锚拉力：

$$E_q = 40 \times 0.309 \times (7+3.3) = 127.308 \text{(kN/m)}$$
$$E_a = 17 \times 0.309 \times 1/2 \times (7+3.3)^2 = 278.65 \text{(kN/m)}$$
$$E_p = 1/2 \times 17 \times 3 \times 3.3^2 = 277.70 \text{(kN/m)}$$

由式(8-9)得：$T_A = 125.4 \text{(kN/m)}$

(4) 桩所受的最大弯矩。

设从桩顶向下处剪力为0，则有：$1/2 \gamma K_a y^2 + q K_a y - T_A = 0$

解得：$y = \dfrac{-q K_a \pm \sqrt{(q K_a)^2 + 2\gamma K_a T_A}}{\gamma K_a} = 7.6 \text{m}$

$$M_A = T_A \cdot y - \dfrac{q K_a y^2}{2} - \dfrac{\gamma K_a y^3}{6} = 362.9 \text{kN} \cdot \text{m}$$

### 2．深埋排桩计算

深埋排桩采用等值梁法计算，如图 8.15 所示，实测结果表明，土压力(强度)零点与弯矩零点很接近，可取基坑底面以下土压力零点(即 $D$ 点)为弯矩的反弯点，并视为等值梁的一个铰支点。

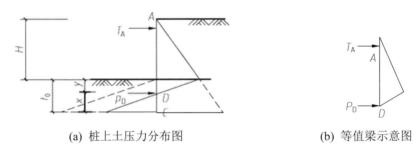

(a) 桩上土压力分布图　　　　　(b) 等值梁示意图

图 8.15　等值梁法计算单锚排桩简图

等值梁的原理如下：如图 8.16 所示，设有一端为单支点而另一端嵌固的梁 $ab$，在均布荷载下可绘出弯矩图，弯矩零点为 $c$ 点。假设在 $c$ 点断开梁，并在 $c$ 点设一支点，这样 $ac$、$cb$ 梁的弯矩与断开前一样。梁 $ac$ 就是 $ab$ 的等值梁。若知道 $c$ 点具体位置就可按简支结构求出梁 $ab$ 的弯矩和剪力。

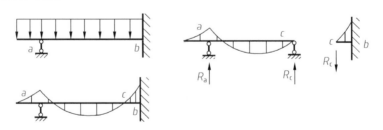

图 8.16　等值梁原理图

将支护排桩看作梁 $ab$，则根据经验，$c$ 点位置与支护两侧主、被动土压力叠加后合力零点很接近，而该点是容易求出的，这样便可方便地求出单层支锚排桩结构的内力：最大弯矩和支点反力。

等值梁法计算步骤如下。

(1) 绘制土压力分布图，如图8.15所示，计算排桩各点的土压力值。

(2) 求主、被动土压力合力为0的 $D$ 点。

如图中 $D$ 点为土压力出现的零点，$y$ 为零点距基坑底的距离，即

$$\gamma K_p y = \gamma K_a(H+y) = \gamma H K_a + \gamma y K_a \tag{8-12}$$

$\gamma H K_a$ 为主动土压力在基坑底面处的值，$E_a = \gamma H K_a$ 则可求出 $y$：

$$y = \frac{E_a}{\gamma(K_p - K_a)} \tag{8-13}$$

(3) 按简支梁求等值梁的锚拉力 $T_A$ 及 $P_D$。

在图8.15中，$P_D$ 对 $C$ 点取矩，等于被动土压力对 $C$ 点的矩，即

$$P_D x = \frac{1}{2}\gamma(K_p - K_a)x \cdot x \cdot \frac{1}{3}x = \frac{1}{6}\gamma(K_p - K_a)x^3 \tag{8-14}$$

$$x = \sqrt{\frac{6P_D}{\gamma(K_p - K_a)}} \tag{8-15}$$

桩嵌入土的深度为 $t_0 = y + K \cdot x$

可乘以系数 $K=1.1 \sim 1.2$

(4) 求排桩所受最大弯矩。

根据剪力 $Q=0$，确定最大弯矩点位置，该点求出后，令该点以上所有力对其取矩，即可求出最大弯矩。即由 $T_A = \frac{\gamma}{2}H^2 K_a$，得

$$H = \sqrt{\frac{2T_A}{\gamma K_a}} \tag{8-16}$$

$$M_{\max} = T_A \cdot H - \frac{\gamma H^3 K_a}{2 \times 3} \tag{8-17}$$

【例8.2】 条件同例8.2，试按深埋排桩设计。

**解**

(1) 绘出土压力分布计算图及等值梁图，如图8.15所示。

(2) 求土压力零点位置 $y$。

本题中，$\gamma K_p y = \gamma K_a(H+y) + q K_a$

代入数值得 $y = \dfrac{\gamma K_a H + q K_a}{\gamma(K_p - K_a)} = 1.1\text{m}$

(3) 求 $T_A$、$P_D$：

令 $\sum M_D = 0$，有：$(H+Y)T_A = qK_a \cdot \left(\dfrac{H}{2}+y\right) + \gamma H K_a \cdot \left(\dfrac{H}{3}+y\right) + \gamma H K_a \cdot \dfrac{2}{3}H$

$8.1 T_A = 40 \times 0.309 \times 4.6 + 17 \times 7 \times 0.309 \times 8.1$

求得：$T_A$=43.8kN/m

$$P_D = qK_a \cdot H + \frac{1}{2}\gamma K_a \cdot H^2 + \frac{1}{2}\gamma K_a \cdot y^2 - T_A$$
$$= 40 \times 0.309 \times 7 + \frac{1}{2} \times 17 \times 0.309 \times 7^2 + \frac{1}{2} \times 17 \times 0.309 \times 1.1^2 - 43.8 = 174.6 (\text{kN/m})$$

(4) 求 $x$，按等值梁原理，由式(8-15)得

$$x = \sqrt{\frac{6P_D}{\gamma(K_p - K_a)}} = \sqrt{\frac{6 \times 174.6}{17 \times (3 - 0.309)}} = 4.8(\text{m})$$

$$t_0 = y + k \cdot x = 1.1 + 4.8 \times 1.2 = 6.9(\text{m})$$

实际中可取 $t=(1.1\sim1.2)t_0=(6.5\sim7.08)$m，取 6.5 m，则排桩全长为 7+6.9=13.9(m)。

(5) 求最大弯矩。

由式(8-16)、式(8-17)，可求得 $H$、$M_{\max}$：

$$H = \sqrt{\frac{2 \times 43.8}{17 \times 0.309}} = 4.1(\text{m})$$

$$M_{\max} = 43.8 \times 4.1 - \frac{17 \times 4.1^3 \times 0.309}{2 \times 3} = 119.24(\text{kN/m})$$

介绍了基于静力平衡设计理论的基坑设计方法后，需要说明以下两点。

① 基坑设计模式与方法较多，如土压力的分布形式与大小、板桩的变形影响及入土部分的抗力分布形式等都有各自的理论支撑。所以设计时不能混用不同的计算方法，但可以将不同的方法计算所得的结果进行比较，并结合实测的数据进行对照，总结经验。

② 一般情况下，地层分布较复杂，不为单一的地层。对于多层的情况，可将按单一地层厚的加权平均法计算所需的参数。

## 8.3　基坑稳定性分析

【本节思维导图】

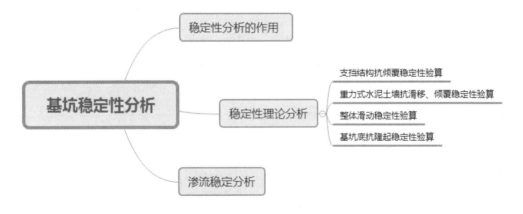

> **带着问题学知识**
>
> 基坑稳定性分析的作用是什么?
> 在基坑的稳定性理论分析中有哪些验算?
> 渗流稳定分析是什么?

## 8.3.1 稳定性分析的作用

基坑支护设计中,除了要保证支护结构满足足够的强度和变形要求外,还要保证基坑具有抗滑动、抗隆起,防止渗流、管涌的发生。

基坑在施工期间稳定性问题是头等重要的,若支护结构插入深度不够,支撑结构承载力不足,或基坑边坡坡度过大都可能导致基坑失稳破坏的发生。一个安全的基坑设计方案要保证整体结构是稳定的,局部结构也是稳定的。此外基坑的回弹量、隆起量也不能超过限值。

分析稳定验算时,对于重力式支护结构主要分析其整体滑动、倾覆及滑移稳定性,对于非重力支护结构,需验算坑底的隆起稳定性。基坑的整体失稳仍采用土坡稳定理论,基坑隆起稳定则采用地基承载力公式。

## 8.3.2 稳定性理论分析

### 1. 支挡结构抗倾覆稳定性验算

1) 悬臂式支挡结构

如图 8.17(a)所示,悬壁式支挡结构的嵌固深度应满足下列条件:

$$\frac{E_{pk}z_{p1}}{E_{ak}z_{a1}} \geqslant K_e \tag{8-18}$$

式中: $K_e$——嵌固稳定安全系数;安全等级为一级、二级、三级的悬臂式支挡结构,分别不应小于 1.25、1.2、1.15;

$E_{ak}$、$E_{pk}$——分别为基坑外侧主动土压力、基坑内侧被动土压力合力的标准值,kN;

$z_{a1}$、$z_{p1}$——分别是为基坑外侧主动土压力、基坑内侧被动土压力合力作用点至挡土构件底端的距离,m。

2) 单层锚杆或支撑支挡结构

如图 8.17(b)所示,单层锚杆和单层支撑的支挡式结构的嵌固深度应满足下列条件:

$$\frac{E_{pk}z_{p2}}{E_{ak}z_{a2}} \geqslant K_e \tag{8-19}$$

式中: $K_e$——嵌固稳定安全系数;安全等级为一级、二级、三级的锚拉式和支撑式支挡结构,分别不应小于 1.25、1.2、1.15；

$z_{a2}$、$z_{p2}$——基坑外侧主动土压力、基坑内侧被动土压力合力作用点至支点的距离，m。

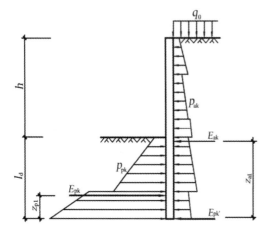 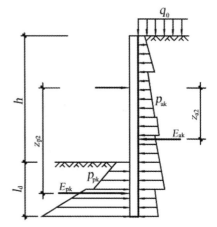

(a) 悬臂式支挡结构嵌固稳定性验算　　(b) 单支点锚拉式支挡结构和支撑式支挡结构嵌固稳定性验算

图 8.17　结构嵌固稳定性验算

## 2. 重力式水泥土墙抗滑移、倾覆稳定性验算

1) 抗滑移稳定性

如图 8.18(a)所示，重力式水泥土墙的滑移稳定性应满足下列条件：

$$\frac{E_{pk}+(G-u_m B)\tan\varphi+cB}{E_{ak}} \geqslant K_{sl} \tag{8-20}$$

式中：$K_{sl}$——抗滑移安全系数，其值不应小于 1.2；

$E_{ak}$、$E_{pk}$——作用在水泥土墙上的主动土压力、被动土压力标准值，kN/m；

$G$——水泥土墙的自重，kN/m；

$u_m$——水泥土墙底面上的水压力，kPa；水泥土墙位于含水层时，可取 $u_m=\gamma_w(h_{wa}+h_{wp})/2$，在地下水位以上时，$u_m=0$；

$c$、$\varphi$——分别为水泥土墙底面下土层的黏聚力，kPa，内摩擦角，°（度）；

$B$——水泥土墙的底面宽度，m；

$h_{wa}$、$h_{wp}$——基坑外侧、内侧水泥土墙底处的压力水头，m。

2) 抗倾覆稳定性

如图 8.18(b)所示，重力式水泥土墙的倾覆稳定性应满足下列条件：

$$\frac{E_{pk}a_p+(G-u_m B)a_G}{E_{ak}a_a} \geqslant K_{ov} \tag{8-21}$$

式中：$K_{ov}$——抗倾覆安全系数，其值不应小于 1.3；

$a_G$——水泥土墙自重与墙底水压力合力作用点至墙趾的水平距离，m；

$a_a$、$a_p$——水泥土墙外侧主动土压力合力作用点、水泥土墙内侧被动土压力合力作用点至墙趾的竖向距离，m。

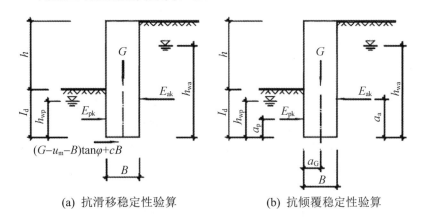

(a) 抗滑移稳定性验算　　　　(b) 抗倾覆稳定性验算

图 8.18　稳定性验算

### 3．整体滑动稳定性验算

整体滑动稳定性可采用圆弧滑动条分法进行分析。整体滑动稳定性安全系数的计算原理为

$$K_s = \frac{M_\tau}{M_s} \tag{8-22}$$

式中：$K_s$——整体圆弧滑动安全系数；对拉锚式、悬臂式、双排桩，当安全等级为一级、二级、三级的支挡结构时，分别不应小于1.35、1.3、1.25，对重力式水泥土挡墙，不应小于1.3；

$M_\tau$——抗滑力矩，kN·m，详见《建筑基坑支护技术规程》(JGJ 120—2012)；

$M_s$——滑动力矩，kN·m，详见《建筑基坑支护技术规程》(JGJ 120—2012)。

### 4．基坑底抗隆起稳定性验算

由于挖土卸荷作用，如果板桩后面土体的重量超过坑底土的承载力时，土体就会向坑内移动，坑顶下降，坑底隆起。为防止这类现象发生，除尽可能地把板桩打得深些、并埋在抗剪强度较高的土层中以外，拉锚式、支撑式支挡结构和重力式水泥土墙还应验算抗隆起稳定性(悬臂式支挡结构除外)，如图8.19所示。

$$\frac{\gamma_{m2}DN_q + cN_c}{\gamma_{m1}(h+D) + q_0} \geq K_b \tag{8-23}$$

$$N_q = \tan^2\left(45° + \frac{\varphi}{2}\right) e^{\pi\tan\varphi} \tag{8-24}$$

$$N_c = (N_q - 1)/\tan\varphi \tag{8-25}$$

式中：$K_b$——抗隆起安全系数，安全等级为一级、二级、三级的支护结构时，分别不应小于1.8、1.6、1.4；

$\gamma_{m1}$、$\gamma_{m2}$——分别为基坑外、基坑内挡土构件底面以上土的天然重度，$kN/m^3$，对多层土，取各层土按厚度加权的平均重度；

$D$——挡土构件的嵌固深度，m；

$h$——基坑深度，m；

$q_0$——地面均布荷载，kPa；

$N_c$、$N_q$——承载力系数；

$c$、$\varphi$——分别为挡土构件底面下土的黏聚力，kPa，内摩擦角，°（度）。

当挡土构件底面以下有软弱下卧层时，坑底隆起稳定性验算的部位尚应包括软弱下卧层，软弱下卧层的隆起稳定性可按式(8-23)验算，式(8-23)中的 $\gamma_{m1}$、$\gamma_{m2}$ 应取软弱下卧层顶面以上土的重度，$D$ 应取基坑底面至软弱下卧层顶面的土层厚度，如图 8.20 所示。

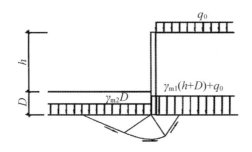

图 8.19 基坑底抗隆起稳定性验算

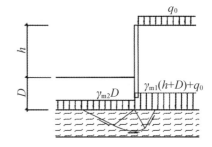

图 8.20 基坑底软弱下卧层抗隆起稳定性验算

### 8.3.3 渗流稳定分析

验算抗渗流稳定的基本原理是使基坑内土体的有效压力大于地下水向上的渗透力。

坑底以下有水头高于坑底的承压水含水层(见图 8.21)，且未用截水帷幕隔断其基坑内外的水力联系时，承压水作用下的坑底突涌稳定性应符合：

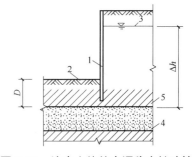

图 8.21 坑底土体的突涌稳定性验算

1—截水帷幕；2—基底；3—承压水测管水位；
4—承压水含水层；5—隔水层

$$\frac{D\gamma}{h_w \gamma_w} \geq K_{ty} \quad (8\text{-}26)$$

式中：$K_{ty}$——突涌稳定安全系数，不应小于 1.1；

$D$——承压含水层顶面至坑底的土层厚度，m；

$\gamma$——承压含水层顶面至坑底土层的天然重度，$kN/m^3$；对成层土，取按土层厚度加权的平均天然重度；

$h_w$——承压含水层顶面的压力水头高度，m；

$\gamma_w$——水的重度，$kN/m^3$。

坑底下为级配不连续的砂土、碎石土含水层时应进行土的管涌可能性判别。

悬挂式截水帷幕底端位于碎石土、砂土或粉土含水层时(见图 8.22)，对均质含水层，地下水渗流的流土稳定性应符合：

$$\frac{(2D+0.8D_1)\gamma'}{\Delta h \gamma_w} \geqslant K_f \qquad (8\text{-}27)$$

式中：$\gamma'$——土的浮重度，$kN/m^3$；

$D_1$——潜水面或承压含水层顶面至坑底面的土层厚度，m；

$\Delta h$——基坑内外的水头差，m；

$K_f$—流土稳定安全系数，当安全等级为一级、二级、三级的支护结构时，分别不应小于 1.6、1.5、1.4；

$\gamma_w$——水的重度，$kN/m^3$。

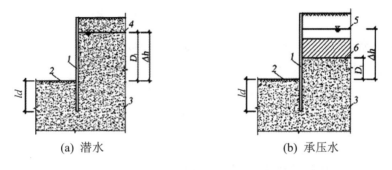

图 8.22 采用悬挂式帷幕截水时的流土稳定性验算

## 8.4 施工与监测

【本节思维导图】

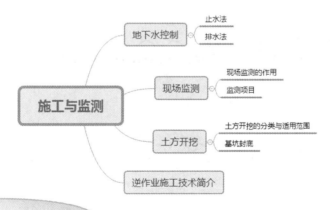

带着问题学知识

地下水控制的方法有哪些？
基坑工程现场检测的作用是什么？
逆作业施工技术是什么？

## 8.4.1 地下水控制

基坑工程施工中,常常因地下水位较高而必须采用一定的措施来控制地下水位,保证基坑土方开挖及基础施工在疏干的工作条件下进行,保证基坑边坡稳定,防止流砂和坍塌现象的发生。

地下水控制方法一般有止水法、明沟排水法、井点降水法、截水帷幕法等。其中井点降水因其施工方便,故应用较广。实际工程中,可因地制宜,选择一种可靠的降水方案。

**1. 止水法**

止水法是指将地下水止于基坑之外,其方法有冻结法、截水帷幕法两大类。设置止水帷幕的方法主要有高压喷射注浆法、深层搅拌法。

(1) 冻结法:在施工范围内布置若干钻孔,孔中设置冻结管,使钻孔周围温度降低而冻结成稳定且不透水的冻土墙,直到基坑工程结束,一般运用于特种工程。

音频3:
基坑止水

(2) 截水帷幕法:用一定方法在地层设置隔水带,使地下水位被挡在基坑一侧,保证基坑内的疏干环境,可使基坑外围地下水不受过大的影响,从而减少因地下水位降低引起的地面沉降。实践中,设置截水帷幕的两种有效方法是高压喷射注浆法和深层搅拌法。

① 高压喷射注浆法:适用于砂浆土、粉土、黄土及黏土层等土层。高压喷射注浆法使用的水泥浆在 10~20 MPa 的高压力下,切削破碎并刺入土层,使水泥浆与周围土层或混凝土桩紧密黏结,填补支护桩间的间隙,止水效果良好。常见的止水帷幕形式有六种,如图 8.23 所示;施工机具分单重管喷射水泥浆,二重管喷射浆液与空气,三重管喷射水、空气和浆液三种。

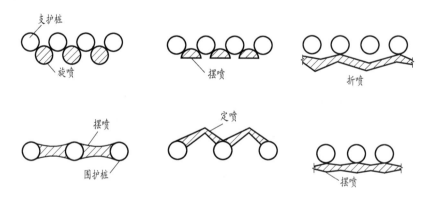

图 8.23 高压旋喷截水帷幕布置形式

② 深层搅拌法:此法包括喷浆与喷粉两种,适用于软黏土和粉质黏土,也可用于砂土和粉土。该法所做的截水帷幕一般均在靠近桩排后侧,也可做成重力式支护墙,既可挡土又可截水。

**2. 排水法**

排水法一般分为两大类,一是明沟排水法,二是井点降水法。明沟排水法是在基坑内开挖集水坑，并沿基坑四周挖排水沟，使基坑内的水沿排水沟汇集在集水坑内，用水泵将集坑内的水抽走而达到降低地下水位的目的，如图 8.24 所示。井点降水法就是在基坑开挖前，预先在基坑四周布设一定数量的滤水井，利用抽水设备从中抽水，使地下水位降落在坑底以下 0.5～1.0 m，直到施工结束。井点降水分为轻型井点、喷射井点、管井井点，电渗井点和联合井点。

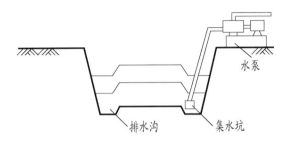

图 8.24　明沟排水法示意图

1) 明沟排水法

明沟排水法适用于土层比较密实，坑壁稳定，基础埋深较浅，降水深度不大，坑底不会出现流砂和管涌的工程。

通常在基坑周边设排水沟，在基坑四角或每隔 30～50 m 设一直径为 0.7～0.8 m 的集水井。排水沟和集水井应在基础的轮廓线以外，排水沟边缘距坡脚应大于 0.3 m，沟底宽度大于 0.3 m，坡度为 1/1000～2/1000。

排水设备常用离心泵、潜水泵和污水泵，选择水泵时应根据基坑涌水量、基坑深度(扬程)来定。

明沟排水法的突出特点是操作简单、费用较低，但存在以下缺点。

(1) 地下水沿基坑坡面或坡脚、坑底涌出，使坑底软化、泥泞，影响地基强度和施工。

(2) 若降水段内土中存在粉细砂薄层，易造成流砂、边坡失稳和附近地面沉降。

2) 井点降水法

在实际降水工程中，常见的井点降水法为：轻型井点、喷射井点、电渗井点、管井点等。

(1) 轻型井点：轻型井点降低地下水位，是沿基坑周围以一定的间距埋入井点管(下端设有滤管)，在地面下用集水总管将各井点管连接起来，并在一定位置设置抽水设备，利用泵的真空吸力作用，使地下水经滤管进入井管，然后经总管排出，从而降低地下水位，工作原理示意图如图 8.25 所示。

轻型井点降水法属真空抽水法，根据真空泵类型的不同可分为：真空泵轻型井点、射流泵轻型井点和隔膜泵轻型井点。

轻型井点一般适用于渗透系数 $K=0.0005～20.0$ m/d 的土层。单级井点降水深度<6 m；多级井点降水深度<20 m。

(2) 喷射井点：喷射井点降水是将能形成真空的喷射器放置于井管下部并形成真空而抽水，喷射器的构造如图 8.26 所示。喷射井点适用于渗透系数 $K=0.005～20.0$ m/d 的土层中降水，降低水位深度<20 m。

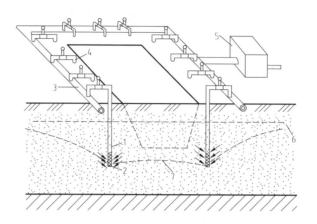

**图 8.25　轻型井点降水原理示意图**

1—井点管；2—滤管；3—总管；4—弯连管；5—水泵房；
6—原来的地下水位线；7—降低后的地下水位线

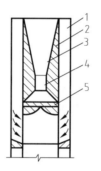

**图 8.26　喷射器构造原理图**

1—外管；2—内管；3—扩散室；4—混合室；5—喷口

　　喷射井点的工作原理：由地面上高压离心水泵向井内提供高压工作水，经过内外管之间的环形间隙到达喷射井管的扬水装置，经内管两侧的进水孔进入内管后，由于水流断面突然收缩变小，使该射水流在喷口附近形成负压(真空)，而将地下水经滤管吸入。吸入的地下水在混合室与工作水混合，然后通过扩散室，水流的大部分动能转化为压力能，水流压力相对增大，把地下水连同工作水一起扬升到地表，经集水管进入集水箱，最后由排水泵排走，工作原理示意图如图 8.27 所示。

　　(3) 电渗井点：当渗透系数 $K<0.1\mathrm{m/d}$ 时，水的渗流速度很慢，导致降水速度慢。为了加速地下水向井点管渗透，可采用电渗井点，其布置如图 8.28 所示。

　　电渗井点工作时，设置井点管为阴极，另埋金属棒为阳极，在两极施加直流电流的作用下，土孔隙中的液体从阳极向阴极流动。

　　电流过程十分复杂，以自由水为导电介质，由于土壤成分的不同，导电介质含矿物质量存在差异。通电后，土中发生物理、化学反应，矿物溶解盐类分离出离子。当土中含水量降低，电阻增加，使得靠近阳极的土层干燥，阳极与土之间的接触被破坏，这时电渗过程终结。

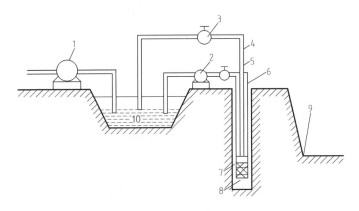

图 8.27　喷射井点工作原理示意图

1—排水泵；2—高压离心泵；3—集水总管；4—内管；5—供水总管；6—外管；7—扬水装置；
8—滤水管；9—基坑；10—集水箱(集水坑)

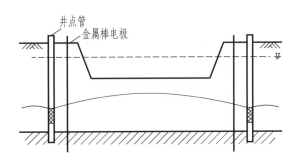

图 8.28　电渗井点布置示意图

扩展资源 3.
深井井点

(4) 管井井点：管井井点是沿基坑每隔一定距离设置一个管井，每个管井单独设一台水泵自动抽水，以降低地下水位。适用于渗透系数 $K=0.1\sim 200.0 \text{m/d}$，地下水丰富的地层，降水深度不限。

管井井点一般设在距基坑边缘 1～1.5 m 处，各井点间距为 10～50 m。

工程实践中，由于地质条件的复杂性，单一井点的形式往往不能有效地降低地下水位，可采用联合井点降低地下水位，如轻型-电渗联合井点、管井-电渗联合井点等。

## 8.4.2　现场监测

### 1．现场监测的作用

现场监测是指在基坑开挖施工和运行过程中，借助仪器设备和其他一些手段对支护结构、周围环境的应力、位移、倾斜、沉降以及地下水位的动态变化、土层孔隙水压力变化等进行综合监测。

现场监测对基坑工程所起的作用表现在以下三方面。

(1) 验证支护结构设计，指导基坑开挖和支护结构施工，可根据监测到的土体实际的应力和变形情况与设计值进行比较，可对设计方案和施工过程进行修正。

(2) 保证基坑支护结构和相邻建筑物土体的安全和稳定。

(3) 总结工程经验,为完善设计分析提供依据。

### 2. 监测项目

基坑工程施工现场监测的内容有两大部分:支护结构本身和相邻环境。安全等级为一级、二级的支护结构,在基坑开挖过程与支护结构使用期内,必须进行支护结构的水平位移监测和基坑开挖影响范围内建(构)筑物、地面的沉降监测。实际监测项目如表8.2所示。

表8.2 监测项目表

| 监测项目 | 支护结构的安全等级 | | |
|---|---|---|---|
| | 一级 | 二级 | 三级 |
| 支护结构顶部水平位移 | 应测 | 应测 | 应测 |
| 基坑周边建(构)筑物、地下管线、道路沉降 | 应测 | 应测 | 应测 |
| 坑边地面沉降 | 应测 | 应测 | 宜测 |
| 支护结构深部水平位移 | 应测 | 应测 | 选测 |
| 锚杆拉力 | 应测 | 应测 | 选测 |
| 支撑轴力 | 应测 | 应测 | 选测 |
| 挡土构件内力 | 应测 | 宜测 | 选测 |
| 支撑立柱沉降 | 应测 | 宜测 | 选测 |
| 挡土构件、水泥土墙沉降 | 应测 | 宜测 | 选测 |
| 地下水位 | 应测 | 应测 | 选测 |
| 土压力 | 宜测 | 选测 | 选测 |
| 孔隙水压力 | 宜测 | 选测 | 选测 |

注:表内各监测项目中,仅选择实际基坑支护形式所含有的内容。

对于一个具体基坑工程,可根据地质环境、支护结构类型等因素,有目的地选择其中的监测内容。同时,基坑工程设计施工规程一般按破坏后果和工程复杂程度将工程分为若干等级,根据工程所属的等级要求来选择相应的监测内容,如表8.3所示。

表8.3 监测项目和相应方法

| 监测项目 | 监测方法 |
|---|---|
| 地表、支护结构及深层土体分层沉降 | 水准仪及分层沉降标 |
| 地表、支护结构及深层土体水平位移 | 经纬仪及测斜仪 |
| 建(构)筑物及水平位移 | 水准仪及经纬仪 |
| 孔隙水压力 | 孔压传感器 |
| 地下水位 | 地下水位观测孔(井) |
| 支撑轴力及锚固力 | 钢筋应力及应变仪 |
| 支护结构上的土压力 | 土压力计 |
| 相邻建(筑)出现裂缝的情况 | 观察及量测 |

## 8.4.3 土方开挖

基坑土方开挖

### 1. 土方开挖的分类与适用范围

基坑土方开挖分为放坡开挖和挡土开挖,开挖方法分为人工开挖与机械开挖,排水开挖与不排水开挖。具体工程中,要结合基坑的深度、支护结构的形式,土层的分类,地下水位,开挖设备及场地大小,周围建筑物等情况来定。

1) 放坡开挖

放坡开挖是浅基坑工程中常用的一种形式,其优点是施工方便、造价低,缺点是仅适用于硬质、可塑性黏土和良好的砂性土。同时,需设有效的降水措施。基坑放坡开挖的坡度要根据土质情况、场地大小和基坑深度来定。广东省建筑与装修工程综合定额(2010)设定了放坡系数,如表 8.4 所示,可供参考。

表 8.4 放坡系数表

| 土的种类 | 放坡起点深度/m | 人工开挖 | 机械开挖 | |
|---|---|---|---|---|
| | | | 坑内作业 | 坑上作业 |
| 一、二类土 | 1.20 | 1:0.50 | 0.33 | 0.75 |
| 三类土 | 1.50 | 1:0.33 | 0.25 | 0.67 |
| 四类土 | 2.00 | 1:0.25 | 0.10 | 0.33 |

注:一类土坚固系数为 0.5~0.6,二类土为坚固系数为 0.6~0.8,三类土坚固系数为 0.8~1.0,四类土坚固系数为 1.0~1.5。

为了增强边坡的稳定性,可在土坡表面铺一层钢丝网,然后抹上水泥砂浆,或喷射混凝土,以防止雨水渗入降低边坡强度。

2) 挡土开挖

挡土开挖是在建筑物密集的场地或基坑深度在 5m 以上时常采用的方法。其方法是首先确定好支护结构的类型,然后开挖土方,在开挖过程中,需要设置支撑系统或拉锚系统,以增强支护结构的稳定性。开挖方法的选择应根据现场周围环境条件、场地面积、基坑形式,水文地质条件以及施工水平等来定。一般来说,挡土开挖方式有以下四种方式。

(1) 分层开挖。一般适用于基坑较深,且不允许分块分段施工混凝土垫层的,或土质较弱的基坑。每层可开挖的厚度要视土质情况来定,以确保开挖过程中土体不滑移,桩位不发生倾斜。软土中开挖厚度控制在 2 m 左右,硬质土控制在 5 m 左右;同时及时加设支撑系统或锚拉系统。开挖顺序可由基坑一侧向另一侧平行开挖,也可从基坑两头对称开挖,或者相邻两层交替开挖等。实践中多采用机械的开挖方法,结合人工挖运土方,采用设坡道、不设坡道和阶梯式开挖三种方式。

(2) 分段开挖。当基坑周围环境复杂、土质较差或基坑开挖深度不一致时,可采用分段开挖。分段与分块的大小、位置可根据实际场地面积、地下室及基础标高、施工工期来定。在挖某一块土时,在靠近支护结构处,可先挖一至二皮土,然后留一定宽度和深度的被动土区,待被动土区外的基坑浇筑混凝土垫层后,再突击开挖这部分被动土区的土,开挖完后,及时浇筑混凝土。

(3) 中心岛开挖。中心岛开挖是首先在基坑中心开挖,而周围一定范围内的土暂不开挖,按 1∶1~1∶2.5 放坡,使之形成对四周支护结构的被动土压力区,从而保证支护结构的稳定性。待中间部分垫层或地下结构施工完之后,再开挖四周土体。边开挖边设置斜撑或水平支撑,然后进行结构施工,如图 8.29 所示。

(4) 盆式开挖。在特定条件下,可采取与中心岛开挖法施工顺序完全相反的做法,先开挖四周土体,并进行周边支撑或结构物施工,然后开挖中间残留的土方,再进行地下结构物的施工,如图 8.30 所示。

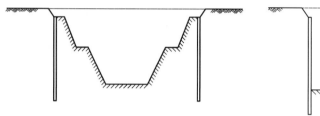 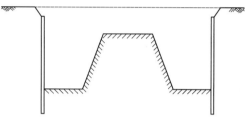

图 8.29　中心岛开挖法示意图　　　　图 8.30　盆式开挖法示意图

### 2．基坑封底

土方开挖是一种卸荷过程。一旦基坑开挖,其原来的土层的应力逐渐释放,应力场遭到破坏。土体开挖完毕后,基坑暂时处于平衡状态,但由于土体具有蠕变性,再加上开挖后暴露时间过长,坑底积水或孔隙水压力升高等,都将会明显降低土体的抗剪强度,导致基底隆起、边坡失稳、支护结构或桩基发生变形、位移等。因此,基底需要开挖至设计标高处,并经核实无误后应尽快进行基底封底、基础施工。

基底检查处理后,应及时进行封底垫层施工。建筑工程基坑中采用排水封底(或称干封底),其混凝土浇筑与地下室混凝土浇筑方法相同。有降水系统的基坑在封底后,不应该立即停止抽水,要等到整个地下室施工完毕后才能停止抽水,必要时还需进行底板抗浮验算。

## 8.4.4　逆作业施工技术简介

将主体工程的基础(地下室或地下结构)与基坑支护结构相结合,包括地下室外墙与支护墙体相结合,结构水平构件与基坑内支撑相结合,结构竖向构件与临时立柱(或桩)相结合。采取地下与地上同时施工,或地下结构由上而下的设计施工方法称为逆作法。

逆作法可分为全逆作法和半逆作法。全逆作法可以地面上、下同时施工,即地下主体结构向下施工的同时,同步进行地上主体结构施工的方法,如图 8.31 所示。半逆作法是首先从地下室由上而下逐层施工,即地下主体结构由上而下施工,而地上主体工程待地下主体结构完工后再进行施工的方法。

地下室逆作法施工时,必须在地下室的各层楼板的同一垂直断面位置处,预留供出土用的出土口。为了不因出土口的预留而破坏水平支撑体系的整体性,可在该位置先施工板下的梁系,以此作为支撑体系的一部分。

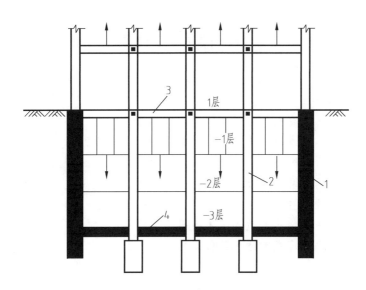

图 8.31 逆作法施工原理示意图

1—地下连续墙；2—中间支承柱；3—地下室顶板；4—地下室底板

(1) 逆作法将基坑支护结构与主体工程的基础结合起来施工，是处理高层和超高层建筑的深基础的有效方法，其优点可归纳如下。

① 刚度大、变形小，对相邻建(构)筑影响较小。

② 结构构件与临时支撑相结合，节约原材料和大量支撑材料、脚手架材料。

③ 可缩短总工期，逆作法采用地上、地下交叉作业，一般情况下，只有地下室占绝对工期，其他各层可与上部结构同时施工，不占绝对工期，因此可以缩短工期。

④ 现场施工安全可靠，有利于城市建设和环境保护。

(2) 逆作法施工的原理如图 8.31 所示，其施工程序如下。

① 建(构)筑物周边的地下连续墙和中间的支承柱(或支承柱)。

② 开挖地面以下第一层土方，浇筑地下连续墙顶部圈梁和地下室顶板。

③ 一方面，在顶板下进行挖土作业，直至地下第二层楼板处，然后浇筑第二层结构工程；另一方面，进行地上第一层以上柱、梁、板的浇筑或安装工程，这样地上、地下交叉施工，直至最下层的板浇筑完成、上部结构封顶。上部结构所允许施工的层数要由已完成的地下层数经计算确定后才能进行施工。

半逆作法是由上而下，施工完地下结构后，再施工地上结构，特别适用于地下车库和地铁车站等。

逆作法施工带来的一个问题是，梁柱节点设计的复杂性。梁柱节点是整个结构体系的一个关键部位。梁板柱钢筋的连接和后浇混凝土的浇筑，关系到在节点处力的传递是否可靠。所以，对梁柱节点的设计必须考虑到满足梁板钢筋及后浇混凝土的施工要求。

# 思考题与习题

## 【思考题】

1. 什么情况下基坑需要支护?
2. 基坑支护的种类和适用范围如何?选择的依据是什么?
3. 采用平面杆系结构弹性支点法进行挡土结构设计有什么优点?
4. 传统的极限平衡法设计挡土结构有何优点、缺点?适用范围是什么?
5. 基坑稳定性需做哪些验算?
6. 基坑降水的方法有哪些?适用范围是什么?
7. 基坑开挖的方法有哪些?适用范围是什么?

## 【习题】

1. 某一级基坑设置了止水帷幕,坑底面以下、以上止水帷幕的长度分别为 7 m、9 m,潜水面至坑底面的土层厚度为 9 m,坑内外的水头差也为 9 m,基坑土体天然重度为 18.5 kN/m³,试按《建筑基坑支护技术规程》(JGJ 120—2012),验算基坑渗透稳定性[答案:符合规范要求;提示:采用式(8-27),安全等级为一级的支护结构,安全系数不应小于1.6]。

2. 某一级基坑采用悬臂支护,坑底面以下、以上支护的长度分别为 12 m、10 m,基坑土体为砂土,砂土的 $\gamma = 18.5$ kN/m³,$c = 0$,$\varphi = 30°$,试按《建筑基坑支护技术规程》(JGJ 120—2012),验算基坑支护结构抗倾覆稳定性(即嵌固稳定性)[答案:符合规范要求;提示:采用式(8-18),安全等级为一级的支护结构,安全系数不应小于1.25]。

第 8 章
课后习题答案

# 第9章 软弱地基处理

扩展图片

> **学习目标**
>
> (1) 熟悉地基处理的目的及要求。
> (2) 掌握换填垫层、预压地基、夯实地基、复合地基、注浆加固等常用地基处理方法的特点和适用范围、作用原理、设计要点及施工质量要求。

**教学要求**

| 章节知识 | 掌握程度 | 相关知识点 |
| --- | --- | --- |
| 概述 | 了解地基处理的目的、分类及适用情况 | 地基处理的特点、目的及其分类、适用情况 |
| 换填垫层法 | 熟悉垫层的设计、施工以及质量检验 | 熟悉垫层的设计、施工以及质量检验 |
| 夯实地基 | 熟悉强夯地基设计与施工、质量检测 | 强夯地基设计与施工、质量检测 |
| 预压地基 | 了解预压地基的方法 | 堆载预压、真空预压 |
| 复合地基理论 | 熟悉复合地基的概念、分类及其承载力与变形计算 | 复合地基的概念与分类、复合地基承载力与变形计算 |
| 竖向增强体复合地基 | 了解竖向增强体复合地基的种类 | 振冲碎石桩复合地基、水泥土搅拌桩复合地基、 |

**课程思政**

> 若软弱地基处理不当,则会造成地基沉降不均匀,不仅导致建筑物的不可用,也会给开发商造成经济上的浪费,造成社会资源的极大浪费。通过对软弱地基处理方法的学习和了解,让学生对软弱地基有更好的认识和探索经济合理的处理方法对建设工程有重要的意义。鼓励学生勇于探索和求知,培养学生独立思考的能力,提高学生的责任感。

**案例导入**

> 在我国沿海地区、内陆湖泊和河流谷地分布着大量软弱粘性土,这种土含水量大、压缩性高、强度低、透水性差。在软土地基上直接建造建筑物时,地基将由于固结和剪切变形而产生很大的沉降,并且延续时间长,因此有可能影响建筑物的正常使用。那遇见软弱地基时要怎么办?软弱地基处理的好坏,不仅关系到工程建设的速度,而且关系到工程建设的质量,因此软弱地基的处理变的越来越重要。比如在软土地基上修筑高速公路,如果对软基不加以处理,往往会导致路基失稳或过量沉降,直接影响到竣工后公路的运行状况及其使用寿命。

【本章思维导图(概要)】

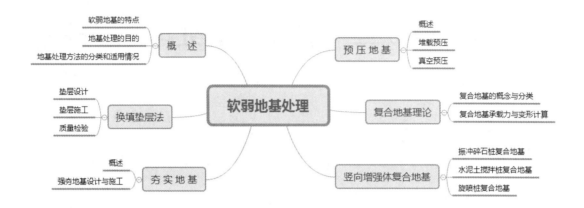

# 9.1 软弱地基处理概述

【本节思维导图】

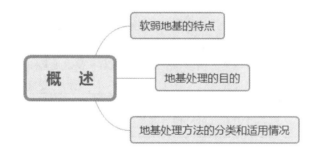

带着问题学知识

软弱地基的特点是什么？
软弱地基处理的方法有哪些？其适用情况是什么？
地基处理的目的是什么？

## 9.1.1 软弱地基的特点

软弱地基是指由软弱土组成的地基。《建筑地基基础设计规范》(GB 50007—2011)中规定，软弱地基是指主要由淤泥、淤泥质土、冲填土、杂填土或其他高压缩性土层构成的地基。软弱土具有强度相对较低、压缩性较高等特点。

音频1：
软弱土和不良土

## 9.1.2 地基处理的目的

对于土质软弱、不能满足建筑物强度或变形要求，或者由于受到扰动，可能产生液化、失稳等严重后果，或者由于吸收水分而发生沉陷的地基必须加以人工处理。这种对不良地基进行加固的过程称为地基处理。地基处理是否得当，直接关系到建筑施工的进度、建筑物的正常使用等。地基处理的目的就是采用一定的方法对地基土进行加固，改良地基土的工程特性，达到满足建筑物对地基稳定和变形的要求。地基处理的一般方法有换填垫层、预压地基、夯实地基、复合地基、注浆加固、加筋、利用热学原理加固(如冻结法)等。

## 9.1.3 地基处理方法的分类和适用情况

概括地说，地基处理的目的就是通过必要的措施，提高地基的稳定性，使其变形控制在许可的范围之内，提高其抗剪强度和抗液化能力。常用的地基处理方法如表 9.1 所示。

表 9.1 软弱土地基处理方法分类表

| 编号 | 分类 | 处理方法 | 原理及作用 | 适用范围 |
|---|---|---|---|---|
| 1 | 碾压及夯实 | 重锤夯实法，机械碾压法，振动压实法，强夯、强夯置换法 | 利用压实原理，通过机械碾压夯击，把表层地基土压实，强夯则利用强大的夯击能，在地基中产生强烈的冲击波和动应力，迫使土体固结密实 | 碎石、砂土、粉土、低饱和度的黏性土、杂填土等。对饱和黏性土可采用强夯置换法 |
| 2 | 换填垫层 | 砂石垫层，素土垫层，灰土垫层，矿渣垫层、加筋土垫层 | 以砂石、素土、灰土和矿渣等强度较高的材料，置换地基表层软弱土，提高持力层的承载力，减少沉降量 | 软弱地基的浅层处理 |
| 3 | 预压地基 | 天然地基预压，砂井预压，塑料排水板预压，真空预压，降水预压 | 通过改善地基排水条件和施加预压荷载，加速地基的固结和强度增长，提高地基的稳定性，并使基础沉降提前完成 | 较厚淤泥质土和淤泥质土地基 |
| 4 | 振密挤密 | 振冲挤密，灰土挤密桩，砂桩，石灰桩，爆破挤密 | 采用一定的技术措施，通过振动或挤密，使土体的孔隙减小，强度提高；必要时，在振动挤密的过程中，回填砂、砾石、灰土、素土等，与地基土组成复合地基，从而提高地基的承载力，减少沉降量 | 松砂、粉土、杂填土及湿陷性黄土，非饱和黏性土等 |
| 5 | 置换及拌入 | 振冲置换、冲抓置换、深层搅拌，高压喷射注浆，石灰桩、CFG 桩等 | 采用专门的技术措施，以砂、碎石等置换软弱土地基中部分软弱土，或在部分软弱土地基中掺入水泥、石灰、砂浆或水泥、粉煤灰、碎石混合体等形成加固体，与未处理部分土组成复合地基，从而提高地基的承载力，减少沉降量 | 黏性土、冲填土、粉砂、细砂等。振冲置换法限于不排水抗剪强度 $c_u > 20\text{kPa}$ 的地基土 |

续表

| 编号 | 分类 | 处理方法 | 原理及作用 | 适用范围 |
|---|---|---|---|---|
| 6 | 加筋 | 采用高强度低徐变、耐久性好、土工织物、土工格栅、土工合成物 | 在地基或土体中埋设强度较大的土工合成材料、钢片等加筋材料,使地基或土体能承受抗拉力,防止断裂,保持整体性,提高刚度,改变地基土体的应力场和应变场,从而提高地基的承载力,改善变形特性 | 软土地基、填土及陡坡填土、砂土 |
| 7 | 其他 | 注浆,冻结,托换技术,纠偏技术 | 通过独特的技术措施处理软弱土地基 | 根据建筑物和地基基础情况确定 |

## 9.2 换填垫层法

【本节思维导图】

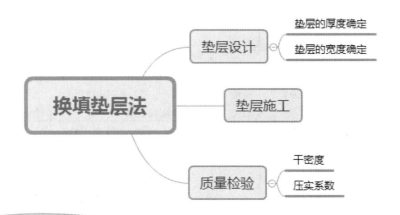

带着问题学知识

换填垫层法是什么?
地基处理适用换填垫层法时,进行垫层设计其厚度和宽度该如何确定?
运用换填垫层法时,垫层的质量控制标准有哪些?

所谓换填垫层法,就是先挖去基底以下需要处理部分的软弱土,然后分层换填强度大、压缩性小、性能稳定的材料,并压实至要求的密实度,使之作为地基持力层。

当软弱土地基的承载力或变形不能满足要求,而软弱土层的厚度又不是很大时,采用换填垫层法往往能够取得较好的效果。换土垫层所用的材料一般要求级配良好且不含杂质的卵石、碎石、砾石、粗中砂等,亦可选用素土、灰土、矿渣等。

音频2:垫层法的适用范围

## 9.2.1 垫层设计

垫层设计的主要内容包括垫层的厚度、宽度与质量控制标准。对于排水垫层来说，除要求有一定的厚度和密度满足上述要求外，还要求垫层表面形成一个排水面，促进软弱土层的固结，提高其强度。

**1. 垫层的厚度确定**

垫层内压力的分布如图 9.1 所示，垫层的厚度应根据软弱下卧层的承载力确定。垫层底面处土的自重应力与附加应力之和不大于同一标高处软弱土层的承载力特征值，即

$$P_z + P_{cz} \leqslant f_{az} \tag{9-1}$$

式中：$f_{az}$——垫层底面处土层修正后的地基承载力特征值，kPa；

$P_{cz}$——垫层底面处土的自重应力，kPa；

$P_z$——相应于作用标准组合时，垫层底面处土的附加应力，kPa。

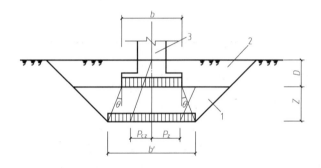

图 9.1 垫层内压力的分布

1—垫层；2—回填土；3—基础

一般可以根据垫层的承载力确定出基础宽度，然后根据下卧土层的承载力确定出垫层的厚度。垫层的承载力要拟定合适，若定得过高，则换土厚度将会很深，不利于施工，经济上也不合算。一般情况下，首先根据初步拟定的垫层厚度，再用式(9-1)校核，如果不满足，再选较大值代入。垫层厚度不宜超过 3 m。太厚，施工不方便；太薄(<0.5 m)，则换土垫层的作用不明显。

垫层底面处的附加应力 $P_z$，可以分别按照以下两式计算。

对于条形基础：

$$P_z = \frac{b(P_k - P_c)}{b + 2z\tan\theta} \tag{9-2a}$$

对于矩形基础：

$$P_z = \frac{lb(P_k - P_c)}{(b + 2z\tan\theta)(l + 2z\tan\theta)} \tag{9-2b}$$

式中：$P_k$——基础底面压力，kPa；

$P_c$——基底处土的自重应力，kPa；

$l$——矩形基础底面的长度，m；

$b$ ——矩形或条形基础底面的宽度，m；
$z$ ——垫层厚度，m；
$\theta$ ——垫层的压力扩散角，°（度）。

### 2. 垫层的宽度确定

垫层的宽度一方面要满足应力扩散的要求，另一方面还应防止垫层向两边挤动。如果垫层宽度不足，而周围侧面土质又比较软弱时，垫层就有可能部分挤入侧面软弱土中，从而使得基础沉降增大，整片垫层的宽度可根据施工要求适当加宽；垫层顶面每边超出基础底面不宜小于 300 mm，或从垫层底面两侧向上按开挖基坑的要求放坡。宽度计算通常按扩散角法确定：

$$b' \geqslant b + 2z\tan\theta \tag{9-3}$$

式中：$b'$ ——垫层底面宽度，m；

$z$ ——基础底面下垫层的厚度，m；

$\theta$ ——垫层的压力扩散角，可按表 9.2 所述。当 $z/b < 0.25$ 时，按表中 $z/b = 0.25$ 取值。

表 9.2　垫层的压力扩散角（°）

| $z/b$ | 换填材料 | | |
|---|---|---|---|
| | 中砂、粗砂、砾砂、圆砾、角砾、卵石、碎石 | 粉质黏土、粉煤灰 | 灰　土 |
| 0.25 | 20 | 6 | 28 |
| ≥0.50 | 30 | 23 | |

注：① 当 $z/b < 0.25$ 时，除灰土取 $\theta = 28°$ 外，其余材料均取 $\theta = 0°$，必要时，应由试验确定。
② 当 $0.25 < z/b < 0.50$ 时，$\theta$ 值可内插求得。
③ 土工合成材料加筋垫层其压力扩散角宜由现场静荷载试验确定。

## 9.2.2　垫层施工

基坑保持无积水。若地下水位高于基坑底面，应当采取排水或降水措施。

铺筑垫层材料之前应当先验槽，清除浮土，边坡应稳定。基坑两侧附近如存在低于地基的洞穴，应先填实。

扩展资源1.
垫层施工方法

施工中必须避免扰动软弱下卧层的结构，防止降低土的强度、增加沉降。基坑挖好后，要立即回填，不可长期暴露、浸水或任意踩踏坑底。

如果采用碎石或卵石垫层，应先铺一层砂垫层作底面（厚度为 15～30 cm），用木夯夯实，以免坑底软弱土发生局部破坏。

垫层底面应水平。如果深度不一，基土面应挖成踏步或斜坡搭接。分段施工接头处应做成斜坡，每层错开 0.5～1.0 m。搭接处应注意捣实，施工顺序先深后浅。

人工级配砂石垫层，应先行均匀拌和，再铺填捣实。

垫层每层虚铺 200～300 mm，要求均匀、平整。切忌为抢工期而一次铺土过厚，否则垫层底部达不到要求。

垫层材料应达到最优含水量。对于素土及灰土垫层尤应如此。

机械应采取慢速碾压。

进行质量检验。合格后，再铺第二层材料，而后压实，直到设计所需厚度，及时进行基础施工与基础回填。

垫层底面宜设在同一标高上，如深度不同，坑底土层挖成阶梯或斜坡搭接，并按先深后浅的顺序进行垫层施工，搭接处应夯压密实。

### 9.2.3 质量检验

根据承载力要求，垫层的质量控制标准，常用的有以下两种。

#### 1．干密度

素土、灰土和密砂选用容积大于 200 cm³ 的环刀，在垫层中取代表性试样。取样点应选择位于每层垫层厚度的 2/3 深度处，测定其干密度。

合格标准：中砂≥1.60 g/cm³，灰土≥1.55 g/cm³。

#### 2．压实系数

压实系数按下式计算：

$$\lambda_c = \frac{\rho_d}{\rho_{dmax}} \tag{9-4}$$

式中：$\lambda_c$——压实系数，一般为 0.93～0.97。

$\rho_d$——垫层材料施工要求达到的干密度，g/cm³；

$\rho_{dmax}$——垫层材料能够压密的最大干密度，g/cm³，可由试验测定。

## 9.3 夯实地基

【本节思维导图】

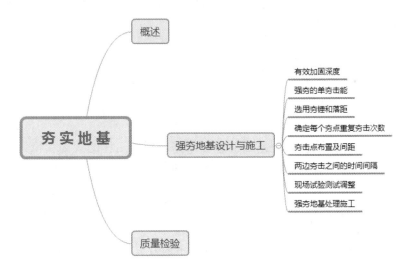

> **带着问题学知识**
>
> 夯实地基是什么？强夯地基的特点有哪些？
> 强夯的有效加固深度应如何确定？
> 强夯地基处理的施工步骤是什么？

## 9.3.1 夯实地基概述

强夯地基处理又称动力固结法或动和压实法，是1969年法国Ménard公司首创的一种地基加固方法。它是用巨锤、高落距，对地基施加强大的冲击力，用强压方法压实地基。强夯地基处理试验成功后，迅速在世界各国推广，效果良好，是我国目前最常用和最经济的深层地基处理方法之一。

在夯击过程中，由巨锤下落产生的巨大夯击能和冲击波，使土体产生几十厘米的沉降，土体局部产生液化后，结构遭到破坏，强度下降到最小值，随后在夯击点周围出现径向裂缝，成为加速孔隙水压力消散的主要通道，通过黏性土的触变性，使降低了的强度得到恢复和增强。这就是强夯法加固的机理。

强夯地基处理的特点：施工工艺、设备比较简单；使用土质范围广；加固效果明显，且可以获得较高的地基承载力；土粒结合紧密，有较高的结构强度；工效高，施工速度快；节省加固原材料；施工费用低。

通过采用这种方法，一般地基土强度可以提高2~5倍，压缩性可降低200%~500%，加固深度可达6~10 m。

强夯地基处理适于加固碎石土、砂土、低饱和度粉土、黏性土、湿陷性黄土、高填土、杂填土以及"围海造地"地基、工业废渣、垃圾地基等处理，也可用于防止粉土及粉砂的液化。

对饱和软黏土、高饱和度的粉土，可采用强夯置换地基处理。

这里重点介绍强夯地基处理。

## 9.3.2 强夯地基设计与施工

### 1. 有效加固深度

有效加固深度是选择地基处理方法的重要依据。根据工程的规模和特点，结合地基土层的情况，确定强夯处理有效加固深度。根据我国各地的工程实践经验，一般按下面的公式估算：

$$Z = \alpha\sqrt{Wh} \tag{9-5}$$

式中：$Z$——强夯的有效加固深度，m；

$\alpha$——修正系数，一般黏性土取0.5；砂性土取0.7；黄土取0.35~0.50；

$W$——夯锤重，t；

$h$——落距，m。

《建筑地基处理技术规范》(JGJ 79—2012)规定，强夯的有效加固深度，应根据现场试夯或地区经验确定。在缺少试验资料或经验时，可按表9.3预估。

表9.3 压实填土的边坡允许值

| 单击夯击 $E/(kN \cdot m)$ | 碎石土、砂土等粗颗粒土 | 粉土、粉质黏土、湿陷性黄土等细颗粒土 |
| --- | --- | --- |
| 1000 | 4.0～5.0 | 3.0～4.0 |
| 2000 | 5.0～6.0 | 4.0～5.0 |
| 3000 | 6.0～7.0 | 5.0～6.0 |
| 4000 | 7.0～8.0 | 6.0～7.0 |
| 5000 | 8.0～8.5 | 7.0～7.5 |
| 6000 | 8.5～9.0 | 7.5～8.0 |
| 8000 | 9.0～9.5 | 8.0～8.5 |
| 10000 | 9.5～10.0 | 8.5～9.0 |
| 12000 | 10.0～11.0 | 9.0～10.0 |

注：强夯法的有效加固深度应从最初起夯面算起；单击夯击能 E 大于 12000kN·m 时，强夯的有效加固深度应通过试验确定。

### 2. 强夯的单夯击能

锤重与落距的乘积称为夯击能。强夯的单位夯击能是指单位面积上所施加的总夯击能。单位夯击能应当根据地基土类型、结构类别、荷载大小和需处理深度等因素综合考虑，并通过现场试夯确定。一般对于粗颗粒土可取 1000～3000 kN·m/m²；细颗粒土可取 1500～4000 kN·m/m²。

扩展资源2.
强夯地基

### 3. 选用夯锤和落距

首先应当对当地施工单位已有的夯锤与起重机型号作一调查，根据所需有效加固深度与单击夯击能，选用夯锤与落距。实践表明，在单击夯击能相同的情况下，增加落距比增加夯锤重更为有效。

### 4. 确定每个夯点重复夯击次数

一般来说，每个夯击点应当多次重复夯击，方能达到有效加固深度。由现场试夯所得夯击次数与夯沉量关系曲线确定最佳夯击次数，还应同时满足以下条件。

(1) 最后两击的平均夯沉量应满足：单夯击能 $E<4000$ kN·m 时，不大于 50mm；单夯击能 4000 kN·m $\leqslant E<6000$ kN·m 时，不大于 100mm；单夯击能 6000 kN·m $\leqslant E<$ 8000 kN·m 时，不大于 150 mm；单夯击能 8000 kN·m $\leqslant E<12000$ kN·m 时，不大于 200 mm；单夯击能 $E>12000$ kN·m 时，应通过试验确定。

(2) 夯坑周围地面不应发生过大的隆起。

(3) 不因夯坑过深而发生提锤困难。

### 5. 夯击点布置及间距

夯击点布置根据基础的形式和加固要求确定，一般对大面积地基采用等边三角形、等腰三角形或正方形；对条形基础夯点可成行布置；对独立柱基础可按柱网设置采取单点或成组布置，在基础下面必须布置夯点。

第一遍夯击点间距可取夯锤直径的 2.5～3.5 倍，第二遍夯击点因为与第一遍夯击点之间。以后各遍夯击点间距可适当减小。对处理深度较深或单击夯仅能较大的工程，第一遍夯击点间距宜适当增大。

### 6. 两遍夯击之间的时间间隔

两遍夯击之间，应有一定的时间间隔，间隔时间取决于土中超静孔隙水压力的消散时间。当缺少实测资料时，可根据地基土的渗透性确定，对于渗透性较差的黏性土地基，间隔时间不应少于 2～3 周；对于渗透性好的地基可连续夯击。

### 7. 现场试验测试调整

根据初步确定的强夯参数，提出强夯试验方案，进行现场试夯。应根据不同土质条件，待试夯结束一周至数周后，对试夯场地进行检测，并与夯前测试数据进行对比，检验强夯效果，确定工程采用的各项强夯参数。

### 8. 强夯地基处理施工

强夯地基处理施工一般需要按照以下步骤进行。

(1) 夯前详细勘察地基情况。查清建筑物场地的土层分布、厚度与工程性质指标。

(2) 现场试夯与测试。在建筑物场地内，选有代表性的小地块面积进行试夯或试验性强夯施工。间隔一段时间后，测试加固效果，为强夯正式施工提供参数依据。

(3) 清理平整场地。平整的范围应大于建筑物外围轮廓线，每边外伸设计的处理深度为平整场地的 1/2～2/3，并且不应小于 3 m；对于可液化地基，基础边缘的处理宽度不应小于 5 m。

(4) 标明第一遍夯点位置。对每一夯击点，用石灰标出夯锤底面外围轮廓线，测量场地高程。

(5) 起重机就位，夯锤对准夯点位置，位于石灰线内。测量夯前锤顶高程。

(6) 将夯锤起吊到预定高度，开启脱钩装置，使夯锤自由下落夯击地基，放下吊钩，测量锤顶高程若发现因坑底倾斜而造成夯锤否斜时，应及时将坑底整平。

(7) 重复步骤(6)，按设计规定的夯击次数及控制标准，完成一个夯击点的夯击。当夯坑过深，出现提锤困难，但无明显隆起，而尚未达到控制标准时，宜将夯坑回填至与坑顶齐平后，继续夯击。

(8) 重复步骤(5)～(7)，按设计的强夯点次序图，完成每一遍全部夯点的夯击。

(9) 用推土机将夯坑填平，测量场地高程。标出第二遍夯点位置。

(10) 按规定的间隔时间，待前一遍强夯产生的土中孔隙水压力消散后，再按上述步骤，逐次完成全部夯击遍数。最后采用低能量满夯，将场地地表层松土夯实，并测量场地夯后高程。

## 9.3.3 质量检验

夯击前后应对地基土进行检测，包括室内土工试验、野外标准贯入、静力触探、旁压试验等，检验地基的实际影响深度。有条件时应尽量选用上述两个以上的项目，做一下比较。

强夯处理后的地基竣工验收承载力检验，应在施工结束后间隔一定时间进行，对于碎石土和砂土地基，其间隔时间可取 7～14d；粉土和黏性土地基可取 14～28d，强夯置换地基间隔时间宜为 28d。

检验点数，每个建筑物的地基不少于墩点数的 3%，且不少于 3 点，检测深度和位置按设计要求确定，同时现场测定每点夯击后的地基平均变形值，以检验强夯效果。

# 9.4 预压地基

【本节思维导图】

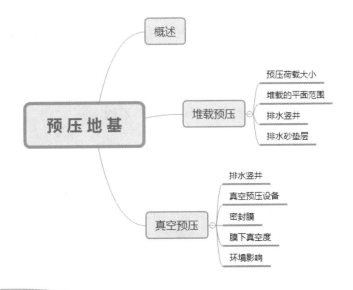

带着问题学知识

进行地基处理时，采用预压地基，其地基适用于什么土质？
预压地基处理的方法有哪些？

预压地基

## 9.4.1 预压地基概述

所谓预压地基，是指正式修筑建筑物之前，在建筑场地上，预先堆砂石等材料，对地基进行预压，从而使地基产生沉降而压密，达到提高地基的强度、减少实际工程的沉降量的目的。预压地基分为堆载预压、真空预压、真空联合堆载预压。

预压地基适用于处理淤泥质土、淤泥、冲填土等饱和和黏性土地基。

这里重点介绍堆载预压、真空预压。

### 9.4.2 堆载预压

堆载预压是工程上使用广泛且行之有效的方法。堆载一般使用填土、砂石等散体材料对地基进行预压。对堤坝、堆场等工程，则以其本身的重量有控制地分级加载，直至达到设计标高。通常堆载预压有两种情况：一是在建筑物建造之前，在场地先进行堆载预压，待建筑物施工时再移去预压荷载。二是超载预压。对机场跑道、高速公路或铁路路基等，在预压过程中，将超过使用时的荷载先加上去，待沉降满足要求后，将超载移去，然后施工。

#### 1. 预压荷载大小

通常情况下，预压荷载和建筑物的基底压力大小相同。如果建筑物对沉降有着严格要求，则应当采用超载预压。超载的多少根据预压时间内要求完成的变形量通过计算确定，并使超载在地基中的有效应力大于建筑物的附加应力。预压荷载应小于极限荷载，以免地基发生滑动破坏。

#### 2. 堆载的平面范围

预压荷载顶面的范围应不小于建筑物基础外缘的范围。

#### 3. 排水竖井

排水竖井分普通砂井、袋装砂井和塑料排水带。

(1) 砂井的直径。普通砂井的直径为 300～500 mm。直径越小，越经济，但是过小会发生缩颈。袋装砂井的直径一般为 70～120 mm。塑料排水带的当量换算直径 $d_p$，按下式计算：

$$d_p = \frac{2(b+\delta)}{\pi} \tag{9-6}$$

式中：$\delta$——塑料排水带厚度，mm；

$b$——塑料排水带宽度，mm。

(2) 竖井的间距。根据地基土的固结特性和预定时间内所要求达到的固结度确定。一般按一根竖井的有效排水圆柱体的直径 $d_e$ 与竖井直径 $d_w$ 的比值 $n$ 确定(对塑料排水带，$d_w = d_p$)。普通砂井的间距，可选 $n=6 \sim 8$；袋装砂井或塑料排水带的间距，可选 $n=15 \sim 22$。

(3) 砂料。中粗砂较为适宜，其含泥量或黏粒含量应小于 3%。

#### 4. 排水砂垫层

采用预压法处理地基必须在地表铺设排水砂垫层，厚度不应小于 500 mm，并在预压区边缘设置相连的排水盲沟，把地基中排出的水引出预压区。砂垫层砂料选用中粗砂较为适宜，其黏粒含量不应大于 3%，砂垫层的干密度应大于 1.5 t/m³，渗透系数应大于 $1 \times 10^{-2}$ cm/s。

## 9.4.3 真空预压

真空预压是以大气压力作为预压荷载。它先在需要加固的软土地基表面铺设一层透水砂垫层或砂砾层，再在上面覆盖一层不透气的塑料薄膜或橡胶布，周围密封，与大气隔绝，在砂垫层内埋设渗水管道，然后与真空泵连通进行抽气，使透水材料保持较高的真空度，在土的孔隙水中产生负的孔隙水压力，将土中孔隙水和空气吸出，从而使土体固结。对于渗透系数小的软黏土，为加速孔隙水的排出，也可以在加固部位设置砂井、袋装砂井或塑料排水板等竖向排水系统。

### 1. 排水竖井

砂井与塑料排水带的直径与间距，与堆载预压法相同，采用小口径密布的方法效果好。要求砂井采用洁净的中粗砂，渗透系数应大于 $1\times10^{-2}$ cm/s。

### 2. 真空预压设备

抽气设备：应当采用射流真空泵，每块预压区(一般分区面积宜为 20000~40000 $m^2$)至少设置 2 台真空泵，真空泵空抽吸力不应低于 95 kPa。

真空管路：真空管路连接点应当严格密封；为避免膜下真空度在停泵后很快降低，应设置止回阀和截门。

滤水管：水平向分布的滤水管可采用条状、梳齿状或羽毛状。一般设在排水砂垫层中，滤水管上面应当有 100~200 mm 砂覆盖层。滤水管的材质可采用钢管或塑料管，管外应当缠绕铅丝，外包尼龙纱或土工织物等滤水材料。

### 3. 密封膜

真空预压法所采用的密封膜为特制的大面积塑料薄膜，应当采用抗老化性能好、韧性好、抗刺穿能力强的不透气材料。密封膜热合时宜采用双热合缝的平搭接，搭接长度应大于 15 mm。

密封膜一般铺设三层，覆盖膜周边可采用挖沟折铺、平铺，并用黏土压边、围埝沟内覆水以及膜上全面覆水等方法进行密封。

地基土渗透性较强时，应设置黏土密封墙。密封墙一般采用双排搅拌桩，搅拌桩直径不宜小于 700mm。

### 4. 膜下真空度

真空预压的膜下真空度应稳定保持在 86.7 kPa(或 650 mmHg)以上，且应均匀分布，排水竖井深度范围内土层的平均固结度应大于 90%。真空预压的膜下真空度应符合设计要求，且预压时间不宜低于 90 d。

### 5. 环境影响

真空预压可能会导致预压区周边土体开裂，影响周边建(构)筑物安全，因此可在预压区周围打设板桩等，防止影响范围扩大。

## 9.5 复合地基理论

【本节思维导图】

复合地基理论
- 复合地基的概念与分类
- 复合地基承载力与变形计算
  - 复合地基承载力特征值计算
  - 复合地基沉降量计算

带着问题学知识

复合地基的分类有哪些？
复合地基承载力特征值如何计算？
复合地基沉降量是什么？该如何计算？

### 9.5.1 复合地基的概念与分类

扩展资源3.
复合地基的
形成条件

所谓复合地基(Composite Foundation)，是地基处理的一种技术，是指天然地基在地基处理过程中部分土体被置换或在天然地基中设置加筋材料而得到增强，加固区由基体(天然地基土体或被改良的天然地基土体)和增强体两部分构成的人工地基。

复合地基与桩基都是采用以桩的形式处理地基，两者之间有相似之处。但是复合地基属于地基，而桩基则属于基础，两者有着本质的区别。复合地基中桩体与基础一般不直接相连，往往是通过碎石或砂石垫层来过渡；而桩基中桩体与基础直接相连成一个整体。在受力方面，复合地基与桩基也存在明显差异。如图9.2所示，桩基的主要受力层是在桩尖以下一定范围内，而复合地基的主要受力层则是在加固体内。

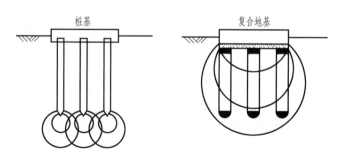

图9.2 复合地基与桩基受力特性对比

根据地基中增强体的方向可以将复合地基分为水平向增强体复合地基和竖向增强体复合地基,如图9.3所示。水平向增强体复合地基主要包括由各种加筋材料,如土工聚合物、金属材料格栅等形成的复合地基;竖向增强体复合地基通常称为桩体复合地基。

(a) 水平向增强体复合地基　　　　(b) 竖向增强体复合地基

图9.3　复合地基示意图

(1) 对于桩体复合地基,按照成桩所采用的材料不同,桩体可以分为以下种类。

① 散体材料增强体桩:如振冲碎石桩、沉管砂石桩等。

② 有黏结强度增强体桩:一是水泥土类桩,如水泥土搅拌桩、旋喷桩等;二是混凝土类桩,如树根桩、CFG桩(水泥粉煤灰碎石桩)等。

(2) 按照成桩后的桩体的强度(或刚度)桩体可以分为以下几种。

① 柔性桩:如散体材料增强体桩。

② 半刚性桩:如水泥土类桩。

③ 刚性桩:混凝土类桩。

由柔性桩和桩间土组成的复合地基称为柔性桩复合地基。类似地,有半刚性桩复合地基、刚性桩复合地基。

## 9.5.2　复合地基承载力与变形计算

### 1. 复合地基承载力特征值计算

复合地基承载力特征值应通过复合地基静载试验或采用增强体静荷载试验结果和其周边土的承载力特征值结合经验确定。初步设计时,可采用以下办法估算。

音频3:
复合地基合理选用原则

1) 对散体材料增强体复合地基承载力特征值:

$$f_{spk} = [1+m(n-1)]f_{sk} \tag{9-7}$$

式中:$f_{spk}$——复合地基承载力,kPa;

$f_{sk}$——处理后桩间土承载力特征值,kPa,可按地区经验确定;

$n$——复合地基桩土应力比,可按地区经验确定;

$m$——面积置换率,$m=d^2/d_e^2$,$d$为桩身平均直径(m),$d_e$为一根桩分担的处理地基面积的等效圆直径(m);等边三角形布桩时$d_e=1.05s$,正方形布桩时$d_e=1.13s$,矩形布桩时$d_e=1.13\sqrt{s_1 s_2}$,$s$、$s_1$、$s_2$分别为桩间距、纵向桩间距、横向桩间距。

2) 有黏结强度增强体复合地基承载力特征值:

$$f_{spk} = \lambda m \frac{R_a}{A_p} + \beta(1-m)f_{sk} \tag{9-8a}$$

式中:$\lambda$——单桩承载力发挥系数,可按地区经验取值;

$R_a$——单桩竖向承载力特征值，kN；
$A_p$——桩的截面积，$m^2$；
$\beta$——桩间土承载力发挥系数，可按地区经验取值。

增强体单桩竖向承载力特征值按下式估算：

$$R_a = u_p \sum_{i=1}^{n} q_{si} l_{pi} + \alpha_p q_p A_p \tag{9-8b}$$

式中：$u_p$——桩的周长，m；
$q_{si}$——桩周第 $i$ 层土的侧阻力特征值，kPa，可按地区经验确定；
$l_{pi}$——桩长范围内第 $i$ 层土的厚度，m；
$\alpha_p$——桩端阻力发挥系数，应按地区经验确定；
$q_p$——桩端阻力特征值，kPa，可按地区经验确定；对于水泥土搅拌桩、旋喷桩应取未经修正的桩端地基土承载力特征值。

### 2. 复合地基沉降量计算

基本计算原理可参见第 2 章 2.5 节，并应符合《建筑地基基础设计规范》(GB 50007—2011)的有关规定。

如图 9.4 所示，显然复合地基总沉降量 $S$ 可以用下式计算：

$$S = S_1 + S_2 \tag{9-9}$$

式中：$S_1$——加固区土体压缩量，m；
$S_2$——加固区下卧层土体压缩量，m。

图 9.4 中 $H$ 表示复合地基加固区的厚度，$z$ 表示荷载作用下地基压缩层的厚度。

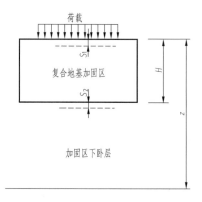

图 9.4 复合地基沉降计算模式

1) 加固区土体压缩量的计算

(1) 复合模量法：这是《建筑地基处理技术规范》(JGJ 79—2012)推荐的方法。将复合地基加固区增强体连同地基土看作一个整体，但加固区复合土层的复合模量等于该层天然地基压缩模量的 $\xi$ 倍，$\xi$ 值可采用下式估算：

$$\xi = f_{spk} / f_{ak} \tag{9-10}$$

式中：$f_{ak}$——基础底面下天然地基承载力特征值，kPa。

复合模量也可以根据试验确定，并以此作为参数，用分层总和法或《建筑地基基础设计规范》(GB 50007—2011)推荐方法计算。复合地基的沉降计算经验系数 $\psi_s$ 在缺乏地区经验时，可参考表 9.4 选用。

表 9.4 沉降计算经验系数 $\psi_s$

| $\overline{E}_s$/MPa | 4.0 | 7.0 | 15.0 | 20.0 | 35.0 |
|---|---|---|---|---|---|
| $\psi_s$ | 1.0 | 0.7 | 0.4 | 0.25 | 0.2 |

注：$\overline{E}_s$ 为沉降计算深度范围内压缩模量的当量值，计算式为 $\overline{E}_s = \dfrac{\sum\limits_{i=1}^{n} A_i + \sum\limits_{j=1}^{m} A_j}{\sum\limits_{i=1}^{n} \dfrac{A_i}{E_{spi}} + \sum\limits_{i=1}^{m} \dfrac{A_j}{E_{sj}}}$；$A_i$ 为加固土层第 $i$ 层土附加应力系数沿土层厚度的积分值；$A_j$ 为加固土层下卧层第 $j$ 层土附加应力系数沿土层厚度的积分值。

(2) 应力修正法：根据桩土模量比求出桩土各自分担的荷载，忽略增强体的存在，用弹性理论求土中应力，用分层总和法求出加固区土体的变形。

(3) 桩身压缩量法：假定桩体不会产生刺入变形，通过模量比求出桩承担的荷载，再假定桩侧摩阻力的分布形式，则可以通过材料力学中求压杆变形的积分方法求出桩体的压缩量，以此作为 $S_1$。

2) 加固区下卧层压缩量的计算

(1) 应力扩散法：就是借用地基规范中验算下卧层承载力的公式，将复合地基视为双层地基，通过一应力扩散角简单地求得未加固区顶面应力的数值，再按弹性理论法求得整个下卧层的应力分布，用分层总和法求出 $S_2$。

(2) 等效实体法：假设加固体四周受到均布摩阻力，上部压力去掉摩阻力后可得到未加固区顶面应力的数值，即可按弹性理论法求得整个下卧层的应力分布，按照分层总和法计算 $S_2$。

## 9.6 竖向增强体复合地基

【本节思维导图】

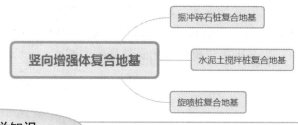

带着问题学知识

竖向增强体复合地基的分类有哪些？
振冲碎石桩复合地基处理的施工方法是什么？
旋喷桩复合地基处理方法适用于怎样的地基？

## 9.6.1　振冲碎石桩复合地基

振冲碎石桩复合地基处理是指用振动、冲击或水冲等方式在软弱地基中成孔后，再将碎石或砂挤压入已成的孔中，从而形成大直径的碎石或砂所构成的密实桩体。中华人民共和国行业标准《建筑地基处理技术规范》(JGJ 79—2012)中规定："振冲碎石桩、沉管砂石桩复合地基处理对处理不排水抗剪强度不小于 20 kPa 的饱和黏性土和黄土地基，对大型的、重要的或场地地层复杂的工程，应在施工前通过现场试验确定其适用性。"这种处理方式适合于挤密处理松散砂土、粉土、粉质黏土、素填土、杂填土等地基，以及用于处理可液化地基。对于饱和黏土地基，若对变形控制不严格时，可用砂石桩置换处理。

振冲碎石桩复合地基处理对松散砂土的加固机理主要体现在三个方面，即挤密作用、排水减压作用和砂基预振效应。

振冲碎石桩复合地基处理的施工方法为，用起重机吊起振冲器，启动潜水电动机后，带动偏心块，使振冲器产生高频振动，同时开动水泵，水压宜为 200 kPa～600 kPa，使高压水通过喷嘴喷射高压水流，在边振边冲的联合作用下，将振动器沉到土中的设计深度。经过清孔后，即可从地面向孔中逐段填入碎石，每段填料均在振动作用下被振挤密实，每次填料厚度不宜大于 500 mm，达到所要求的密度后提升振冲器，将振冲器提升 300～500 mm。如此重复填料和振密，直至地面，从而在地基中形成一根大直径的和很密实的桩体。

## 9.6.2　水泥土搅拌桩复合地基

水泥土搅拌桩复合地基处理属于化学加固地基处理类别。

化学加固地基处理是指利用各种机具将化学浆液灌入地基土中，使其与地基土发生化学变化，胶结成新的坚硬的物质，从而提高地基强度，消除液化，减小沉降量的一种地基处理方法。化学加固地基处理又可以分为多种方法，本节介绍水泥土搅拌桩复合地基处理，下节介绍旋喷桩复合地基处理。

水泥土搅拌桩复合地基处理是利用水泥、石灰等为固化剂，将软土和固化剂强制搅拌，使得两者间发生一系列物理、化学反应，软弱土硬结为具有整体性、水稳定性和一定强度的桩体，从而提高地基强度和增大变形模量。适用工程为：原料堆场、港口码头岸壁、高速公路软土地基、工业厂房与民用建筑地基加固。具体如图 9.5 所示。

(a) 桥头路堤加固　　　　(b) 箱涵地基加固　　　　(c) 管涵地基加固

图 9.5　水泥土搅拌桩复合地基适用工程示意图

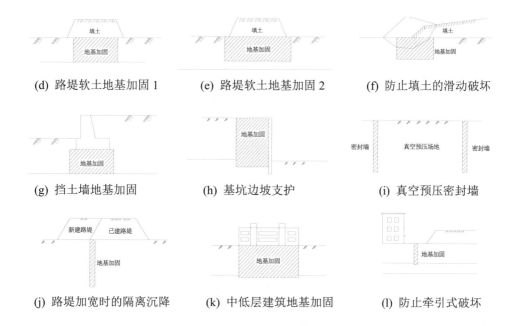

图 9.5 水泥土搅拌桩复合地基适用工程示意图(续)

根据施工工艺不同,搅拌桩分为柱状、壁状和块状三种形式。

(1) 柱状:每隔一定距离打设一根搅拌桩,适用于上部结构单位面积荷载相对较小以及对不均匀沉降无严格要求的情况。

(2) 壁状:把相邻搅拌桩部分重叠搭接而成,适用于深基坑开挖时的边坡加固以及建筑物长高比较大、刚度较小以及对不均匀沉降比较敏感的多层砖混结构房屋条形基础下的地基加固。

(3) 块状:纵横两个方向的相邻桩搭接而成。适用于对上部结构单位面积荷载大以及对不均匀沉降控制严格的构筑物地基进行加固。

## 9.6.3 旋喷桩复合地基

旋喷桩复合地基处理亦称高压喷射注浆处理,在 20 世纪 60 年代后期始创于日本,是利用钻机把带有喷嘴的注浆管钻进土层预定位置,然后以高压设备使浆液或水成为 20~40 MPa 的高压射流从喷嘴中射出,冲击破坏土体,同时钻杆以一定速度逐渐向上提升,将浆液与土粒强制搅拌混合,浆液凝固后,在土中形成一个固结体。

旋喷桩复合地基处理的适用范围比较广,既可用于工程新建之前,又可用于竣工后的托换工程,可以不损坏建筑物的上部结构,并且能够使已有建筑物在施工时使用功能正常。适用于处理淤泥、淤泥质土、黏性土(流塑、软塑和可塑)、粉土、砂土、黄土、素填土和碎石土等地基。对土中含有较多的大直径块石、大量植物根茎和高含量的有机质,以及地下水流速较大的工程,应根据现场试验结果确定其适应性。

旋喷桩复合地基处理的另一显著特点是施工简便。只需在土层中钻一个小孔,便可以在土中喷射成直径为 0.4~4.0 m 的固结体,因此施工时能够贴近已有建筑物,成型灵活,既可在钻孔的全长形成柱型固结体，也可以仅作其中一段。在施工过程中，可以调整旋喷速度或提升速度、增减喷射压力或更换喷嘴孔径改变流量，使固结体形成工程设计所需要的形状。

# 思考题与习题

【思考题】

1. 何谓软弱地基？各类软弱地基有何特点？
2. 选用地基处理方法的原则是什么？
3. 换填垫层的厚度与宽度如何确定？理想的垫层材料是什么？起什么作用？
4. 预压地基处理的原理是什么？真空预压与堆载预压相比，它的优点在什么地方？如何确定预压荷载、预压时间以及竖井间距和深度？
5. 试述水泥土搅拌桩复合地基处理的加固机理与应用范围。
6. 什么是强夯地基处理？它与强夯置换地基处理有何区别？
7. 什么是复合地基？复合地基与桩基有何区别？

【习题】

1. 某大型企业选址，经岩土工程勘察，地表为耕植土，层厚 0.8 m；第二层为松散的粉砂，层厚为 6.5 m；第三层为卵石，层厚为 5.8 m。地下水位为 2.00 m。拟用强夯地基处理加固地基，请设计锤重与落距(答案：锤重为 100 kN，落距为 12 m；提示：有效加固深度取 7 m，采用 Menard 公式，砂性土修正系数取 0.7；若采用《建筑地基处理技术规范》(JGJ 79—2012)推荐方法，则应加大单夯击能)。

2. 某房屋设计为四层砖混结构，承重墙传至 ±0.000 处的荷载为 200 kN。地基土为淤泥质土，重度为 17 kN/m³，承载力特征值为 60 kPa，地下水位深 1 m。试设计墙基及砂垫层(砂垫层承载力特征值为 120 kPa，试验确定其扩散角为 23°)(答案：基底宽度为 1.5 m；埋深为 1.0 m；砂垫层厚度为 2.0 m；砂垫层底宽为 3.2 m)。

第 9 章
课后习题答案

# 第 10 章　岩土工程勘察及地震区地基基础

扩展图片

> **学习目标**
>
> (1) 掌握常用岩土工程勘察方法的要点，进行简单情况下土的液化判别。
> (2) 掌握岩土工程勘察报告的要点，能编写简单的岩土工程勘察试验报告。
> (3) 了解岩土工程勘察分级划分要点、各阶段勘察的主要内容。

> **教学要求**

| 章节知识 | 掌握程度 | 相关知识点 |
| --- | --- | --- |
| 概述 | 了解确定岩土工程勘察等级的条件 | 工程重要性等级、场地等级、场地等级 |
| 房屋建筑工程的勘察内容 | 熟悉房屋建筑工程的勘察各阶段勘察内容 | 基础勘察 |
| 野外勘察方法 | 熟悉野外勘察的方法 | 钻探、触探试验、标准贯入试验 |
| 室内土工试验内容 | 了解室内土工试验测定的相关内容 | 碎石土、砂土、黏性土、粉土、地下水的测定指标 |
| 勘察报告书的编写 | 熟悉勘察报告书的一般内容框架 | 勘察报告书的一般内容与编写 |
| 地震区地基基础 | 熟悉土的液化判别及地基基础抗震措施 | 土的液化起因、危害、判别及地基基础抗震措施 |

> **课程思政**
>
> 岩土工程勘察给工程建设的规划、设计、施工提供准确的相关数据资料，对保障工程建设的质量有重要意义，学生通过结合生活中的所见所闻，谈谈对岩土工程勘察以及相关工作人员的看法，懂得学会吃苦耐劳，对工作认真负责，有责任心和使命感，诚实守信，积极向上，提高学生的人文素养。

> **案例导入**
>
> 某地区一项目，包含两栋商业楼和六栋高层住宅楼，其中商业楼为地上三层，地下一层，长约 49.0m，宽约 13.5m，属于框架结构，基础采用独基和条基的形式，基础底部荷载约为 180kPa。住宅楼为地上十八层，地下一层，长约 67.5m，宽约 15.0m，属于剪力墙结构，基础采用梁板式筏形基础，基础底部荷载约为 310kPa。针对这一工程项目，要进行岩土勘察，那么在勘察工作的过程中可以运用哪些勘察手段？比如勘察工作主要采用多种手段进行综合勘察和评价，主要包括了井探、钻探、室内试验、标准贯入试验、地脉动测试以及波速测试等。对于室内的土工试验则主要依据《土工试验方法标准》的要求实施。基于本案例，让学生实际与理论相结合，充分掌握岩土工程勘察相关知识。

【本章思维导图(概要)】

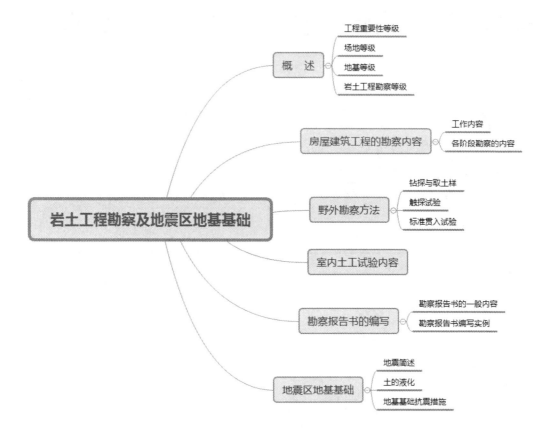

## 10.1 岩土工程勘察概述

【本节思维导图】

带着问题学知识

确定岩土工程勘察等级的条件主要依据什么？
工程重要性等级怎样划分？
岩土工程勘察等级是如何划分的？

为对岩土工程勘察、设计和施工控制做出技术性和管理性的规定,原则性规范各项建设工程勘察的工作内容、工作量及勘察方法,须首先确定岩土工程勘察等级。

主要根据工程重要性、场地复杂程度、地基复杂程度三类条件综合确定岩土工程勘察等级。

音频1：
工程地质
勘察的任务

## 10.1.1 工程重要性等级

根据工程的规模和特征,以及由于岩土工程问题造成工程破坏或影响正常使用的后果程度不同,可分为以下三个工程重要性等级。

(1) 一级工程：重要工程,后果很严重。

(2) 二级工程：一般工程,后果严重。

(3) 三级工程：次要工程,后果不严重。

## 10.1.2 场地等级

根据场地复杂程度,可分为以下三个场地等级。

### 1. 一级场地(复杂场地)

符合下列条件之一的为一级场地(复杂场地)：①对建筑抗震危险的地段；②不良地质作用强烈发育；③地质环境已经或可能受到强烈破坏；④地形地貌复杂；⑤有影响工程的多层地下水、岩溶裂隙水或其他水文地质条件复杂,须专门研究的场地。

### 2. 二级场地(中等复杂场地)

符合下列条件之一的为二级场地(中等复杂场地)：①对建筑抗震不利的地段；②不良地质作用一般发育；③地质环境已经或可能受到一般破坏；④地形地貌较复杂；⑤基础位于地下水位以下的场地。

### 3. 三级场地(简单场地)

符合下列条件之一的为三级场地(简单场地)：①抗震设防烈度小于或等于6度,或对建筑抗震有利的地段；②不良地质作用不发育；③地质环境基本未受破坏；④地形地貌简单；⑤地下水对工程无影响。

需要说明的是,确定场地等级时,应从一级开始,向二级、三级推定,以最先满足的为准。对建筑抗震有利、不利和危险地段的划分,应按现行国家标准《建筑抗震设计规范(2016年版)》(GB 50011—2010)的规定确定。

## 10.1.3 地基等级

根据地基复杂程度,可分为以下三个地基等级。

### 1. 一级地基(复杂地基)

符合下列条件之一的为一级地基(复杂地基)：①岩土种类多,很不均匀,性质变化大,需特殊处理；②严重湿陷、膨胀、盐碱、污染的特殊性岩土以及其他情况复杂、需做专门处理的岩土。

### 2. 二级地基(中等复杂地基)

符合下列条件之一的为二级地基(中等复杂地基)：①岩土种类较多，不均匀，性质变化较大；②除一级地基条件规定以外的特殊性岩土。

### 3. 三级地基(简单地基)

符合下列条件之一的为三级地基(简单地基)：①岩土种类单一，均匀，性质变化不大；②无特殊性岩土。

## 10.1.4 岩土工程勘察等级

根据工程重要性等级、场地等级、地基等级的不同，可按下列条件划分岩土工程勘察等级。

(1) 甲级：在工程重要性、场地复杂程度和地基复杂程度等级中，有一项或多项为一级。
(2) 乙级：除勘察等级为甲级和丙级以外的勘察项目。
(3) 丙级：工程重要性、场地复杂程度和地基复杂程度等级均为三级。

需说明的是，建筑在岩质地基上的一级工程，当场地复杂程度等级和地基复杂程度等级均为三级时，岩土工程勘察等级可定为乙级。

确定岩土工程勘察分级的三个条件中，主要考虑工程规模的大小和特点，以及由于岩土工程问题造成破坏或影响正常使用的后果。以住宅和一般公用建筑为例，30层以上的可定为一级工程，7～30层的可定为二级工程，6层及6层以下的可定为三级工程。

# 10.2 房屋建筑工程的勘察内容

【本节思维导图】

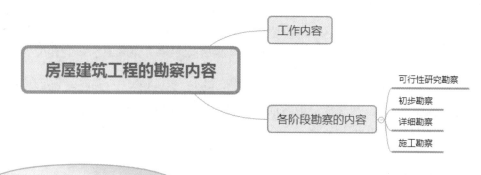

带着问题学知识

房屋建筑工程的勘察工作内容是什么？
房屋建筑工程的勘察分为哪些阶段？每个阶段的相关内容是什么？

## 10.2.1 工作内容

在收集建筑物上部荷载、功能特点、结构类型、基础形式、埋置深度和变形等方面资料的基础上，开展以下工作内容。

(1) 查明场地和地基的稳定性、地层结构、持力层和下卧层的工程特性、土的应力历史和地下水条件以及不良地质作用等。

(2) 提供满足设计、施工所需的岩土参数，确定地基承载力以及预测地基变形性状。

(3) 提出地基基础、基坑支护、工程降水和地基处理设计与施工方案的建议。

(4) 提出对建筑物有不良地质作用的防治方案。

(5) 对于抗震设防烈度大于或等于 6 度的场地，进行场地与地基的地震效应评价。

## 10.2.2 各阶段勘察的内容

重大工程宜分阶段进行岩土工程勘察，场地较小且无特殊要求的工程可合并勘察阶段。可行性研究勘察应满足工程选址要求；初步勘察应满足初步设计的要求；详细勘察应满足施工图设计的要求；当工程场地条件复杂时，施工前宜进行补充勘察。

### 1. 可行性研究勘察

可行性研究勘察是对拟建场地的稳定性和适宜性作出相应的评价，勘察的主要内容如下。

(1) 收集区域地质、地形地貌、地震、矿产、当地的工程地质、岩土工程和建筑经验等资料。

(2) 对收集的资料进行分析后，踏勘场地，以深入了解场地的地层、构造、岩性、不良地质作用和地下水等工程地质条件。

(3) 当拟建场地工程地质条件复杂，已有资料不能满足要求时，应根据具体情况进行工程地质测绘和必要的勘探工作。

(4) 当有两个或两个以上拟选场地时，应进行比选分析。

以下地区或地段不宜选为场址。

① 场地等级或地基等级为一级的地区或地段。

② 地下有未开采的有价值矿藏的地区。

### 2. 初步勘察

场址选定批准后进行初步勘察，初步勘察应对场地内建筑地段的稳定性做出评价，对已确定的建筑总平面布置、主要建筑物地基基础选型和不良地质现象的防治进行初步论证。勘察的主要内容如下。

(1) 收集工程性质及规模的文件、建筑区范围的地形图、可行性研究阶段岩土工程勘察报告等资料。

(2) 初步查明地质构造、地层结构、岩土工程特性、地下水埋藏条件。

(3) 若遇不良地质现象，需查明其成因、分布、规模、发展趋势，并对场地的稳定性做出评价。

(4) 场地抗震设防烈度大于或等于6度时，应对场地和地基的地震效应做出初步评价。

(5) 初步判定水及其对建筑材料的腐蚀性。

(6) 对拟建高层建筑，应针对可能采取的地基基础类型、基坑开挖与支护、工程降水方案进行初步分析评价。

(7) 季节性冻土地区，应调查场地土的标准冻结深度。

### 3．详细勘察

详细勘察时，应按不同单体建筑物或建筑群提出详细的岩土工程资料和设计、施工所需的岩土参数；对建筑地基作出岩土工程评价，并对地基类型、基础形式、地基处理、基坑支护、工程降水方案和不良地质作用的防治措施进行论证和建议。勘察的主要内容如下：

(1) 收集附有坐标和地形的建筑总平面图，场区的地面平整标高，建筑物的性质、规模、荷载、结构特点，基础形式、埋置深度，地基允许变形等资料。

(2) 查明不良地质作用的类型、成因、分布范围、发展趋势和危害程度，对整治方案提出建议。

(3) 查明建筑物范围内岩土层的类型、深度、分布、工程特性，分析、评价地基稳定性、均匀性和承载力。说明每一层土的土名、厚度、稳定性如何、承载力是多少，并建议哪一层为基础的持力层。

(4) 对需进行沉降计算的建筑物，提供地基变形计算参数所需的数据，如 $e$-$p$ 曲线(孔隙比与荷载关系曲线)，预测建筑物的变形特征。

(5) 查明隐藏的河道、沟浜、防空洞、孤石等对工程不利的埋藏物。

(6) 查明地下水的埋藏条件和侵蚀性，提供地下水位及其变化幅度的数据。

(7) 对抗震设防烈度大于或等于6度的场地，应划分场地土类型和建筑场地类型，分析预测地震效应，判定饱和砂土或粉土的地震液化可能性。

(8) 判定水和土对建筑材料的腐蚀性。

(9) 采用桩基础时，应提供桩基础设计所需的岩土技术参数，并确定单桩承载力，提出桩的类型、长度和施工方法等建议。

(10) 当需进行深基坑开挖时，应提供深基坑开挖稳定计算和支护设计所需的岩土参数，并评价深基坑开挖、降水等对邻近建筑物的影响。

### 4．施工勘察

场地地质条件千变万化，施工中可能会遇到一些在施工前、勘察中没发现的工程地质问题，这时需进行施工勘察。一般来说，遇到以下几种情况时，应进行施工勘察。

(1) 建筑基坑或基槽开挖后，发现工程地质条件与勘察资料不符，甚至有较大出入时，应进行施工勘察。

(2) 在岩溶或土洞发育区进行工程建设，也须进行施工勘察，以进一步查明溶洞或土洞的分布范围。

(3) 施工中遇到特殊或突发情况，如基坑开挖时突然涌水，沉井施工中沉井突然下沉或下沉速度过快或沉井倾斜幅度过大等，均需勘察下卧层地质条件。

## 10.3　野外勘察方法

【本节思维导图】

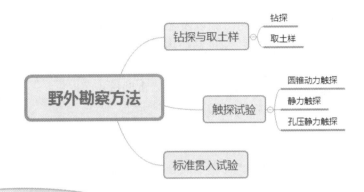

**带着问题学知识**

野外勘察的方法有哪些？
钻探方法的适用范围是什么？
什么是标准贯入试验？

### 10.3.1　钻探与取土样

**1．钻探**

钻探

钻探是以钻机打钻孔，获得工程地质资料的一种应用最广的岩土工程勘察方法。按照动力来源，钻机分为机钻和人工钻两种，人工钻适用于浅部岩土层。

1）机钻

钻探方法可分为回转、冲击、振动和冲洗四种，它们的适用范围如表 10.1 所示。

表 10.1　钻探方法的适用范围

| 钻探方法 | | 钻进地层 | | | | 勘察要求 | |
| --- | --- | --- | --- | --- | --- | --- | --- |
| | | 黏性土 | 粉土 | 砂土 | 碎石土 | 岩石 | 直观鉴别、采取不扰动试样 | 直观鉴别、采取扰动试样 |
| 回转 | 螺旋钻探 | ++ | + | + | − | − | ++ | ++ |
| | 无岩芯钻探 | ++ | ++ | ++ | + | ++ | − | − |
| | 岩芯钻探 | ++ | ++ | ++ | + | ++ | ++ | ++ |
| 冲击 | 冲击钻探 | − | + | ++ | ++ | − | − | − |
| | 锤击钻探 | ++ | ++ | ++ | + | − | ++ | ++ |
| 振动钻探 | | ++ | ++ | ++ | + | − | + | ++ |
| 冲洗钻探 | | + | ++ | ++ | − | − | − | − |

注：++：适用；+：部分适用；−：不适用。

钻机的类型很多，比如常用的SH30-2工程钻机，可以进行回转、冲击钻进两用，钻孔深度达30 m，开孔直径142 mm，终孔直径110 mm。在此不一一列举。

2) 人工钻

6 m左右浅部岩土层勘察可采用人工钻，人工钻设备主要有小口径麻花钻(或提土钻)、小口径勺形钻以及洛阳铲等。麻花钻会将岩土破碎，用于土的分层定名；勺形钻适用于软土，钻进后不会使软土滑落。

洛阳铲是一种轻便勘探工具，在中国河南洛阳市勘探古墓时首先得到广泛使用，故称其为洛阳铲，如图10.1所示。

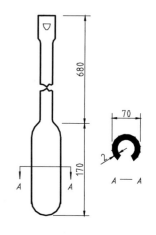

图10.1 洛阳铲

### 2．取土样

为了解地基土的物理力学性质，需把原状土送入实验室测定各项物理力学指标。

1) 原状土取土器

(1) 选择取土器的内径。应根据相应的试验项目确定，如固结试验环刀内径为79.8 mm时，取土器内径应不小于100 mm。土样有效长度也应根据具体试验项目确定，固结试验、直接剪切试验、三轴压缩试验土样长分别为150 mm、200 mm、300 mm。

(2) 取土器技术参数。详见表10.2。

(3) 取土样工具和方法。根据不同等级土试样的质量要求，结合场地土的名称和状态，按表10.3选择相应的取样工具和方法。

表10.2 取土器技术参数

| 取土器参数 | 厚壁取土器 | 薄壁取土器 | | |
|---|---|---|---|---|
| | | 敞口自由活塞 | 水压固定活塞 | 固定活塞 |
| 面积比 $\dfrac{D_w^2 - D_e^2}{D_e^2} \times 100(\%)$ | 13～20 | ≤10 | 10～13 | |
| 内间隙比 $\dfrac{D_s - D_e}{D_e} \times 100(\%)$ | 0.5～1.5 | 0 | 0.5～1.0 | |
| 外间隙比 $\dfrac{D_w - D_t}{D_t} \times 100(\%)$ | 0～2.0 | 0 | | |
| 刃口角度 $\alpha(°)$ | <10 | 5～10 | | |
| 长度 $L$/mm | 400，550 | 对砂土：$(5～10)D_e$<br>对黏性土：$(10～15)D_e$ | | |
| 外径 $D_t$/mm | 75～89，108 | 75，100 | | |
| 衬管 | 整圆或半合管，塑料、酚醛层压纸或镀锌铁皮制成 | 无衬管，束节式取土器衬管同左 | | |

注：① 取样管及衬管内壁必须光滑圆整。
② 在特殊情况下取土器直径可增大至150～250 mm。
③ 表中符号：$D_e$—取土器刃口内径，mm；$D_s$—取样管内径，加衬管时为衬管内径，mm；$D_t$—取样管外径，mm；$D_w$—取土器管靴外径，mm，对薄壁管 $D_w=D_t$。

表 10.3　不同等级土试样的取土工具和方法

| 土样试样质量等级 | 取样工具和方法 | | 适用土类 | | | | | | | | | |
|---|---|---|---|---|---|---|---|---|---|---|---|---|
| | | | 黏性土 | | | | | 粉土 | 砂土 | | | | 砾砂、碎石土、软岩 |
| | | | 流塑 | 软塑 | 可塑 | 硬塑 | 坚硬 | | 粉砂 | 细砂 | 中砂 | 粗砂 | |
| I | 薄壁取土器 | 固定活塞 | ++ | ++ | + | - | - | + | + | + | - | - | - |
| | | 水压固定活塞 | ++ | ++ | + | - | - | + | + | + | - | - | - |
| | | 自由活塞 | - | + | ++ | - | - | + | + | + | - | - | - |
| | | 敞口 | + | + | + | - | - | + | + | + | - | - | - |
| | 回转取土器 | 单动三重管 | - | + | ++ | ++ | + | ++ | ++ | ++ | - | - | - |
| | | 双动三重管 | - | - | - | + | ++ | - | - | - | ++ | ++ | ++ |
| | 探状土样井(槽)中刻取块 | | ++ | ++ | ++ | ++ | ++ | ++ | ++ | ++ | ++ | ++ | ++ |
| II | 薄壁取土器 | 水压固定活塞 | ++ | ++ | + | - | - | + | + | + | - | - | - |
| | | 自由活塞 | + | ++ | ++ | - | - | + | + | + | - | - | - |
| | | 敞口 | ++ | ++ | + | - | - | + | + | + | - | - | - |
| | 回转取土器 | 单动三重管 | - | + | ++ | ++ | + | ++ | ++ | ++ | - | - | - |
| | | 双动三重管 | - | - | - | + | ++ | - | - | - | ++ | ++ | ++ |
| | 厚壁敞口取土器 | | + | ++ | ++ | ++ | ++ | + | + | + | + | - | - |
| III | 厚壁敞口取土器 | | ++ | ++ | ++ | ++ | ++ | ++ | ++ | ++ | ++ | ++ | - |
| | 标准贯入器 | | ++ | ++ | ++ | ++ | ++ | ++ | ++ | ++ | ++ | ++ | - |
| | 螺纹钻头 | | ++ | ++ | ++ | ++ | + | - | - | - | - | - | - |
| | 岩芯钻头 | | - | - | - | - | ++ | - | - | - | - | - | + |
| IV | 标准贯入器 | | ++ | ++ | ++ | ++ | ++ | ++ | ++ | ++ | ++ | ++ | ++ |
| | 螺纹钻头 | | ++ | ++ | ++ | ++ | + | + | - | - | - | - | - |
| | 岩芯钻头 | | ++ | ++ | ++ | ++ | ++ | ++ | ++ | + | + | + | ++ |

注：① ++表示适用，+表示部分适用，-表示不适用。
② 采取砂土试样应有防止失落的补充措施。
③ 有经验时，可用束节式取土器代替薄壁取土器。

2) 原状土试样质量

土试样的质量是测定土的各项物理力学指标的基础。土试样质量划分为不扰动、轻微扰动、显著扰动、完全扰动四个等级，不扰动是指原位应力状态虽已改变，但土的结构、密度和含水量变化很小，能满足室内试验的各项要求，详见表 10.4。

表 10.4　土试样质量等级

| 级别 | 扰动程度 | 试验内容 |
|---|---|---|
| I | 不扰动 | 土类定名、含水量、密度、强度试验、固结试验 |
| II | 轻微扰动 | 土类定名、含水量、密度 |
| III | 显著扰动 | 土类定名、含水量 |
| IV | 完全扰动 | 土类定名 |

注：除地基基础设计等级为甲级工程外，在工程技术要求允许的情况下，可用 II 级土试样进行强度和固结试验，但宜先对土试样受扰动程度作抽样鉴定，判定用于试验的适宜性，并结合地区经验使用。

## 10.3.2 触探试验

触探试验是一种间接的勘察方法，不取土样，不描述，属于原位测试的范畴。遇到下列情况时，可采用原位测试：不扰动土样难以采取，如遇到碎石、淤泥、软弱夹层等；需要快速了解土层在剖面上的连续变化；室内难以进行的试验，如软土的现场强度。

**1. 圆锥动力触探**

圆锥动力触探是利用自由落锤碰撞探杆，并通过探杆将能量传递到触探头，使探头向下贯入土中标准深度，通过所需锤击数值($N$)的大小来判定土的工程性质的优劣。圆锥动力触探分为轻型、中型、重型和超重型四种，其中轻型和重型动力触探广泛应用于生产，中型动力触探已被淘汰。下面重点介绍轻型动力触探。

1) 轻型动力触探的原理与适用范围

轻型动力触探试验设备主要由圆锥头、触探杆、穿心锤三部分组成，如图10.2所示。锤的质量为10 kg，锤的落距为50 cm，探头的直径为40 mm，探头的锥角为60°。试验时，保持探杆垂直，最大偏斜度不应超过2%。将重为10 kg的穿心锤提起50 cm后自由落下，将标准规格的圆锥形探头打入土中，记录每打入30 cm的锤击数，计为$N_{10}$。当$N_{10}$ ７100或贯入15 cm锤击数超过50击时可停止试验，锤击贯入应连续进行，不宜间断，锤击频率一般为每分钟15～30击。每贯入1 m，应将探杆转动约一圈半，使触探杆能保持垂直贯入，并减少探杆的侧阻力。当贯入深度超过10 m，每贯入20 cm宜转动探杆一次。

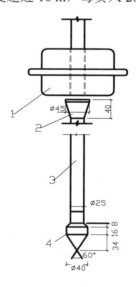

图10.2 轻型动力触探试验设备

1—穿心锤；2—锤垫；3—触探杆；4—锥头

轻型动力触探试验的结果是以贯入30 cm时锤击数($N_{10}$)的大小来对土体做出评价的。轻型动力触探试验主要适用于黏性土、粉土、浅部的填土和砂土，试验深度一般不超过4 m。根据$N_{10}$还可按相关规范查出地基承载力。

2) 其他圆锥动力触探

重型动力触探试验设备中,锤的质量为 63.5 kg,锤的落距为 76 cm,探头的直径为 74 mm,探头的锥角为 60°。重型动力触探试验的结果是以贯入 10 cm 时锤击数($N_{63.5}$)的大小来对土体做出评价的。重型动力触探试验主要适用于砂土、中密以下碎石土和极软岩。

超重型动力触探试验设备中,锤的质量为 120 kg,锤的落距为 100 cm,探头的直径为 74 mm,探头的锥角为 60°。超重型动力触探试验的结果是以贯入 10 cm 时锤击数($N_{120}$)的大小来对土体作出评价的。超重型动力触探试验主要适用于密实和很密实的碎石土、软岩和极软岩。

**2. 静力触探**

1) 原理

静力触探,又称触探试验(CPT),它是将一金属圆锥形探头,用静力以一定的贯入速度贯入土中,根据测得的探头贯入阻力可间接地确定土的物理力学性质。

2) 适用范围

静力触探适用于软土、一般黏性土、粉土、砂土和含少量碎石的土。其优点是连续、快速、灵敏、简便。特别是对于地层情况变化较大的复杂场地及不易取得原状土的饱和砂土和高灵敏度的软黏土地层的勘察,更适合采用静力触探进行勘察。其不足之处是:不能对土进行直接的观察和描述,测试深度有限(一般小于 50 m),对于含砾卵石土、密实砂土难以贯入。

3) 探头类型

静力触探探头有单桥及双桥两种。单桥探头可测得探头的比贯入阻力 $p_s$,如图 10.3 所示,双桥探头可测得锥尖阻力 $q_c$ 和侧壁摩擦阻力 $f_s$,如图 10.4 所示。另外还有一种孔压静力触探探头,可同时测定孔隙水压力 $u$。

4) 测试步骤

近年来,静力触探的主要发展在数据采集系统方面,数据采集实现自动采集,可用电缆将静探微机和通用微机连接,将采集数据转换为*.txt 文件,利用工程地质应用软件编辑并输出柱状图。现场的测试步骤如下。

(1) 将静力触探微机、电缆、探头及深度计接通,打开电源预热(2~5 min)。在静探微机中输入日期、工程编号、孔号、标高、标定系数后,将探头悬空,读入初值,开始测试。

(2) 先压入 0.5 m,稍停后提升 10 cm,使探头与地温相适应,读入初值即按测量键继续测试。以后每压入 2~4 m,提升 5~10 cm,读入初值并检查数据是否正常。

(3) 每贯入 10 cm 即发出一次信号,静力触探微机自动记录一次,每贯入一定深度时,将微机记录深度与实际深度进行对比,若有偏差予以笔录。

(4) 接卸探杆时,防止入土探杆转动,以免接头处电缆被扭断或扭脱,同时应严防电缆受拉,以免拉断或破坏密封装置。

(5) 防止探头在阳光下暴晒或被敲打,每完成一孔,将探头锥尖部分卸下,将泥沙擦洗干净,以保持顶柱及套筒能自由活动,装卸探头严禁转动探头。

(6) 成果的整理及应用:进入静探微机整理界面,修改异常或错误数据;用通信电缆将静探微机和通用微机连接,将采集数据转换为*.txt 文件,利用工程地质应用软件编辑并输出柱状图。

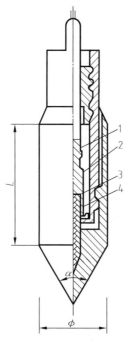
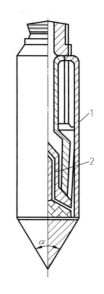

图 10.3　单桥探头

1—电缆；2—空心柱传感器；
3—柱顶；4—电阻丝片

图 10.4　双桥探头

1—$f_s$ 传感器；2—$q_c$ 传感器

### 3. 孔压静力触探

孔隙水压力静力触探简称孔压静探，是在普通静力触探的探头上安装了可以测量孔隙水压力的传感器。如图 10.5 所示是探头结构示意图。探头在量测比贯入阻力 $p_s$ 或锥尖阻力 $q_c$、侧壁阻力 $f_s$ 的同时，量测土体的孔隙水压力 $u$。当停止贯入时，还可以量测超孔隙水压力 $u_d$。其随时间而消散，直至超孔隙水压力全部消散，达到稳定的静止孔隙水压力 $u_0$。

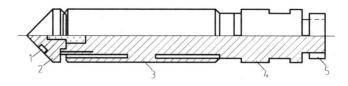

图 10.5　孔压静力触探探头结构示意图

1—透水石；2—锥头；3—摩擦筒；4—探头管；5—结探杆

孔压静探适用于地下水位以下的软黏土、粉土、非密实砂土。

## 10.3.3　标准贯入试验

标准贯入试验(SPT)是用卷扬机吊起质量为 63.5 kg 的穿心锤至 76 cm 的

高度，使其自由下落，将特制的贯入器贯入土中，贯入器打入土中 15 cm 后，开始记录每打入 10 cm 的锤击数，以累计贯入深度为 30 cm 时的击数 $N$ 来反映土的特性。

标准贯入试验适用于砂土、粉土、一般黏性土，也可用于检测，如标准贯入试验与钻孔取芯(抽芯法)相结合，可检验水泥土搅拌桩桩身强度、桩的均匀性和桩的长度试验设备，如图 10.6 所示。

扩展资源 1.
标准贯入试验
设备组成

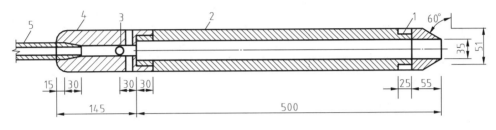

图 10.6　标准贯入试验设备

1—贯入器靴；2—由两个半圆形管合成的贯入器身；3—出水孔；4—贯入器头；5—触探杆

## 10.4　室内土工试验内容

【本节思维导图】

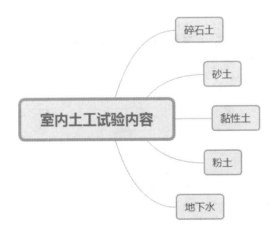

【带着问题学知识】

室内土工试验的内容有哪些？
按照碎石土选择性的进行试验，其测定的指标是什么？

音频 2：
室内土工实验的
主要内容

对于房屋建筑与构筑物工程，室内土工试验的内容可根据工程分析计算的要求，并区分碎石土、砂土、黏性土、粉土，有选择性地进行试验。

### 1．碎石土

根据需要测定颗粒级配、透水性参数、抗剪强度指标。

### 2．砂土

测定的指标有：比重、颗粒级配、天然含水量、天然密度、最大密度、最小密度、抗剪强度指标等。

根据需要测定的指标有：透水性参数等。

### 3．黏性土

测定的指标有：液限、塑限、比重、天然含水量、天然密度、有机质含量、压缩性指标、抗剪强度指标等。

根据需要测定的指标有：透水性参数等。

### 4．粉土

测定的指标有：颗粒级配、液限、塑限、比重、天然含水量、天然密度、有机质含量、压缩性指标、抗剪强度指标等。

根据需要测定的指标有：透水性参数等。

### 5．地下水

为评价地下水的腐蚀性，需测定地下水的 pH 值、总硬度、有机质含量，测定 $Cl^-$、$SO_4^{2-}$、$HCO_3^-$、$OH^-$、$NH_4^+$、$Ca^{2+}$、$Mg^{2+}$、$CO_2$ 的浓度。

## 10.5　勘察报告书的编写

【本节思维导图】

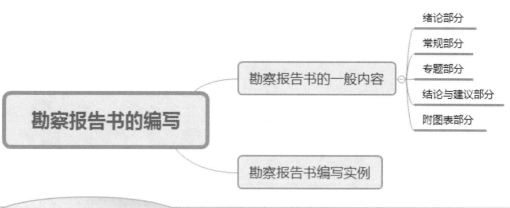

带着问题学知识

进行勘察报告书编写时，勘察报告书的内容有哪些部分？

进行勘察报告书编写时，绪论部分主要有哪些内容？

经过野外岩土工程勘察、原位测试和室内土工试验，获得大量的第一手资料。然后对这些资料应加以整理分析、归纳和综合，将勘察任务委托书、勘探孔布置图、钻孔情况记录、原位测试记录、室内土工试验成果进行汇总、分析，最后以岩土工程勘察报告书及有关文件的形式完整地、正确地、有针对性地反映工程场地的工程地质条件。

## 10.5.1 勘察报告书的一般内容

**1．绪论部分**

简要说明勘察任务的来源、目的、范围、工作方法，统计勘察工作量及勘察时间，提及拟建工程名称、规模、用途等。

**2．常规部分**

(1) 场地的基本情况，包括场地的位置、地形地貌、水文气候条件、地下水条件、地质条件(基岩类型、地质构造等)。

(2) 场地稳定性与适宜性评价，可能影响工程稳定的不良地质作用的描述和对工程危害程度的评价。

(3) 场地土层分布与土性基本描述，包括土层分布、结构、厚度、均匀性，可用一剖面图来直观描述。

(4) 各土层土的物理力学性质、地基承载力的详细描述。

**3．专题部分**

应结合具体工程条件，尤其是工程设计、施工涉及的有关土工问题(变形、稳定)进行论证，叙述尽量详尽，并作出综合评价。如提出适宜的基础类型、软弱地基处理建议、基础设计的准则、地基沉降的粗略估算、基坑开挖支护措施建议，进行方案比较，比较的前提是依据勘探、原位测试与室内试验成果，每一方案都应有充分的依据。

一般编制的专题部分报告有以下几种。

(1) 岩土工程测试报告。

(2) 岩土利用、整治或改造方案报告。

(3) 专门岩土工程问题的技术咨询报告。

**4．结论与建议部分**

(1) 应将专题部分最主要的意见和建议表达出来。

(2) 根据拟建工程的特点和岩土特性，提出地基与基础方案设计的建议，推荐地基持力层。

(3) 对软弱地基或不良地基，建议采取何种地基处理加固方案。

(4) 预测工程施工与使用期可能发生的岩土工程问题，并提出防控措施的建议。

**5．附图表部分**

(1) 勘探点平面布置图。

(2) 工程地质柱状图、工程地质剖面图。

(3) 原位测试成果图表、室内土工试验成果图表。

需要时,可附综合工程地质图、岩土工程计算简图、计算成果图表,岩土利用、整治或改造方案的有关图表等。

## 10.5.2 勘察报告书编写实例

某大型油罐场地的地基进行加固处理,施工前进行了补充勘察。勘察报告简介如下。

1) 工程概况

大型油罐对地基沉降要求很严,沉降差不得超过 4‰(罐径为 60 m,沉降差容许值为 240 mm),而且 90%以上的沉降须在施工期完成,施工前进行了补充勘察。

2) 岩土层分布

罐区所处场地地质情况复杂,在勘探深度 50 m 范围内有 8 个土层,如图 10.7 所示。其中,淤泥质黏土层(土层③)是本场地地基中最软弱的土层,是油罐地基的主要受压层。

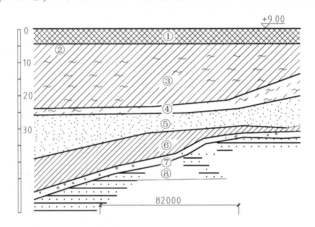

图 10.7 实例地层剖面图(土层名见表 10.11)

3) 土层物理力学性质

各土层的物理力学指标如表 10.5 和表 10.6 所示。

表 10.5 岩土层分布情况

| 土 层 号 | 土层名称 | 底面埋深/m | 层厚/m | 岩性描述 |
|---|---|---|---|---|
| ① | 表层土 | 1.7~3.0 | 1.7~3.0 | 填土,含植物根系 |
| ② | 黏土 | 3.0~3.9 | 0.0~0.9 | 可塑~流塑,分布不均 |
| ③ | 淤泥质黏土 | 20.5~22.9 | 17.5~19.0 | 流塑、饱和、含腐殖质,具有千层饼状结构,夹 1~2mm 厚的粉砂 |
| ④ | 淤泥质黏土夹粉砂 | 21.3~23.5 | 0.8~1.5 | 流塑、饱和、互层结构,厚度变化大 |
| ⑤ | 细砂 | 30.5~37.5 | 6.3~12.2 | 饱和、稍密~中密 |
| ⑥ | 粉质黏土与粉砂互层 | 37.3~46.5 | 6.8~9.0 | 软~流塑、饱和、水平层理发育 |
| ⑦ | 碎石土 | 39.0~47.0 | 0.5~1.3 | 砂岩、碎石与黏土夹层,中密~密实 |
| ⑧ | 基岩 | — | — | 侏罗系象山组石英砂 |

表 10.6 主要土层的物理力学性质指标

| 土层号 | 土层名称 | $\omega$ /% | $\gamma$ /(kN/m³) | $e$ | $I_p$ /% | $I_L$ | $\alpha_{1-2}$ /MPa⁻¹ | $E_{s1-2}$ /MPa | $f_k$ /kPa |
|---|---|---|---|---|---|---|---|---|---|
| ② | 黏土 | 35.5 | 18.5 | 1.00 | 17.5 | 0.89 | 0.49 | 4.7 | 100 |
| ③ | 淤泥质黏土 | 47.3 | 17.2 | 1.34 | 18.0 | 1.27 | 0.83 | 2.8 | 70 |
| ④ | 淤泥质黏土夹粉砂 | 42.7 | 17.5 | 1.18 | 17.3 | 1.07 | 0.60 | 3.9 | 80 |
| ⑤ | 细砂 | 29.8 | 18.3 | 0.91 | | | | 14.7 | 150 |
| ⑥ | 粉质黏土与粉砂互层 | 34.1 | 18.1 | 1.00 | 10.5 | 1.01 | 0.29 | 6.9 | 100 |
| ⑦ | 碎石土 | 25.7 | 19.8 | 0.73 | | | 0.20 | 9.2 | 150 |
| ⑧ | 基岩 | 凝灰质含砾砂岩、凝灰质砂岩、中等风化 | | | | | | | |

注：$\omega$—天然含水量；$\gamma$—容重；$e$—孔隙比；$I_p$—塑限；$I_L$—液性指数；$\alpha_{1-2}$—压缩系数；$E_{s1-2}$—压缩模量；$f_k$—地基承载力标准值。

4) 工程评价与结论

根据场地资料可知，适合本场地地基加固的方法主要有四种。

(1) 钢筋混凝土预制桩或钢筋混凝土钻孔灌注桩。
(2) 振冲碎石桩或挤密碎石桩。
(3) 堆土预压排水固结法。
(4) 水泥土搅拌桩复合地基。

可按照技术达标，造价经济，施工可行的要求，对这四种方案进行对比。

实践中选用了水泥土搅拌桩，因其可充分利用原土自然性能，形成复合地基，桩长可随软土的深度而变化，能有效解决淤泥质黏土层的沉降差问题，且造价适宜。

## 10.6 地震区地基基础

【本节思维导图】

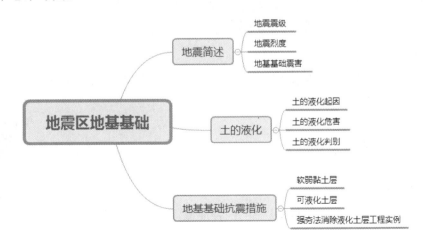

> **带着问题学知识**
>
> 地震时地基失效的主要表现有哪些？
> 土的液化要如何判别？
> 地震区地基基础抗震措施有哪些？

### 10.6.1 地震简述

地震是由于大陆板块的碰撞、岩层破裂、错位、塌陷而引起的震动。地震时，地基会不同程度地失效而导致建筑物破坏。地震时地基失效的主要表现如下。

(1) 地基失稳，由于土体受到瞬时的过大地震荷载，或土体本身强度降低，如砂土地震液化导致土体抗剪强度降低，会引起地基失稳。

(2) 地震引起地基陷落或过大的差异沉降，导致建筑物破坏。

#### 1．地震震级

地震震级是衡量地震时震源释放出总能量大小的一种量度，一次地震所释放的能量越多，震级也越高，目前震级以里氏震级来表示。

一般来说，7 级以上的浅源地震称为大地震，可引起大的灾害；5～7 级地震称为中等地震，会造成一定的灾害，但影响面积较小；5 级以下地震称为小震或微震，一般不会造成灾害。

#### 2．地震烈度

地震烈度是震源对地面影响和破坏的强烈程度，我国的地震烈度表分为 12 度。

基本烈度是某个地区在今后 50 年内一般场地条件下可能遭遇的超越概率为 10%的地震所对应的烈度，基本烈度由国家地震局规定。

设防烈度是考虑建筑物重要性或场地的特殊条件而将基本烈度进行调整后的烈度。对多数建筑，设防烈度就等于基本烈度。设防烈度是设计时的依据。按照有关抗震规范，设防烈度在 5 度以下时建筑物可不考虑抗地震问题，6～9 度时建筑物需按有关抗震规范要求进行抗震设计，10～11 度时建筑物抗震设计需进行专题研究。

#### 3．地基基础震害

地基基础震害原因多为地基液化、软弱黏性土地基震陷或不均匀地基，其中地基液化是我国地基抗震中的主要问题。

### 10.6.2 土的液化

#### 1．土的液化起因

液化是土由固体状态变为液体状态的一种现象，土粒处于失重状态，可随水流动。

扩展资源 2.
地基基础抗震
设计原则

地震、施工振动、爆破等都可能引起土的液化，地震液化危害最大，1976年唐山地震时液化面积达 24000 km²。

一般认为，土的颗粒粗、级配好、密度高、土粒之间有黏性、排水条件好、地震强度低时，土不易液化。最常见的液化土为中密至松散状态的粉、细砂和粉土。中、粗、砾砂发生液化情况较少。1975年日本阪神大地震中发生过多例砾石液化，日本已将砾石液化列入抗震规范，我国实例很少，对此研究不多。

我国《建筑抗震设计规范(2016年版)》(GB 50011—2010)只规定对饱和砂土和饱和粉土(不含黄土)进行液化判别。

**2. 土的液化危害**

(1) 地下物品上浮。土液化成为液体，埋于液化土层中的地下管线、水池、电线杆会上浮，造成结构破坏。

(2) 喷水冒砂。由于地震使得液化土层中孔隙水压力大增，地下水头高度大增，土粒随水涌出，使原地面下沉、开裂，结构倾斜或下沉。

(3) 地基失稳。地基失稳是液化震害中最广泛的一种，其后果是造成大量的建筑产生不均匀沉降和过大的绝对沉降。

**3. 土的液化判别**

我国《建筑抗震设计规范(2016年版)》(GB 50011—2010)规定了对饱和砂土和饱和粉土进行液化判别的方法。

1) 初步判别

饱和砂土和饱和粉土(不含黄土)的液化判别和地基处理，抗震设防烈度 6 度时，一般情况下可不进行判别和处理，但对液化沉陷敏感的乙类建筑可按抗震设防烈度 7 度的要求进行判别和处理，7~9 度时，乙类建筑可按本地区抗震设防烈度的要求进行判别和处理。

地面下存在饱和砂土和饱和粉土时，除 6 度外，应进行液化判别；存在液化土层的地基，应根据建筑的抗震设防类别、地基的液化等级，结合具体情况采取相应的措施。

饱和砂土或饱和粉土(不含黄土)，当符合下列条件之一时，可初步判别为不液化或不考虑液化影响。

(1) 地质年代为第四纪更新世($Q_3$)及其以前时，抗震设防烈度 7 度、8 度时可判为不液化。

(2) 粉土的黏粒(粒径小于 0.005 mm 的颗粒)含量百分率，抗震设防烈度 7 度、8 度和 9 度时，分别不小于 10、13 和 16，可判为不液化土。用于液化判别的黏粒含量系采用六偏磷酸钠作分散剂测定，采用其他方法时应按有关规定换算。

(3) 浅埋天然地基的建筑，当上覆非液化土层厚度和地下水位深度满足下列条件之一时，可不考虑液化影响：

$$d_u > d_0 + d_b - 2 \tag{10-1}$$

$$d_w > d_0 + d_b - 3 \tag{10-2}$$

$$d_w + d_u > 1.5d_0 + 2d_b - 4.5 \tag{10-3}$$

式中：$d_w$——地下水位深度，m，宜按设计基准期内年平均最高水位采用，也可按近期年最高水位采用；

$d_u$——上覆非液化土层厚度,m,计算时宜将淤泥和淤泥质土层扣除;
$d_b$——基础埋置深度,m,不超过 2 m 时应采用 2 m;
$d_0$——液化土特征深度,m,可按表 10.7 采用。

表 10.7 液化土特征深度    单位:m

| 饱和土类别 | 抗震设防烈度 7 度 | 抗震设防烈度 8 度 | 抗震设防烈度 9 度 |
|---|---|---|---|
| 粉土 | 6 | 7 | 8 |
| 砂土 | 7 | 8 | 9 |

注:当区域的地下水位处于变动状态时,应按不利的情况考虑。

2) 进一步判别

当饱和砂土、粉土的初步判别认为需进一步进行液化判别时,应采用标准贯入试验进行判别。在地面下 20m 深度范围内的饱和砂土或粉土满足式(10-17)的要求时,应判定为液化。

$$N < N_{cr} \tag{10-4}$$

$$N_{cr} = N_0 \beta [\ln(0.6 d_s + 1.5) - 0.1 d_w] \sqrt{3/\rho_c} \tag{10-5}$$

式中:$N$——标准贯入锤击数实测值(锤击数);
$N_{cr}$——液化判定的标准贯入锤击数临界值(锤击数);
$N_0$——液化判定的标准贯入锤击数基准值(按表 10.8 取定)(锤击数);
$d_s$——饱和土标准贯入点深度,m;
$d_w$——地下水位,m;
$\rho_c$——土中黏粒含量百分率,当小于 3 或为砂土时取 3;
$\beta$——调整系数,设计地震第一组取 0.8,第二组取 0.95,第三组取 1.05。

3) 地基液化等级评定

对存在液化土层的地基,应进一步探明各液化土层的深度和厚度,按《建筑抗震设计规范 2016 年版》(GB 50011—2010)中式(4.3.5)计算每个钻孔的液化指数 $I_{IE}$,根据 $I_{IE}$ 可将地基按表 10.9 划分为三个液化等级,并结合抗震设防类别选择抗地震液化措施。

表 10.8 液化判别标准贯入锤击数基准值 $N_0$

| 设计基本地震加速度(g) | 0.10 | 0.15 | 0.20 | 0.30 | 0.40 |
|---|---|---|---|---|---|
| 液化判定的标准贯入锤击数基准值 | 7 | 10 | 12 | 16 | 19 |

表 10.9 液化等级与液化指数的对应关系

| 液化等级 | 轻微 | 中等 | 严重 |
|---|---|---|---|
| 液化指数 $I_{IE}$ | $0 < I_{IE} \leq 6$ | $6 < I_{IE} \leq 18$ | $I_{IE} > 18$ |

【例 10.1】某地基为第四纪全新世冲积层,分为 5 层土:表层为素填土,层厚为 0.8 m;第二层为粉质黏土,层厚 0.7 m;第三层为中密粉砂,层厚为 2.3 m,标准贯入试验深度 2~2.3 m 时 $N=12$,深度 3~3.3 m 时 $N=13$;第四层为中密细砂,层厚为 4.3 m,标准贯入试验

深度 5～5.3 m 时 $N=15$，深度 7～7.3 m 时 $N = 16$；第五层为硬塑粉质黏土，层厚为 5.6 m。地下水位埋深 2.5 m，位于第三层中密粉砂层中部。当地地震设防烈度 8 度，设计基本地震加速度 0.2 g，设计地震第一组。基础埋置深度 1.5 m，位于第三层中密粉砂层顶面。试判别地基是否液化？

**解**

(1) 初步判别。

因为地基为第四纪全新世冲积层，无法判为不液化土。当地地震设防烈度 8 度，液化土特征深度对砂土为 $d_0=8m$，上覆非液化土层厚度 $d_u = 2.5$ m，地下水位深度 $d_w = 2.5$ m，按式(10-14)、式(10-15)、式(10-16)判别均不满足要求，须进一步判别。

(2) 标准贯入试验进一步判别。

深度 2～2.3 m，位于地下水位以上，为不液化土。

深度 3～3.3 m，$N = 13$，按式(10-18)计算：

$N_{cr} = N_0 \beta [\ln(0.6d_s + 1.5) - 0.1d_w] \sqrt{3/\rho_c}$ =12×0.8×[ln(0.6×3.15+1.5)−0.1×2.5]×1=9.32＜$N$=13

不会液化。

同理：深度 5～5.3 m，$N = 15$，$N_{cr}$=12.23＜$N$=15，结论是不会液化。

深度 7～7.3 m，$N = 16$，$N_{cr}$ = 14.46＜$N$=16，结论是不会液化。

因此地基不会液化。

## 10.6.3 地基基础抗震措施

### 1. 软弱黏土层

建筑物持力土层范围内存在较厚的软弱黏土层时，应考虑减轻荷载、增强建筑结构整体性、加深基础(如桩基)、加强基础整体性(如采用箱基础、筏基础或钢筋混凝土交叉条形基础，加设基础圈梁等)以及扩大基础底面积等措施。

如果还不能满足要求时，应采取人工地基处理措施，如采用复合地基等。

### 2. 可液化土层

对可液化土层，常采用人工地基处理。常用的方法有强夯法、振冲碎石桩法和挤密砂桩法。强夯法影响深度有限，一般影响深度为 10 m，但造价较低。振冲碎石桩法施工中排出大量泥浆容易污染环境，但消除土层液化效果较好。挤密砂桩法施工中易产生较高的超孔隙水压力，土体扰动较大，发生不同程度的隆起等，应根据具体条件选用。

### 3. 强夯法消除液化土层工程实例

某机场工程场地地基 ±50 m 以内呈稳定的层状分布。依据场区工程地质条件和工程要求，地基主要处理范围是 5 m 以内的砂质粉土为主的软土层，以提高承载力和消除砂质粉土地震液化的影响。

根据工程地质勘探和技术经济优化对比分析，采用填碎石土强夯法处理浅层软弱地基。其施工程序为：进行沟塘回填、平整场地等预处理后，摊铺碎石垫层进行第一、第二遍点夯，夯锤重 $W = 180$ kN，锤底面半径 $r = 1.25$ m，能级为 2000 kN·m，锤击数为 8～10 击，推平后再摊铺碎石垫层进行满夯，能级为 1200 kN·m，锤击数为 4～6 击。

加固效果如图 10.8 所示。

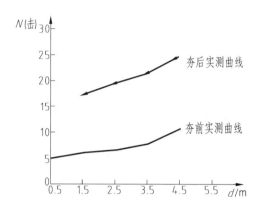

图 10.8　强夯前后实测土层标贯击数随深度变化图

# 思考题与习题

【思考题】

1. 岩土工程勘察存在什么问题？小型工程可以省略勘察吗？为什么？
2. 建筑场地等级、建筑地基等级如何划分？岩土工程勘察等级如何划分？符合什么条件时勘察等级为乙级？
3. 房屋建筑工程勘察为什么要分阶段进行？分哪几个阶段？什么情况下应进行施工勘察？
4. 在建筑工程野外勘察中，常用的勘察方法有哪几种？比较各勘察方法的优点、缺点和适用条件？
5. 圆锥动力触探与静力触探有何不同？这两类方法的优缺点与适用条件是什么？标准贯入试验与重型圆锥动力触探有何区别？
6. 孔压静力触探有什么优点？说明孔压静力触探的适用条件以及是如何进行土类划分的。
7. 岩土工程勘察报告书一般包括哪几大部分内容？专题部分应进行什么工作？结论与建议部分一般应书写什么内容？
8. 地震烈度分为哪几类？建筑设计的依据是哪类烈度？地基基础震害包括哪几方面？
9. 土的液化起因及其危害是什么？最常见的易液化土类是什么土？"砾石绝对不会液化"的说法对吗？《建筑抗震设计规范》规定了哪两类土的液化判别方法？如何进行判别？
10. 工程实践中，对地基基础抗震一般采取什么措施？

【习题】

1. 某房建工程为 6 层框架结构，东西向长度为 45 m，南北向宽度为 15 m，在楼房四角和长边中点各布置一个钻孔,并进行了静力触探测试。地层由第四系覆盖层和下伏基岩组成,软土厚度为4~12 m,软土层包括淤泥和淤泥质亚黏土。软土层夹砂层较多,软土层下卧中粗砂层,沿深度各岩土层性质分述如下:①填筑土:0~1.2 m,黄棕色,为黏性土,含砂,较密实,硬塑;②种植土:1.2~2.0 m,灰褐色,由黏性土、少量植物根组成,可塑;③淤泥:2.0~7.5 m,灰褐色,含少量粉细砂、蚝壳,局部含较多砂,软塑,夹有薄层砂层;④黏土:7.5~11.4 m,棕红、灰黄色,黏粒为主,含少量粉细砂,黏性较强,可塑~软塑;⑤粗砂:11.4~13.2 m,灰黄色,石英砂粒为主,级配一般,饱和,中密;⑥残积土:13.2~15.8 m,灰黄色,含较多中粗砂,硬塑。各土层的物理力学特性指标如表10.10所示。地下水对水泥土无腐蚀性。试绘制工程地质剖面图,并编制岩土工程勘察成果报告(含地基处理专题报告)。

表10.10 各土层的物理力学特性指标

| 土层编号 | 土层厚度/m | 土层名称 | 天然重度/(kN/m³) | 含水量/% | 孔隙比 | 压缩系数/MPa$^{-1}$ | 压缩模量/MPa | 直接快剪 | |
|---|---|---|---|---|---|---|---|---|---|
| | | | | | | | | 黏聚力/kPa | 内摩擦角/° |
| ② | 1.2~2.0 | 亚黏土 | 18.0 | 40.0 | 1.026 | 0.38 | 4.34 | 9.1 | 15.3 |
| ③ | 2.0~7.5 | 淤泥 | 17.2 | 57.7 | 1.697 | 0.87 | 1.60 | 5.2 | 4.4 |
| ④ | 7.5~11.4 | 黏土 | 17.8 | 31.4 | 0.983 | 0.64 | 2.60 | 10.5 | 15.8 |
| ⑤ | 11.4~13.2 | 粗砂 | 19.2 | 31.0 | 0.864 | 0.36 | 9.10 | | |

第10章
课后习题答案

# 第 11 章 土工试验指导

扩展图片

土工试验是土力学学习的基础,要了解土的工程性质及状态,首先从土工试验开始,学习土的物理性质指标、物理状态指标及土的压缩性与抗剪强度的测定,为后面的地基基础设计奠定基础。对实践性课程的学习,应注重培养其动手能力,以及发现问题、分析问题和解决问题的能力,为今后的学习、工作打下良好的基础。

## 学习目标

(1) 熟悉土的物理性质(密度和含水率)试验的方法、适用条件及操作步骤。

(2) 掌握土的颗粒分析试验的方法、操作步骤,学习用土的颗粒大小分布曲线来判断土的级配情况。

(3) 熟悉土的界限含水率的测定方法;掌握液、塑限联合测定仪的操作方法;学习用塑性指数对黏性土进行分类,用液性指数判断土的状态。

(4) 掌握标准击实试验的方法,了解土的密度与含水率之间的关系,确定土的最大干密度与最优含水率,从而确定土的密实度。

(5) 了解侧限压缩的概念,掌握压缩仪的操作方法。

(6) 熟悉土的抗剪强度的测定方法及步骤;掌握直剪仪的操作方法。

## 教学要求

| 章节知识 | 掌握程度 | 相关知识点 |
| --- | --- | --- |
| 土的密度及含水率试验 | 熟悉土的密度及含水率试验的目的、试验方法及相关试验操作 | 土的密度及含水率试验的目的、试验方法及相关试验操作 |
| 土的颗粒分析试验 | 了解土的颗粒分析试验的目的、方法及相关试验操作 | 土的颗粒分析试验的目的、方法及筛析法相关试验操作 |
| 液限、塑限联合测定试验 | 熟悉液限、塑限联合测定试验的试验目的、方法及相关操作准备 | 液限、塑限联合测定试验的试验目的、方法及相关操作准备 |
| 土的击实试验 | 熟悉土的击实试验的试验目的、方法分类及试验相关操作 | 土的击实试验的试验目的、方法分类及试验相关操作 |
| 土的侧限压缩试验 | 了解土的侧限压缩试验的试验目的、方法分类及试验相关操作 | 土的侧限压缩试验的试验目的、试验方法及相关操作 |
| 直接剪切试验 | 熟悉直接剪切试验的试验目的、方法及试验相关操作 | 熟悉直接剪切试验的试验目的、方法及固结试验相关操作 |

第 11 章 土工试验指导

> **课程思政**
>
> 土工试验指导教学可以促使学生树立正确的思想观念和价值观。在土工试验中，学生需要遵守科学的研究方法和道德伦理规范，这要求他们具备较高的思想道德素养和职业道德观念。通过实践操作中的细致观察和认真记录，可以培养学生准确、客观、真实的科学精神，树立追求真理和实事求是的价值观。

> **案例导入**
>
> 某新建的公路工程项目在进行路基填筑前，工程师们决定进行土工试验，以评估填筑土的适宜性和力学性质。首先，他们采集了不同深度的土样，并进行了岩土工程实验室中的一系列试验，包括土壤颗粒分析、压缩性试验和抗剪强度试验等。基于本案例，帮助学生更好地理解土工试验的重要性和应用。

【本章思维导图(概要)】

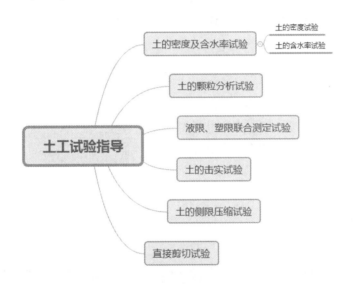

## 11.1 土的密度及含水率试验

【本节思维导图】

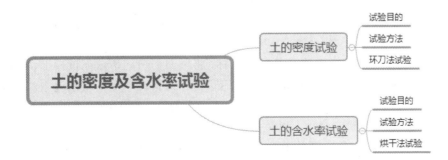

> **带着问题学知识**
>
> 土的密度试验有哪些方法？
> 土的含水率试验的目的是什么？其试验方法是什么？
> 烘干法试验需要准备的试验设备有哪些？

### 11.1.1 土的密度试验

土的密度是指单位体积土的质量。

**1．试验目的**

测定土在天然状态下的密度，了解土的疏密和干湿状态，以供换算土的其他物理力学性质指标和工程设计以及控制施工质量之用。

这里所指的密度是天然密度(也称湿密度)$\rho$，此外还有干密度$\rho_d$、饱和密度$\rho_{sat}$和有效密度(也称浮密度)$\rho'$。

**2．试验方法**

(1) 环刀法：适用于细粒土。
(2) 蜡封法：适用于易破裂土和形状不规则的坚硬土。
(3) 灌水法：适用于现场测定的粗粒土。
(4) 灌砂法：适用于现场测定的粗粒土。

这里仅介绍环刀法。

**3．环刀法试验**

1) 仪器设备

(1) 符合规定要求的环刀，一般高度为 20 mm，内径为 61.8 mm 和 79.8 mm。
(2) 天平：①称量范围不超过 500 g，分度值为 0.1 g；②称量范围不超过 200 g，分度值为 0.01 g。
(3) 其他：切土刀(或钢丝锯)、凡士林、毛玻璃板和圆玻璃片等。

2) 操作步骤

(1) 测出环刀的容积 $V$，在天平上称环刀质量。
(2) 按工程需要取原状土或制备所需状态的扰动土样，土样的直径和高度应大于环刀，整平其两端放在玻璃板上。
(3) 环刀取土：在环刀内壁涂一薄层凡士林，将环刀刃口向下放在试样上，用切土刀(或钢丝锯)将土样削成略大于环刀直径的土柱，随即将环刀垂直下压，边压边削，直至土样上端伸出环刀为止。根据试样的软硬采用钢丝锯或切土刀整平环刀两端土样(严禁在土面上反复涂抹)，两端盖上平滑的玻璃片，以免水分蒸发。
(4) 擦净环刀外壁，拿去圆玻璃片，将取好土样的环刀放在天平上称量，记下环刀与湿土的总质量，准确至 0.1g。

3) 计算与制图

(1) 按下式计算试样的湿密度，精确至 0.01 g/cm：

$$\rho = \frac{m_0}{V}$$

式中：$\rho$——试样的湿密度，g/cm$^3$；

$m_0$——试样的质量，g；

$V$——环刀容积，cm$^3$。

(2) 按下式计算试样的干密度，精确至 0.01 g/cm：

$$\rho_d = \frac{\rho_0}{1 + 0.01\omega_0}$$

式中：$\rho_d$——试样的干密度，g/cm$^3$；

$w_0$——试样的初始含水率，%。

4) 试验记录

试验记录见表 11.1。

5) 试验要求

(1) 密度计算准确至 0.01 g/cm$^3$。

(2) 密度试验应进行两次平行测定，其最大允许平行差值应为 ±0.03 g/cm$^3$。取其算术平均值。

表 11.1 密度试验记录(环刀法)

任务单号：_____    试验者：_____
天平编号：_____    计算者：_____
试验日期：_____    校核者：_____
烘箱编号：_____

| 试样编号 | 环刀号码 | 湿土质量 $m_0$/g | 环刀体积/cm$^3$ | 湿密度 $P$/(g/cm$^3$) | 试样含水率 $w$/% | 干密度 $\rho_d$/(g/cm$^3$) | 平均干密度 $\rho_d$/(g/cm$^3$) | 备注 |
|---|---|---|---|---|---|---|---|---|
| | | (1) | (2) | (3)=$\frac{(1)}{(2)}$ | (4) | (5)=$\frac{(3)}{1+0.01(4)}$ | | |
| | | | | | | | | |
| | | | | | | | | |
| | | | | | | | | |
| | | | | | | | | |
| | | | | | | | | |
| | | | | | | | | |
| | | | | | | | | |

## 11.1.2 土的含水率试验

### 1. 试验目的

测定土的含水率,以便了解土的含水情况,供计算土的孔隙比、塑性指数、液性指数、饱和度。和其他物理力学性质指标一样,含水率是土的不可缺少的一个基本指标。

土的含水率

音频 1：
土的含水率

### 2. 试验方法

(1) 烘干法:室内试验的标准方法,一般黏性土都可以采用。
(2) 酒精燃烧法:适用于快速简易测定细粒土的含水率。
(3) 比重法:适用于砂类土。

这里仅介绍烘干法。

### 3. 烘干法试验

1) 仪器设备

(1) 烘箱:可采用电热烘箱或温度能保持 105～110 ℃ 的其他能源烘箱。
(2) 电子天平:①称量范围不超过 200 g,分度值为 0.01 g。
(3) 电子台秤:称量范围不超过 5000 g,分度值为 1 g。
(4) 干燥器:通常用附有氧化钙干燥剂的玻璃干燥缸。
(5) 其他:铝质称量盒或玻璃称量瓶、修土刀、匙、玻璃板或盛土容器等。

2) 操作步骤

(1) 取有代表性试样:细粒土 15～30 g,砂类土 50～100 g,砂砾石 2 kg～5 kg。将试样放入称量盒内,立即盖好盒盖,称量,细粒土、砂类土称量应准确至 0.01 g,砂砾石称量应准确至 1 g。当使用恒质量盒时,可先将其放置在电子天平或电子台秤上清零,再称量装有试样的恒质量盒,称量结果即为湿土质量。

(2) 打开盒盖,将试样和盒置于烘箱内,在温度 105～110 ℃ 的恒温下烘至恒量。烘干时间与土的类别及取土数量有关,黏性土、粉土不得少于 8 h;砂类土不得少于 6 h;对含有机质超过干土质量 5%～10% 的土,应将温度控制在 65～70 ℃ 的恒温下烘干至恒量。

(3) 将烘干后的试样和称量盒从烘箱中取出,盖上盒盖,放入干燥器内冷却至室温,称盒加干土后的质量。

3) 计算与制图

含水率应按下式计算,计算至 0.1%:

$$\omega = \left(\frac{m_0}{m_d} - 1\right) \times 100\%$$

式中：$\omega$ ——土的含水率,%;
$m_0$——湿土质量,g;
$m_d$——干土质量,g。

4) 试验记录(见表 11.2)

表 11.2 含水率试验记录

任务单号：_____　　　　　　　　　试验者：_____
天平编号：_____　　　　　　　　　计算者：_____
试验日期：_____　　　　　　　　　校核者：_____
烘箱编号：_____

| 试样编号 | 称量盒号 | 盒的质量/g | 盒加湿土质量/g | 盒加干土质量/g | 湿土质量/g | 干土质量 $m_d$/g | 含水率 $w$/% | 平均含水率 $\bar{w}$/% | 备注 |
|---|---|---|---|---|---|---|---|---|---|
| | | (1) | (2) | (3) | (4)=(2)−(1) | (5)=(3)−(1) | $(6)=\dfrac{(4)}{(5)}\times 100\%$ | | |
| | | | | | | | | | |
| | | | | | | | | | |
| | | | | | | | | | |

5) 试验要求

(1) 计算结果精确至 0.1%。

(2) 本试验必须对两个试样进行平行测定，测定的差值：当含水率在 10%~40%时，最大允许平行差值为±1%；当含水率等于、大于 40%时差值为 2%，对层状和网状构造的冻土差值不大于 3%。取两个测值的平均值，以百分数表示。

## 11.2　土的颗粒分析试验

【本节思维导图】

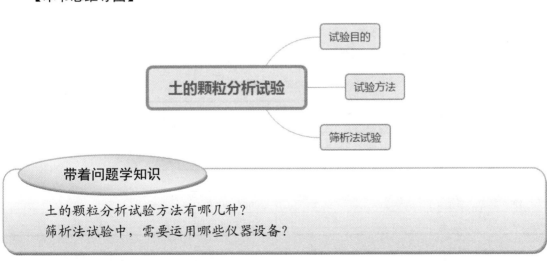

土的颗粒分析就是用试验的方法测定土中各种粒组所占该土总质量的百分数。

## 1．试验目的

要测定小于某粒径的颗粒占土粒总质量的百分数，以便了解土粒的组成情况，并作为砂类土分类的根据、概略判断土的工程性质及供给土工建筑物选料之用。

## 2．试验方法

根据土的颗粒大小及级配情况，土的粒径试验方法有下列 4 种。

(1) 筛析法：适用于粒径粒径为 0.075～60 mm 的土。
(2) 密度计法：适用于粒径小于 0.075 mm 的粉粒和黏粒土。
(3) 移液管法：适用于粒径小于 0.075 mm 的粉粒和黏粒土。
(4) 当大于 0.075 mm 的颗粒超过试样总质量的 10%时，应先进行筛析法试验，然后经过分析筛过 0.075 mm 筛，再用密度计法或移液管法进行试验。

扩展资源 1. 颗粒分析试验——密度计法

这里仅介绍筛析法。

## 3．筛析法试验

1) 仪器设备

(1) 取样数量，如表 11.3 所示。

粗筛：孔径为 60 mm、40 mm、20 mm、10 mm、5 mm、2 mm；
细筛：孔径为 2.0 mm、1.0 mm、0.5 mm、0.25 mm、0.1 mm、0.075 mm。

(2) 天平：称量范围不超过 1000 g，最小分度值为 0.1 g；称量范围不超过 200 g，最小分度值为 0.01 g。

(3) 台秤：称量范围不超过 5000 g，分度值为 1 g。

(4) 振筛机：筛析过程中应能上下震动。

(5) 其他：烘箱、量筒、漏斗、瓷杯、附带橡皮头研杵的研钵、瓷盘、毛刷、匙、木碾。

2) 操作步骤

(1) 从风干、松散的土样中，用四分法按下列规定称取具有代表性试样的质量：称量准确至 0.1 g；当试样质量超过 500 g 时，应准确至 1 g。

表 11.3 取样数量

| 颗粒尺寸/mm | 取样数量/g |
| --- | --- |
| <2 | 100～300 |
| <10 | 300～1000 |
| <20 | 1000～2000 |
| <40 | 2000～4000 |
| <60 | 4000 以上 |

(2) 将试样过 2 mm 筛，分别称出筛上和筛下的试样质量。若 2 mm 筛下的土小于试样总质量的 10%，则可省略细筛筛析。若 2 mm 筛上的土小于试样总质量的 10%，则可省略粗筛筛析。

(3) 取 2 mm 筛上试样倒入依次叠好的粗筛的最上层筛中；取 2 mm 筛下试样倒入依次选好的细筛最上层筛中，进行筛析。细筛宜放在振筛机上震摇，震摇时间应为 10～15 min。

(4) 由最大孔径筛开始，按顺序将各筛取下，在白纸上用手轻叩摇晃，如仍有土粒漏下，应继续轻叩摇晃，至无土粒漏下为止。漏下的土粒应全部放入下级筛内。并将留在各筛上的试样分别称量，当试样质量小于 500 g 时，准确至 0.1 g。

(5) 筛后各级筛上和底盘内试样质量的总和与筛前试样总质量的差值，不得大于试样总质量的 1%。

3) 计算与制图

(1) 计算小于某粒径的试样质量占试样总质量的百分比，应按下式计算：

$$X = \frac{m_A}{m_B} \cdot d_x$$

式中：$X$——小于某粒径的试样质量占试样总质量的百分比，%；

$m_A$——小于某粒径的试样质量，g；

$m_B$——当细筛分析时，为所取的试样质量；粗筛分析时，则为试样总质量，g；

$d_x$——粒径小于 2 mm 或粒径小于 0.075 的试样质量占总质量的百分比，%。

(2) 绘制颗粒大小分布曲线。以小于某粒径的试样质量占总质量的百分比为纵坐标，以颗粒粒径为横坐标，在单对数坐标上绘制颗粒大小分布曲线，如图 11.1 所示。

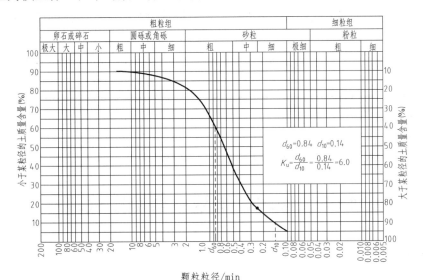

图 11.1 颗粒大小分布曲线

(3) 计算级配指标。

① 不均匀系数：

$$C_u = \frac{d_{60}}{d_{10}}$$

式中：$C_u$——不均匀系数；

$d_{60}$——限制粒径，mm，颗粒大小分布曲线上的某粒径，小于该粒径的土含量占总质量的 60%；

$d_{10}$——有效粒径,mm,颗粒大小分布曲线上的某粒径,小于该粒径的土含量占总质量的 10%。

② 曲率系数:

$$C_c = \frac{d_{30}^2}{d_{10} \cdot d_{60}}$$

式中:$C_c$——曲率系数;

$d_{30}$——在粒径分布曲线上小于该粒径的土含量占总土质量的 30%的粒径,mm。

4) 试验记录(见表 11.4)

表 11.4 颗粒大小分析试验记录(筛析法)

任务编号:_____　　　　　　　试验者:_____
烘箱编号:_____　　　　　　　计算者:_____
试验日期:_____　　　　　　　校核者:_____
试样编号:_____

风干土质量=____g　　　　　小于 0.075 mm 的土占总土质量百分数=____%
2 mm 筛上土质量=____g　　小于 2 mm 的土占总土质量百分数 $d_x$=____%
2 mm 筛下土质量=____g　　细筛分析时所取试样质量=____g

| 筛 号 | 孔 径 /mm | 累积留筛土质量/g | 小于该孔径的土质量/g | 小于该孔径的土质量百分数/% | 小于该孔径的总土质量百分数/% | 备 注 |
|---|---|---|---|---|---|---|
|  |  |  |  |  |  |  |
|  |  |  |  |  |  |  |
|  |  |  |  |  |  |  |
| 底盘总计 |  |  |  |  |  |  |

5) 试验要求
(1) 计算准确至 0.1%。
(2) 根据土的性质和工程要求可适当增减不同筛径的分析筛。

## 11.3　液限、塑限联合测定试验

【本节思维导图】

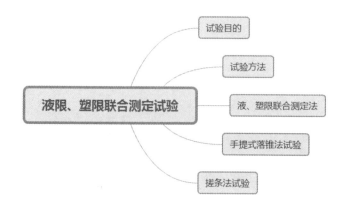

> **带着问题学知识**
>
> 什么是液限？什么是塑限？
> 液、塑限联合测定法的操作步骤是什么？
> 进行搓条法试验时，需使用哪些仪器设备？

由于黏性土的含水率不同，分别处于固体状态、半固体状态、可塑状态和流动状态。液限是土由可塑状态转变为流动状态时的界限含水率；塑限是土由半固体状态转变为可塑状态时的界限含水率。

### 1．试验目的

测定黏性土的液限、塑限，用以计算土的塑性指数和液性指数，作为黏性土的分类以及估算地基土的承载力等，供设计、施工使用。

### 2．试验方法

(1) 液、塑限联合测定法：适用于粒径小于 0.5 mm 以及有机质含量不大于干土总质量 5%的土。

(2) 手提式落锥法或碟式仪法：测定土的液限试验，适用于粒径小于 0.5 mm 的土。

(3) 搓条法：测定土的塑限试验，适用于粒径小于 0.5 mm 的土。

以上方法现分别予以介绍。

### 3．液、塑限联合测定法

1) 仪器设备

(1) 液、塑限联合测定仪(见图 11.2)：包括带标尺的圆锥仪、电磁铁、显示屏、控制开关和试样杯。圆锥质量为 76 g，锥角为 30°；读数显示宜采用光电式、游标式和百分表式；试样杯内径为 40～50 mm，高度为 30～40 mm。

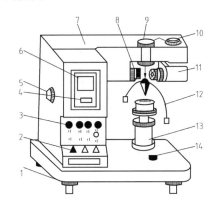

图 11.2 液、塑限联合测定仪示意图

1—水平调节螺钉；2—控制开关；3—指示灯；4—零线调节螺钉；5—反光镜调节螺钉；
6—屏幕；7—机壳；8—物镜调节螺钉；9—电磁装置；10—光源调节螺钉；
11—光源装置；12—圆锥仪；13—升降台；14—水平泡

(2) 天平：称量范围不超过 200 g，分度值为 0.01 g。

(3) 筛：孔径 0.5 mm。

(4) 其他：烘箱、干燥缸、铝盒、调土刀、凡士林。

2) 操作步骤

(1) 液限、塑限联合试验，原则上宜采用天然含水率试样，当土样不均匀时，也可采用风干试样，当试样中含有粒径大于 0.5 mm 的土粒和杂物时，应过 0.5 mm 筛。

(2) 当采用天然含水率土样时，取代表性土样 250 g；采用风干试样时，取 0.5 mm 筛下的代表性土样 200 g，分成 3 份，分别放入 3 个盛土皿中将试样放在橡皮板上用纯水将土样调成均匀膏状，放入调土皿，浸润过夜。

(3) 将制备的试样搅拌均匀，填入试样杯中，填样时不应留有空隙，对较干的试样应充分搓揉，密实地填入试样杯中，填满后刮平表面。

(4) 将试样杯放在联合测定仪的升降座上，在圆锥上抹一薄层凡士林，接通电源，使电磁铁吸住圆锥。

(5) 调节零点，将屏幕上的标尺调在零位，调整升降座，使圆锥尖接触试样表面，指示灯亮时圆锥在自重下沉入试样，当使用游标式或百分表式时用手扭动旋扭，松开锥杆，经 5 s 后测读圆锥下沉深度(显示在屏幕上)，取出试样杯，挖去锥尖入土处的凡士林，取锥体附近的试样不少于 10 g，放入称量盒内，称量精确至 0.01 g 测定含水率。

(6) 将全部试样再加水或吹干并调匀，重复按以上(3)~(5)的步骤分别测定第二点、第三点试样的圆锥下沉深度及相应的含水率。

注：圆锥入土深度宜为 3~4 mm，7~9 mm，15~17 mm。

3) 计算与制图

(1) 计算含水率：

按照公式 $\omega = \left(\dfrac{m_0}{m_d} - 1\right) \times 100\%$ 计算含水率。

(2) 绘制圆锥下沉深度 $H$ 与含水量 $\omega$ 的关系曲线。

以含水率为横坐标，圆锥下沉深度为纵坐标在双对数坐标纸上绘制 $H$-$\omega$ 关系曲线(见图 11.3)。

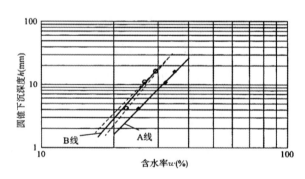

图 11.3 关系曲线

① 三点应在一直线上，如图中 $A$ 线。

② 当三点不在一直线上时，通过高含水率的点与其余两点连成两条直线，在下沉深

度为 2 mm 处查得相应的两个含水率，当两个含水率的差值小于 2%时，应以该两点含水率的平均值与高含水率的点连一直线，如图 11.3 中 B 线所示。

③ 当两个含水率的差值大于等于 2%时，应补做试验。

(3) 确定液限、塑限。

在含水率 $\omega$ 与圆锥下沉深度 $H$ 的关系图(见图 11.3)上，查得下沉深度为 17mm 所对应的含水率为液限 $\omega_L$；查得下沉深度为 10 mm 所对应的含水率为 10 mm 液限；查得下沉深度为 2 mm 所对应的含水率为塑限 $\omega_p$，取值以百分数表示，准确至 0.1%。

(4) 计算塑性指数和液性指数。

① 塑性指数：

$$I_p = \omega_L - \omega_p$$

式中：$I_p$——塑性指数；
$\omega_L$——液限，%；
$\omega_p$——塑限，%。

② 液性指数：

$$I_L = (\omega_0 - \omega_p)/I_p$$

式中：$I_L$——液性指数，计算至 0.01；
$\omega_0$——土的天然含水率，%。

(5) 按规范规定确定土的名称。

4) 试验记录(见表 11.5)

表 11.5　液、塑限联合测定法试验记录

任务单号：＿＿＿＿＿＿＿＿　　　　　　试验者：＿＿＿＿＿＿＿
试验日期：＿＿＿＿＿＿＿＿　　　　　　计算者：＿＿＿＿＿＿＿
天平编号：＿＿＿＿＿＿＿＿　　　　　　校核者：＿＿＿＿＿＿＿
烘箱编号：＿＿＿＿＿＿＿＿

| 试样编号 | 称量盒号 | 圆锥下沉深度 $h$/mm (1) | 湿土质量 $m_0$/g (2) | 干土质量 $m_d$/g (2) | 含水率 $w$/% (3)=$\left[\dfrac{(1)}{(2)}-1\right]\times 100\%$ | 液限 $\omega_L$/% (4) | 塑限 $\omega_p$/% (5) | 塑性指数 $I_p$ (6)=(4)−(5) | 备注 |
|---|---|---|---|---|---|---|---|---|---|
|  |  |  |  |  |  |  |  |  |  |
|  |  |  |  |  |  |  |  |  |  |
|  |  |  |  |  |  |  |  |  |  |
|  |  |  |  |  |  |  |  |  |  |
|  |  |  |  |  |  |  |  |  |  |
|  |  |  |  |  |  |  |  |  |  |

5) 试验要求

(1) 计算精确至 0.1%。

(2) 液塑限联合测定应不少于三点。

## 4．手提式落锥法试验

1) 仪器设备

(1) 锥式液限仪(见图 11.4)：总质量为 76±0.2g、带有平衡装置的液限仪(锥体 30°，高为 24 mm)；铜制试杯(直径不小于 40 mm，高度不小于 24 mm)；硬木或金属制成的平衡底座。

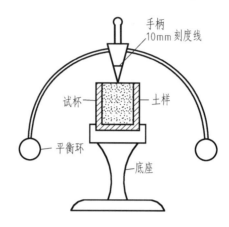

图 11.4　锥式液限仪

(2) 天平：称量 200 g，最小分度值 0.01 g。

(3) 电烘箱，干燥器(用氧化钙作为干燥剂)。

(4) 其他：铝称量盒、调土刀、调土皿、小刀、毛玻璃板、滴管、吹风机，孔径为 0.5 mm 的标准筛、凡士林、蒸馏水等设备材料。

2) 操作步骤

(1) 选用具有代表性的天然含水率的土样来确定。若试样中含有大于 0.5 mm 的颗粒较多或有其他杂物时，应将试样风干研碎并过 0.5 mm 的标准筛再进行试验。

(2) 取出足够的原状试样放在毛玻璃上搅拌均匀(或放在调土皿中搅拌均匀)或者采用风干并筛过的土样放在调土皿中用蒸馏水浸水泡制，静置 24 h 后拌匀。

(3) 取出拌匀的土样分层装入试杯中，并注意土中不能留有空隙，装满试杯后刮去余土使其与杯口平齐(注意：不得用刀在土面上反复涂抹)。

(4) 在液限仪锥尖上抹薄层润滑油，提住锥体上端手柄，使锥尖正好接触试样表面，松开手指，使锥体自由沉入土中，约在 15s 后沉入深度恰到锥尖环状刻度线，即 10 mm 处，此时土的含水率即为液限含水率。取出锥体，用调土刀取锥孔附近土样为 10~15 g，测定其含水率。

注：若锥体沉入土中的深度超过或低于 10 mm，应将土样全部取出，挖去有润滑油的部分，放在毛玻璃板上，边调拌边风干或适当加水重新拌和，重新进行试验。

(5) 按上述方法测出两个不同试样的含水率。

3) 计算与制图

同液塑限联合测定法。

4) 试验记录(见表 11.6)

表 11.6 手提式落锥法液限试验记录

任务单号：_____　　　　　　　　试验者：_____
试验日期：_____　　　　　　　　计算者：_____
天平编号：_____　　　　　　　　校核者：_____
烘箱编号：_____

| 试样编号 | 称量盒号 | 湿土质量/g (1) | 干土质量/g (2) | 含水率/% $(3)=\left[\dfrac{(1)}{(2)}-1\right]\times 100\%$ | 液限/% (4) | 液限平均值 | 备注 |
|---|---|---|---|---|---|---|---|
| | | | | | | | |
| | | | | | | | |
| | | | | | | | |
| | | | | | | | |
| | | | | | | | |

5) 试验要求

(1) 计算精确至 0.1%。

(2) 本试验应进行两次到三次的平行测定，测定的差值应符合含水率试验的要求，取其平均值。

### 5．搓条法试验

1) 仪器设备

(1) 毛玻璃板：尺寸宜为 200 mm×300 mm。

(2) 卡尺：分度值为 0.02 mm；或直径为 3 mm，长为 10 cm 左右的钢丝。

(3) 其他：天平(最小分度值为 0.001～0.01 g)、烘箱、干燥器、铝称量盒、调土刀、调土皿、滴管、吹风机、蒸馏水等。

2) 操作步骤

(1) 取 0.5mm 筛下的代表性试样 100 g，放在盛土皿中加纯水拌和，浸润静置过夜。

(2) 将制备好的试样在手中揉捏至不粘手，捏扁，当出现裂缝时，表示其含水率已接近塑限。

(3) 取接近塑限含水率的试样 8～10 g，用手搓成椭圆形，放在毛玻璃板上用手掌滚搓，滚搓时手掌的压力要均匀地施加在土条上，不得使土条在毛玻璃板上无力滚动，土条不得有空心现象，土条长度不宜大于手掌宽度。

(4) 当土条直径搓成 3 mm 时产生裂缝，并开始断裂，表示试样的含水率达到塑限含水率。当土条直径搓成 3 mm 时不产生裂缝或土条直径大于 3 mm 时开始断裂，表示试样的含水率高于塑限或低于塑限，都应重新取样进行试验。

(5) 取直径 3 mm 有裂缝的土条 3～5 g(约 3 个土条)，放入称量盒内，盖紧盒盖，测定土条的含水率，此含水率为塑限。

3) 计算与制图

同液塑限联合测定法。

塑限应按下式计算,计算至 0.1%:

$$\omega_P = \left(\frac{m_0}{m_d} - 1\right) \times 100$$

式中:$\omega_P$——塑限,%。

4) 试验记录(见表 11.7)

表 11.7 搓条法塑限试验记录

任务单号:_____  试验者:_____
试验日期:_____  计算者:_____
烘箱编号:_____  校核者:_____
天平编号:_____

| 试样编号 | 称量盒号 | 湿土质量 $m$/g (1) | 干土质量 $m_d$/g (2) | 含水率 $w_p$/% (3)=$\left[\frac{(1)}{(2)}-1\right]\times100\%$ | 塑限 $\omega_p$/% (4) | 备注 |
|---|---|---|---|---|---|---|
|  |  |  |  |  |  |  |
|  |  |  |  |  |  |  |
|  |  |  |  |  |  |  |
|  |  |  |  |  |  |  |
|  |  |  |  |  |  |  |

5) 试验要求

(1) 计算精确至 0.1%。

(2) 本试验应进行两次的平行测定,测定的差值应符合含水率试验的要求,取其平均值。

## 11.4 土的击实试验

【本节思维导图】

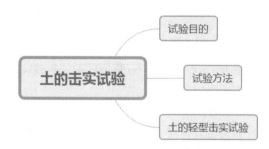

## 带着问题学知识

什么是夯击试验？其试验目的是什么？
土的夯击试验的试验方法是什么？
土的轻型击实试验的试验操作步骤是什么？

击实试验是用锤击使土密度增加的一种方法。土在一定的击实效应下，如果含水率不同，则所得的密度也不相同，能使土达到最大密度所要求的含水率，称为最优含水率，其相应的干密度称最大干密度。

### 1．试验目的

用标准的击实方法，测定土的密度与含水率之间的关系，从而确定土的最大干密度与最优含水率。为控制路堤、土坝或填土地基等密实度的重要指标。

### 2．试验方法

土样粒径应小于 20 mm，本试验分轻型击实和重型击实。

(1) 轻型击实试验：轻型击实试验的单位体积击实功约为 592.2 kJ/m³。
(2) 重型击实试验：重型击实试验的单位体积功约为 2684.9 kJ/m³。

### 3．土的轻型击实试验

1) 仪器设备

(1) 击实仪：由击实筒(见图 11.5)、击锤和护筒(见图 11.6)组成；击实仪的击实筒和击锤尺寸应符合表 11.8 的规定。击实仪的击锤应配导筒，击锤与导筒间应有足够的间隙，使锤能自由下落。电动操作的击锤必须有控制落距的跟踪装置和锤击点按一定角度均匀分布的装置。

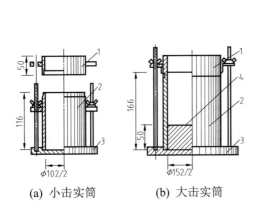

(a) 小击实筒　　(b) 大击实筒

图 11.5　击实筒(单位：mm)

1—套筒；2—击实筒；3—底板；4—垫块

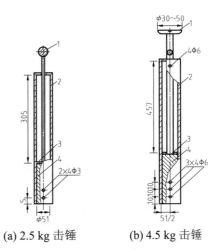

(a) 2.5 kg 击锤　　(b) 4.5 kg 击锤

图 11.6　击锤与护筒(单位：mm)

1—提手；2—护筒；3—硬橡皮垫；4—击锤

表11.8 击实仪主要部件规格表

| 试验方法 | 锤底直径/mm | 锤质量/kg | 落高/mm | 层数 | 每层击数 | 击实筒 内径/mm | 击实筒 筒高/mm | 击实筒 容积/cm³ | 护筒高度/mm |
|---|---|---|---|---|---|---|---|---|---|
| 轻型 | 51 | 2.5 | 305 | 3 | 25 | 102 | 116 | 947.4 | ≥50 |
| | | | | 3 | 56 | 152 | 116 | 2103.9 | ≥50 |
| 重型 | | 4.5 | 457 | 3 | 42 | 102 | 116 | 947.4 | ≥50 |
| | | | | 3 | 94 | 152 | 116 | 2103.9 | ≥50 |
| | | | | 5 | 56 | | | | ≥50 |

(2) 天平：称量范围不超过 200 g，分度值为 0.01 g。

(3) 台秤：称量范围不超过 10 kg，分度值为 1 g。

(4) 标准筛：孔径为 20 mm、5 mm。

(5) 试样推出器：宜用螺旋式千斤顶或液压式千斤顶，如无此类装置，亦可用刮刀和修土刀从击实筒中取出试样。

(6) 其他：烘箱、喷水设备、碾土设备、盛土容器、修土刀和保湿设备等。

2) 操作步骤

(1) 试样制备：分为干法制备和湿法制备。

① 干法制备。

a. 用四点分法取一定量的代表性风干试样，其中小筒所需土样约为 20kg，大筒所需土样约为 50 kg，放在橡皮板上用木碾碾散，也可用碾土器碾散。

b. 轻型按要求过 5 mm 或 20 mm 筛(重型过 20 mm)，将筛下土样拌匀，并测定土样的风干含水率。

c. 根据土的塑限预估最优含水率，按依次相差约 2% 的含水率制备一组(不少于 5 个)试样，其中应有 2 个含水率大于塑限，2 个含水率小于塑限，1 个含水率接近塑限。按下式计算应加的水量：

$$m_w = \frac{m_0}{1+0.01\omega_0} \times 0.01(\omega' - \omega_0)$$

式中：$m_w$——制备试样所需要的加水量，g；

$m_0$——湿土(或风干土)质量，g；

$\omega_0$——湿土(或风干土)含水率，%；

$\omega'$——制样要求的含水率，%。

d. 将一定量的土样(约 2.5 kg)平铺于不吸水的盛土容器内，按预定含水量用喷水设备往土样上均匀喷洒所需加水量，拌匀并装入塑料袋内或密封于盛土容器内静置备用。静置的时间分别为：高液限黏土不得少于 24 h，低液限黏土可酌情缩短静置时间，但不应少于 12 h。

② 湿法制备。

取天然含水率的代表性土样 20 kg(大型击实筒为 50 kg)，碾碎，过 5 mm(重型过 20 mm 或 40 mm)筛，将筛下土样拌匀，并测定土样的天然含水率。根据土样的塑限预估最优含水率，按上述干法制备的原则选择至少 5 个含水率的土样，分别将天然含水率的土样风干或加水进行制备，应使制备好的土样水分均匀分布。

(2) 试样击实。

① 将击实仪平稳置于刚性基础上，击实筒与底座连接好，安装好护筒，在击实筒内壁均匀涂一薄层润滑油。检查仪器各部件及配套设备的性能是否正常，并做好记录。

② 从制备好的一份试样中称取一定量试样，分 3 层或 5 层装入标准击实仪中并将土面整平分层击实。

装土方法：轻型击实试样为 25 kg，分 3 层，每层 25 击；重型击实试样为 4～10 kg，分 5 层，每层 56 击，若分 3 层，每层 94 击。每层试样高度宜相等，两层交界处的土面应刨毛，击实完成时，超出击实筒顶的试样高度应小于 6 mm。

③ 卸下护筒，用直刮刀修平击实筒顶部的试样，拆除底板，试样底部若超出筒外，也应修平，擦净筒外壁，称筒与试样的总质量，准确至 1g，并计算试样的湿密度。

④ 用推土器将试样从击实筒中推出，取 2 个代表性试样(细粒土为 15～30 g，含粗粒土为 50～100 g)测定含水率，称量准确至 0.01 g，两个含水率的最大允许差值应为 ±1%。

⑤ 按上述①～④的操作步骤对不同含水率的试样依次击实，一般不得重复使用土样。

3) 计算与制图

(1) 计算击实后的试样的含水量：

$$\omega = \left( \frac{m_0}{m_d} - 1 \right) \times 100$$

式中：$\omega$——含水率，%；

$m_0$——试样质量，g；

$m_d$——干土质量，g。

(2) 计算击实后各试样的干密度：

$$\rho_d = \frac{\rho_0}{1 + 0.01\omega_i}$$

式中：$\rho_d$——干密度，g/cm³；

$\rho_0$——湿密度，g/cm³；

$\omega_i$——某点试样的含水率，%。

精确至 0.01g/cm³。

(3) 计算土的饱和含水量：

$$\omega_{sat} = \left( \frac{\rho_w}{\rho_d} - \frac{1}{G_s} \right) \times 100$$

式中：$\omega_{sat}$——试样的饱和含水率，%；

$\rho_d$——试样的干密度，g/cm³；

$\rho_w$——温度 4℃时水的密度，g/cm³；

$G_s$——土颗粒密度。

(4) 制图。

以干密度为纵坐标，含水率为横坐标，绘制干密度与含水率的关系曲线，即为击实曲线,如图 11.7 所示。曲线峰值点的纵、横坐标分别代表击实试样的最大干密度和最优含水率。当关系曲线不能得出峰值点时,应进行补点试验,土样不宜重复使用。

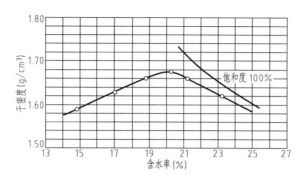

图 11.7  $\rho_d$-$\omega$ 关系曲线

计算数个干密度下的饱和含水率。以干密度为纵坐标,含水率为横坐标,在击实曲线的图中绘制出饱和曲线,用以校正击实曲线。

4)  试验记录(见表 11.9)

表 11.9  击实试验记录

任务单号:_____          试验者:_____
试验日期:_____          计算者:_____
击实仪编号:_____        校核者:_____
台称编号:_____          天平编号:_____
击实仪体积(cm³):_____   烘箱编号:_____
落距(mm):_____          击锤质量(kg):_____
每层击数:_____          击实方法:_____

| 试验序号 | 预估最优含水率_____% | | | | | | 风干含水率_____% | | | 试验类别 | |
|---|---|---|---|---|---|---|---|---|---|---|---|
| | 筒加试验质量/g | 筒质量/g | 试验质量/g | 筒体积/cm³ | 湿密度 $\rho$/(g/cm³) | 干密度 $\rho_d$/(g/cm³) | 盒号 | 湿土质量 $m_0$/g | 干土质量 $m_d$/g | 含水率 $\omega$/% | 平均含水率 $\bar{\omega}$/% | 备注 |
| | (1) | (2) | (3)=(1)−(2) | (4) | (5)=$\frac{(3)}{(4)}$ | (6)=$\frac{(5)}{(1)+0.01(10)}$ | (7) | (8) | (9)=$\left[\frac{(7)}{(8)}-1\right]\times 100\%$ | (10) | |
| | | | | | | | | | | | |
| | | | | | | | | | | | |
| | | | | | | | | | | | |

5)  试验要求

(1)  采用三层击实时,最大粒径不大于 40 mm。

(2)  测得的两个含水率的差值应不大于 1%。

(3)  当 $\rho_d$-$\omega$ 关系曲线不能绘出峰值点时,应进行补点,且土样不宜重复使用。

(4)  当试样中粒径大于 5 mm 的土质量小于或等于试样总质量的 30%时,应对最大干密度和最优含水率进行校正。

## 11.5 土的侧限压缩试验

【本节思维导图】

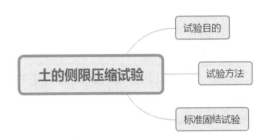

**带着问题学知识**

什么是土的侧限压缩试验？
土的侧限压缩试验的试验方法有哪些？
标准固结试验适用于什么土质？

所谓侧限压缩，就是限制土体侧向的变形，使其只产生竖向单向压缩。侧限压缩试验，是研究土的压缩性大小及其特征的室内试验方法，通常亦称为固结试验。

### 1．试验目的

测定试样在侧限与轴向排水条件下的变形和压力，或孔隙比和压力的关系，变形和时间的关系，以便计算土的压缩系数、压缩模量、压缩指数、固结系数，原状土的先期固结压力及估算渗透和控制建筑物的沉降量等。

### 2．试验方法

(1) 标准固结试验：适用于饱和的黏土。当只进行压缩时，允许用于非饱和土。以 24 h 作为固结稳定标准。

(2) 快速固结试验：规定试样在各级压力下的固结时间为 1 h，仅在最后一级压力下除测记 1h 的量表读数外，还应测读达到压缩稳定时的量表读数。

### 3．标准固结试验

1) 仪器设备

(1) 固结容器(也叫固结仪)：由环刀(内径为 61.8 mm 和 79.8 mm，高度为 20 mm)、护环、透水板、水槽、加压上盖组成，如图 11.8 所示。

(2) 加压设备：可采用量程为 5～10kN 的杠杆

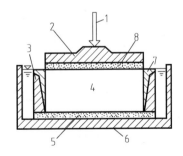

图 11.8 固结仪示意图

1—荷载；2—加压上盖；3—刚性护环；
4—土样；5—透水板；6—底座；
7—环刀；8—透水板

式磅秤或其他加压设备。应能垂直地在瞬间施加各级规定的压力，且没有冲击力，压力准确度应符合现行国家标准《岩土工程仪器基本参数及通用技术条件》(GB/T 15406—2007)的规定。

(3) 变形量测设备：量程为 10 mm，分度值为 0.01 mm 的百分表或最大允许误差为全量程的 ±0.2% F.S 位移传感器。

(4) 含水量、密度、比重试验设备。

(5) 其他：毛玻璃板、圆玻璃片、滤纸、修土刀、钢丝锯和凡士林等。

2) 操作步骤

(1) 取试样：根据工程需要，切取原状土试样或制备给定密度与含水量的扰动土样。整平土样两端。在环刀内壁抹一薄层凡士林，刀口向下，取土样。

(2) 测定试样密度及含水率：按测定土的密度及含水率试验的方法，测定试样的密度及含水率，当试样需要饱和时，按《土工试验方法标准》(GB/T 50123—2019)规定的方法将试样进行抽气饱和。

(3) 装试样：在固结容器内放置护环、透水板和薄型滤纸，将带有试样的环刀(刀口向下)装入护环内，试样上依次放上薄型滤纸、透水板和加压上盖，并将固结容器置于加压框架正中，使加压上盖与加压框架中心对准，安装量表。

(4) 加预压：施加 1 kPa 的预压力使试样与仪器上下各部件之间接触良好，然后调整量表，使指针读数为零。

(5) 逐级加压：确定需要施加的各级压力。加压等级一般为 12.5 kPa、25 kPa、50 kPa、100 kPa、200 kPa、400 kPa、800 kPa、1600 kPa、3200 kPa。最后一级压力应大于土的自重压力与附加压力 100~200 kPa。如系饱和试样，则在施加第一级压力后，应立即向水槽中注水至满浸没试样。如系非饱和试样，须用湿棉纱围住加压板周围，避免水分蒸发。

(6) 测记稳定读数：当不需要测定沉降速率时，稳定标准规定为每级压力下固结 24h 或试样变形每小时变化不大于 0.01mm。测记稳定读数后，再施加第二级压力。依次逐级加压至试验结束。

(7) 试验结束后，迅速拆除仪器各部件，取出带环刀的试样，测定含水率(如系饱和试样，则用干滤纸吸去试样两端表面上的水，取出试样，测定试验后的含水率)。

3) 计算与制图

(1) 按下式计算试样的初始孔隙比 $e_0$：

$$e_0 = \frac{\rho_w G_s (1+\omega_0)}{\rho_0} - 1$$

式中：$\rho_w$——水的密度，g/cm³；

$G_s$——试样的比重；

$\omega_0$——试样的初始含水量，%；

$\rho_0$——试样的初始密度，g/cm³。

(2) 按下式计算各级压力下试样固结稳定后的孔隙比 $e_i$：

$$e_i = e_0 - \frac{1+e_0}{H_0}\Delta H_i$$

式中：$\Delta H_i$——某级压力下试样高度变化，即总变形量减去仪器变形量，mm；

$H_0$——试样初始高度，mm。

(3) 按下式计算某一级压力范围内的压缩系数 $a_v$：

$$a_v = \frac{e_i - e_{i+1}}{p_{i+1} - p_i} \times 10^3$$

式中：$a_v$——压缩系数，$MPa^{-1}$；

$p_i$——某一单位压力值，MPa。

(4) 绘制 e-p 关系曲线。

以孔隙比 e 为纵坐标，压力 p 为横坐标，绘制孔隙比与压力的关系曲线，如图 11.9 所示。将试验成果点描在图上，连成一条光滑曲线。

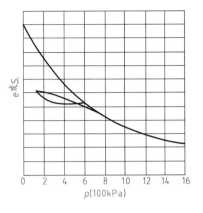

图 11.9　e-p 关系曲线

4) 试验记录(见表 11.10、表 11.11)

表 11.10　固结试验记录(1)

任务编号：_____　　　　　　　　　试验者：_____
试样编号：_____　　　　　　　　　计算者：_____
取土深度：_____　　　　　　　　　校核者：_____
试样说明：_____　　　　　　　　　仪器名称及编号：_____

含水率试验

|  | 称量盒号/g | 湿土质量/g | 干土质量 $m_d$/g | 含水率 $\omega$ /% | 平均含水率 $\bar{\omega}$ /% | 备注 |
|---|---|---|---|---|---|---|
| 试验前 |  |  |  |  |  |  |
| 试验后 |  |  |  |  |  |  |

密度试验

| 环刀号 | 湿土质量/g | 试样体积 $V/cm^3$ | 湿密度 $\rho$ /(g/cm³) | 备注 |
|---|---|---|---|---|
|  |  |  |  |  |

系数计算

| 加压历时/h | 压力/MPa | 试样变形量/mm | 压缩后试样高度/mm | 孔隙比 | 压缩系数/MPa⁻¹ | 压缩模量/MPa | 固结系数/(cm²/s) |
|---|---|---|---|---|---|---|---|
| 24 | $p$ | $\sum \Delta H_i$ | $H = H_0 - \sum \Delta H_i$ | $e_i = e_0 - \dfrac{1+e_0}{H_0}\Delta H_i$ | $a_v = \dfrac{e_i - e_{i+1}}{p_{i+1} - p_i}$ | $E_s = \dfrac{1+e_0}{a_v}$ | $C_v = \dfrac{T_v \bar{H}^2}{t}$ |
|  |  |  |  |  |  |  |  |

表 11.11　固结试验记录(2)

任务单号：_____　　　　　　　　　　　　试验者：_____
试样编号：_____　　　　　　　　　　　　计算者：_____
仪器编号：_____　　　　　　　　　　　　校核者：_____
试验日期：_____

| 经过时间/min | 试样在不同上覆压力下变形/kPa | | | | | | | | | | | |
|---|---|---|---|---|---|---|---|---|---|---|---|---|
| | 时间 | 量表读数 | 时间 | 量表读数 | 时间 | 量表读数 | 时间 | 量表读数 | 时间 | 量表读数 | 时间 | 量表读数 |
| 0 | | | | | | | | | | | | |
| 0.1 | | | | | | | | | | | | |
| 0.25 | | | | | | | | | | | | |
| 1 | | | | | | | | | | | | |
| 2.25 | | | | | | | | | | | | |
| 4 | | | | | | | | | | | | |
| 6.25 | | | | | | | | | | | | |
| 9 | | | | | | | | | | | | |
| 12.25 | | | | | | | | | | | | |
| 16 | | | | | | | | | | | | |
| 20.25 | | | | | | | | | | | | |
| 25 | | | | | | | | | | | | |
| 30.25 | | | | | | | | | | | | |
| 36 | | | | | | | | | | | | |
| 42.25 | | | | | | | | | | | | |
| 49 | | | | | | | | | | | | |
| 64 | | | | | | | | | | | | |
| 100 | | | | | | | | | | | | |
| 200 | | | | | | | | | | | | |
| 23(h) | | | | | | | | | | | | |
| 24(h) | | | | | | | | | | | | |
| 总变形量(mm) | | | | | | | | | | | | |
| 仪器变形量(mm) | | | | | | | | | | | | |
| 试样总变形量(mm) | | | | | | | | | | | | |

5)　试验要求

(1) 滤纸和透水板的湿度应接近试样的湿度。

(2) 本试验每级荷载下固结 24 h 作为稳定标准。

(3) 用压缩系数判断土的压缩性。

## 11.6 直接剪切试验

【本节思维导图】

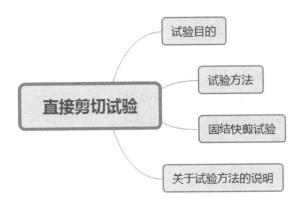

**带着问题学知识**

测定土的抗剪强度最常用、最简便的试验方法是什么？
进行固结快剪试验时需要准备的试验仪器设备有哪些？

土的抗剪强度是土在外力作用下，其一部分土体对于另一部分土体滑动时所具有的抵抗剪切破坏的极限能力。

直接剪切试验是测定土的抗剪强度的最简便和最常用的一种方法。

扩展资源2.
三轴压缩试验

### 1. 试验目的

测定土的抗剪强度，提供计算地基强度和稳定用的基本指标(内摩擦角 $\varphi$ 和黏聚力 $c$)。内摩擦角和黏聚力与抗剪强度之间的关系可以用库伦公式表示：

$$\tau_f = \sigma \tan\varphi + c$$

式中：$\tau_f$——土的抗剪强度，kPa；

$\sigma$——剪切面上的正应力，kPa；

$\varphi$——土的内摩擦角，°(度)；

$c$——土的黏聚力，kPa。

### 2. 试验方法

土的抗剪强度试验方法一般有慢剪、固结快剪和快剪等。

(1) 慢剪试验：在试样上施加垂直压力及水平剪应力的过程中，均使试样排水固结，适用于细粒土。

(2) 固结快剪试验：在试样上施加垂直压力，待试样排水固结稳定后，快速施加水平剪应力，适用于渗透系数小于 $10^{-6}$ cm/s 的细粒土。

(3) 快剪试验：在试样上施加垂直压力后立即快速施加水平剪应力，适用于渗透系数小于 $10^{-6}$ cm/s 的细粒土。

### 3．固结快剪试验

1) 仪器设备

(1) 应变控制式直剪仪(见图 11.10)：由剪切盒(水槽、上剪切盒、下剪切盒)、垂直加压设备、剪切传动框架、测力计、负荷传感器、位移量测系统等组成。

(2) 位移量测设备或位移计(百分表)：量程为 5～10 mm，分度值为 0.01 mm 的百分表。

(3) 环刀：内径为 61.8 mm，高度为 20 mm。

(4) 其他：饱和器削土刀、钢丝锯、秒表、滤纸、直尺等。

音频 2：
直剪仪的优缺点

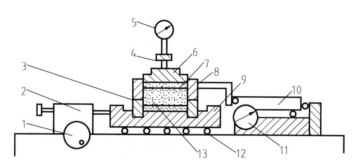

**图 11.10　应变控制式直剪仪**

1—剪切传动机构；2—推动器；3—下盒；4—垂直加压框架；5—垂直位移计；6—传压板；7—透水板；
8—上盒；9—储水盒；10—测力计；11—水平位移计；12—滚珠；13—试样

2) 操作步骤

(1) 制备试样：从原状土样中切取原状土试样或制备给定干密度和含水量的扰动土试样。按《土工试验方法标准》(GB/T 50123—2019)的规定，测定试样的密度及含水量。对于扰动土样需要饱和时，按规范规定的方法进行抽气饱和。

(2) 安装试样：对准剪切容器上下盒，插入固定销，在下盒内放透水板和滤纸，将带有试样的环刀刃口向上，对准剪切盒口，在试样顶面上放湿滤纸和透水板，将试样徐徐地推入剪切盒内，移去环刀。

(3) 安装量测装置：移动传动装置，使上盒前端钢珠刚好与测力计接触，依次放上传压板、加压框架、安装垂直位移和水平位移量测装置并调至零位或测记初读数。

(4) 施加垂直压力：各级垂直压力的大小根据工程实际和土的软硬程度来决定。一个垂直压力相当于现场预期的最大压力 $p$，一个垂直压力要大于 $p$，其他垂直压力均小于 $p$。但垂直压力的各级差值要大致相等，也可以取垂直压力为 100 kPa、200 kPa、300 kPa、400 kPa。垂直压力可一次轻轻施加，对松软试样垂直压力应分级施加，以防土样被挤出。施加压力后，向盒内注水，当试样为非饱和试样时，应在加压板周围包以湿棉纱。

(5) 在试样上施加规定的垂直压力后,每 1 h 测读垂直变形一次,直至试样固结变形稳定。变形稳定标准为每小时不大于 0.005 mm。

(6) 试样达到固结稳定后,拔去固定销,开动秒表,以 0.8~1.2 mm/min 的速率剪切(每分钟 4~6 转的均匀速度旋转手轮),使试样在 3~5 min 内剪损。

剪损的标准如下。

① 当测力计的读数达到稳定状态,或有明显后退时,则表示试样剪损。

② 测力计读数出现峰值,应继续剪切至剪切位移为 4 mm 时停机。

③ 若测力计的读数继续增加,即无峰值出现,应以剪切变形达到 6 mm 时停机。

(7) 剪切结束后,吸去剪切盒中积水,倒转手轮,尽快移去垂直压力、框架、钢珠、加压盖板等。取出试样,需要时测定剪切面附近土的含水率。

3) 计算与制图

(1) 按下式计算试样的剪应力:

$$\tau = \frac{C \cdot R}{A_0} \times 10$$

式中: $\tau$ ——剪应力,kPa;

$C$ ——测力计率定系数,N/0.01 mm;

$R$ ——测力计量表读数,0.01 mm;

$A_0$ ——试样的初始断面积,cm$^2$;

10 ——单位换算系数。

(2) 制图。

① 以剪应力为纵坐标,剪切位移为横坐标,绘制剪应力 $\tau$ 与剪切位移 $\Delta l$ 的关系曲线(见图 11.11),取曲线上剪应力的峰值点或稳定值作为抗剪强度,无明显峰值时,取剪切位移 4 mm 所对应的剪应力为抗剪强度。

② 以抗剪强度 $\tau_f$ 为纵坐标,垂直压力 $p$ 为横坐标,绘制抗剪强度 $\tau_f$ 与垂直压力 $p$ 的关系曲线,如图 11.12 所示。直线的倾角为土的内摩擦角,直线在纵坐标上的截距为土的黏聚力。

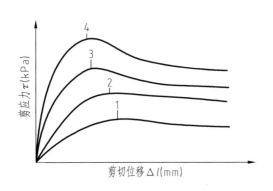

图 11.11 剪应力与剪切位移的关系曲线

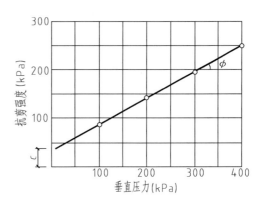

图 11.12 抗剪强度与垂直压力的关系曲线

4) 试验记录(见表 11.12)

表 11.12　直接剪切试验记录

任务单号：_____　　　　　　　　试验者：_____
试样编号：_____　　　　　　　　计算者：_____
试验说明：_____　　　　　　　　校核者：_____
试验日期：_____　　　　　　　　测力计系数：____(kPa/0.01mm)

| 仪器编号 | 土样盒号 | 湿土质量/g | 干土质量/g | 含水率/% | 试样质量/g | 试样密度/(g/cm³) | 垂直压力/kPa | 固结沉降量/mm | 备注 |
|---|---|---|---|---|---|---|---|---|---|
| (1) | | | | | | | | | |
| (2) | | | | | | | | | |

5) 试验要求

(1) 将土样放入盒内时，注意将环刀口向上放置。

(2) 施加垂直压力时，分四个试样，每一个试样加一级荷载。

4．关于试验方法的说明

(1) 快剪法和固结快剪法适用于渗透系数小于 $10^{-6}$cm/s 的细粒土，它们的不同点是，在快剪法中，当垂直压力施加以后，立刻进行水平向剪切。

(2) 快剪法和固结快剪法取峰值为破坏点时，软土则按 70%的峰值为土的强度，但需要加以注明。

(3) 快剪法最大的垂直压力应控制在土体自重压力左右，结构扰动的土样不宜进行。

# 参 考 文 献

[1] 刘忠玉. 土力学[M]. 北京：机械工业出版社，2022.
[2] 张孟喜. 土力学[M]. 北京：机械工业出版社，2020.
[3] 李顺群，张建伟，高凌霞. 土力学[M]. 北京：机械工业出版社，2021.
[4] 木林隆，赵程. 基坑工程[M]. 北京：机械工业出版社，2021.
[5] 朱亚林. 基坑与边坡工程[M]. 合肥：合肥工业大学出版社，2022.
[6] 仇文岗. 深基坑开挖与挡土支护系统[M]. 重庆：重庆大学出版社，2020.
[7] 李林. 岩土工程[M]. 武汉：武汉理工大学出版社，2020.
[8] 朱志铎. 岩土工程勘察[M]. 南京：东南大学出版社，2022.
[9] 唐小娟，胡杰，郑俊作. 岩土力学与地基基础[M]. 长春：吉林科学技术出版社，2022.
[10] 李辉，张佳. 土力学与地基基础[M]. 成都：西南交通大学出版社，2022.
[11] 吴健. 土力学与地基基础[M]. 郑州：黄河水利出版社，2020.
[12] 胡婷，李浪花. 土力学与地基基础[M]. 成都：西南交通大学出版社，2018.
[13] GB/T 50145—2007 土的工程分类标准[S]. 北京：中国计划出版社，2007.
[14] GB/T 50123—2019 土工试验方法标准[S]. 北京：中国计划出版社，2019.
[15] GB 50330—2013 建筑边坡工程技术规范[S]. 北京：中国建筑工业出版社，2013.
[16] GB 50010—2010 混凝土结构设计规范[S]. 北京：中国建筑工业出版社，2010.
[17] JGJ 106—2014 建筑基桩检测技术规范[S]. 北京：中国建筑工业出版社，2014.
[18] JTG/T 3650—2020 公路桥涵施工技术规范[S]. 北京：人民交通出版社，2020.
[19] 《注册岩土工程师执业资格考试专业考试规范汇编》编委会. 注册岩土工程师执业资格考试专业考试规范汇编 5 分册[M]. 4 版. 北京：人民交通出版社，2020.
[20] 中国建筑工业出版社. 注册岩土工程师必备规范汇编[M]. 北京：中国建筑工业出版社，2014.